华东师范大学精品教材建设专项基金资助项目

Advanced Mathematics

高等数学（下）

华东师范大学数学科学学院◎组编
柴俊◎主编　覃瑜君　毕平　程靖◎参编

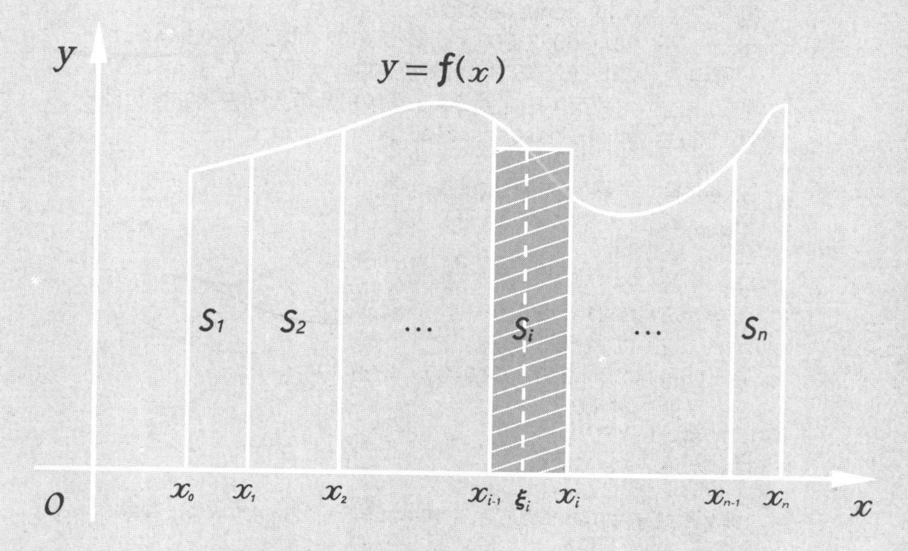

华东师范大学出版社
·上海·

图书在版编目(CIP)数据

高等数学:适用于经济类、管理类各专业.下/华东师范大学数学科学学院组编;柴俊主编.—上海:华东师范大学出版社,2021
ISBN 978-7-5760-1235-4

Ⅰ.①高… Ⅱ.①华…②柴… Ⅲ.①高等数学—高等学校—教材 Ⅳ.①O13

中国版本图书馆CIP数据核字(2021)第063584号

高等数学(下)
(适用于经济类、管理类各专业)

组　　编　华东师范大学数学科学学院
主　　编　柴　俊
责任编辑　胡结梅
责任校对　程　筠　时东明
装帧设计　俞　越

出版发行　华东师范大学出版社
社　　址　上海市中山北路3663号　邮编 200062
网　　址　www.ecnupress.com.cn
电　　话　021-60821666　行政传真 021-62572105
客服电话　021-62865537　门市(邮购)电话 021-62869887
地　　址　上海市中山北路3663号华东师范大学校内先锋路口
网　　店　http://hdsdcbs.tmall.com

印 刷 者　常熟市大宏印刷有限公司
开　　本　787×1092　16开
印　　张　11
字　　数　248千字
版　　次　2021年5月第1版
印　　次　2021年5月第1次
书　　号　ISBN 978-7-5760-1235-4
定　　价　36.00元

出 版 人　王　焰

前　　言

高等数学是高校理工科和经济管理类专业的一门重要的基础课程，是专业课程的基础. 本书适用于经管类专业，也可以作为对高等数学的要求较相近的专业的高等数学教材和参考书.

本书根据编者多年教学经验以及经管类专业对数学的实际要求编写而成. 在编写过程中，继承了华东师范大学数学科学学院教材的一贯风格，从取材、内容编排、例题和习题配置、可读性等诸方面综合考量，努力做到难度适中、体系严密、易教易学. 在编写过程中主要注意了以下几点：

1. 虽然经管类专业的高等数学对数学理论的要求不高，但在教学内容的衔接上仍十分注重逻辑性.

2. 在概念引入时，尽可能用简单实用的例子帮助读者理解，或者用数学文化、人文意境做出解释，并注重数学思想与内容的融合.

3. 对于需要厘清的概念和理论，书中用“思考”这种形式提醒读者，帮助读者加深理解和掌握相关概念及理论.

4. 根据教学和学习的需要配置习题，题型多样，数量和难易程度适中. 每章最后还设有总体难度较高的总练习题，作为提高解题能力、检查学习效果之用.

5. 在适当的地方加入了数学在经济学方面应用最基本的内容和例子. 希望读者通过这些内容能体会到数学在经济学方面的广泛应用，以及对经济学理论发展的重要作用，而不是要讲述经济学理论.

6. 在章节的结束处，大都会有一个本节内容的小结，以帮助读者总结归纳，通过扫描书中本节学习要点的二维码即可阅读.

本书分上、下册出版. 上册内容包括实数与函数、极限与连续、导数与微分、微分中值定理及应用、积分、微积分在经济学中的应用等；下册内容包括多元函数微分学、二重积分、无穷级数、常微分方程与常差分方程、经济应用、简单数学建模等.

本书由华东师范大学数学科学学院组织编写，柴俊担任主编，参与编写工作的还有覃瑜君、毕平、程靖. 其中第 2 至第 5 章、第 7 章、第 8 章、以及第 6 章的大部分内容由柴俊编写；第 1 章、第 6 章第 1 节由程靖编写；第 9 章由毕平编写；第 2 至第 9 章的习题由覃瑜君完成. 最后柴俊对全书进行了修改校对，并撰写了前言.

本书的出版得到了华东师范大学精品教材建设专项基金的资助，也得到了华东师范大学数学科学学院的领导和同事的支持和帮助，华东师范大学出版社的编辑为本书的出版付出了辛勤的劳动,在此表示衷心的感谢! 并期望读者对本书的不足之处提出宝贵的意见.

柴　俊

2020 年 8 月于上海

目　　录

第 6 章　多元函数微分学

前五章讨论的函数都只有一个自变量,这种函数称为一元函数.但在科学技术、经济现象等实际问题中,更多的是一个变量依赖于多个变量的情况,这就产生了多元函数的概念,以及多元函数的微分和积分问题.多元函数是一元函数的发展,虽然一元函数微积分的部分性质和方法可以移植到多元函数中去,但与一元函数相比,由于变量的增加又有许多本质上的区别.

本章讨论以二元函数为主,不仅因为二元函数有很好的几何直观,而且因为二元函数的相关概念和方法很容易直接推广到三元函数或更多元的函数上去.希望读者在学习中应重点掌握一元函数与二元函数在许多知识点上的相同点和不同点.

6.1　空间解析几何

借助平面直角坐标系,可以将二维平面中的点、直线、圆、椭圆、抛物线、双曲线等几何对象用代数方式表示出来,进而通过代数运算讨论这些几何对象的性质及其位置关系等.类似地,借助空间直角坐标系,也可以用代数方法来研究空间中的点、线、面等几何对象.

一、空间直角坐标系

建立如图 6－1 所示的**空间直角坐标系** $O-xyz$,其中点 O 为**坐标原点**,三条两两垂直的数轴分别称为 x 轴(横轴)、y 轴(纵轴)、z 轴(竖轴),统称为**坐标轴**,各坐标轴的单位长度通常是相同的,各坐标轴的正向通常符合右手法则:先使右手的大拇指、食指、中指互相垂直,以大拇指和食指分别指向 x 轴和 y 轴的正向,则中指指向 z 轴的正向.

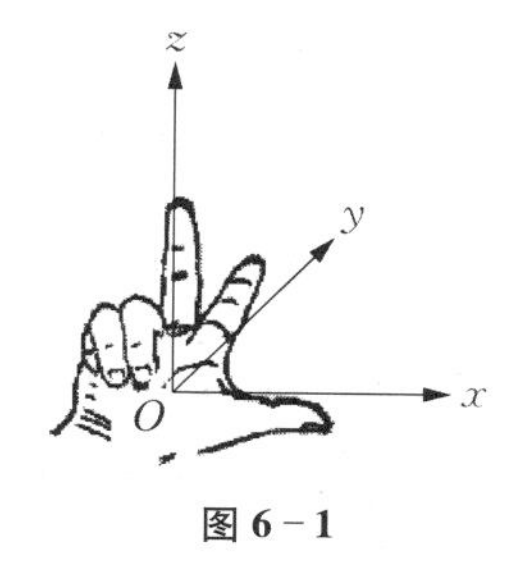

图 6－1

每两条坐标轴确定一个平面,分别称为平面 Oxy、平面 Oyz、平面 Ozx,统称为**坐标平面**.

三个坐标平面将空间分为八个卦限,如图 6－2 所示,第一至第八卦限分别记为Ⅰ、Ⅱ、Ⅲ、Ⅳ、Ⅴ、Ⅵ、Ⅶ、Ⅷ.

类似于平面直角坐标系,空间中的任意一点也可与三元有序数组 (x, y, z) 建立一一对应关系.

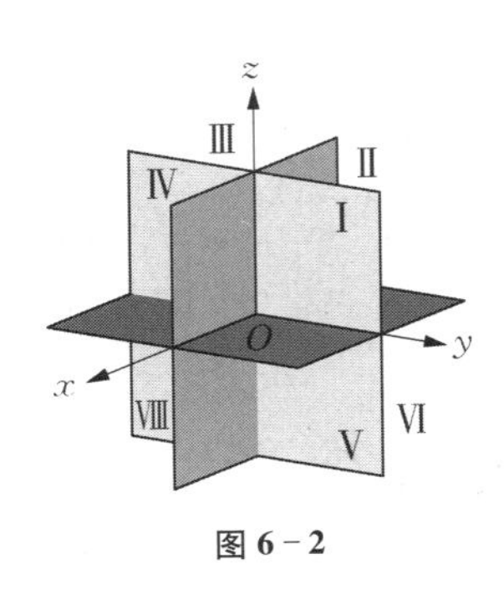

图 6-2

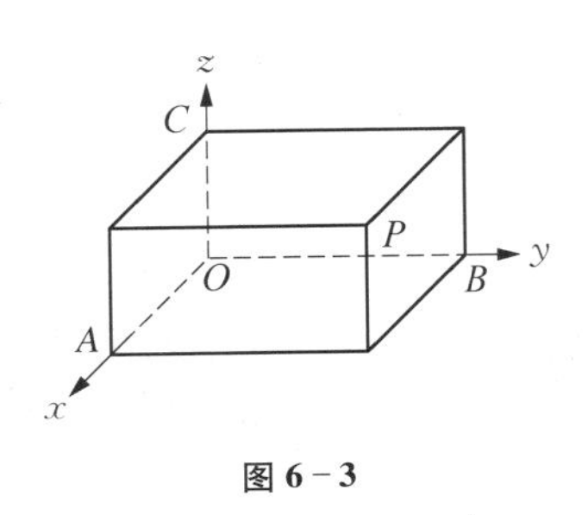

图 6-3

如图 6-3 所示,对于空间中任意一点 P,可以过点 P 分别作垂直于 x 轴、y 轴、z 轴的三个平面,这三个平面与坐标轴分别交于 A、B、C 三点,这三点在 x 轴、y 轴、z 轴上的坐标依次记为 x、y、z. 这样一来,点 P 就对应到了三元有序数组 (x, y, z);反之,对于任意一个三元有序数组 (x, y, z),依次找到 x 轴上坐标为 x 的点 A、y 轴上坐标为 y 的点 B、z 轴上坐标为 z 的点 C,过这三点分别作垂直于该点所在坐标轴的平面,这三个平面相交于点 P. 于是,三元有序数组 (x, y, z) 就对应到了点 P. 这样就建立了空间中点 P 与三元有序数组 (x, y, z) 之间的一一对应关系. 称有序数组 (x, y, z) 为点 P 在空间直角坐标系 $O-xyz$ 中的**坐标**,记作 $P(x, y, z)$.

例 1 求点 $P(2, -1, 3)$ 在坐标平面和坐标轴上的射影点的坐标,并分别求该点关于平面 Oxy、关于 x 轴、关于原点的对称点的坐标.

解 点 P 在平面 Oxy 上的射影点是 $P_{xy}(2, -1, 0)$,点 P 在平面 Oyz 上的射影点是 $P_{yz}(0, -1, 3)$,点 P 在平面 Ozx 上的射影点是 $P_{zx}(2, 0, 3)$,点 P 在 x 轴上的射影点是 $P_x(2, 0, 0)$,点 P 在 y 轴上的射影点是 $P_y(0, -1, 0)$,点 P 在 z 轴上的射影点是 $P_z(0, 0, 3)$.

点 $P(2, -1, 3)$ 关于平面 Oxy 的对称点是 $(2, -1, -3)$,关于 x 轴的对称点是 $(2, 1, -3)$,关于原点的对称点是 $(-2, 1, -3)$.

思考 在空间直角坐标系中,坐标轴上点的坐标有怎样的特点? 坐标平面上点的坐标呢? 不同卦限中点的坐标有怎样的特点?

在平面直角坐标系中,已知点 A 和点 B 的坐标,可以确定线段 AB 的中点坐标以及 A、B 两点间的距离. 类似地,在空间直角坐标系中,点 $A(x_1, y_1, z_1)$ 和点 $B(x_2, y_2, z_2)$ 的中点坐标为 $\left(\frac{x_1+x_2}{2}, \frac{y_1+y_2}{2}, \frac{z_1+z_2}{2}\right)$, A、B 两点间的距离为 $\sqrt{(x_1-x_2)^2+(y_1-y_2)^2+(z_1-z_2)^2}$.

例 2 设一直线过点 $A(6, 4, 2)$,且垂直于坐标平面 Oyz,求直线上一点 P,使它与点 $B(0, 4, 0)$ 的距离为 10.

解 根据题意,设点 P 的坐标为 $(x, 4, 2)$,则

$$|PB| = \sqrt{(x-0)^2+(4-4)^2+(2-0)^2} = 10,$$

解得 $x = \pm 4\sqrt{6}$，因此，所求点 P 的坐标为 $(4\sqrt{6}, 4, 2)$ 或 $(-4\sqrt{6}, 4, 2)$.

例 3　解释下列代数式在空间直角坐标系中表示的几何意义：

(1) $z \geqslant 0$；　(2) $x = -3$；　(3) $z = 0, x < 0, y > 0$；　(4) $-1 \leqslant y \leqslant 1$.

解　(1) $z \geqslant 0$ 表示平面 Oxy 上方(包含平面 Oxy) 的半空间.

(2) $x = -3$ 表示过点 $(-3, 0, 0)$ 且垂直于 x 轴(即平行于平面 Oyz) 的平面.

(3) $z = 0, x < 0, y > 0$ 表示平面 Oxy 的第二象限.

(4) $-1 \leqslant y \leqslant 1$ 表示两个垂直于 y 轴的平行平面($y = -1$ 和 $y = 1$) 所夹的空间，其中一个平面过点 $(0, -1, 0)$，另一个平面过点 $(0, 1, 0)$.

二、曲面与空间曲线

在空间直角坐标系中，如果曲面 S 上任意一点的坐标都满足三元方程 $F(x, y, z) = 0$；同时，坐标满足方程 $F(x, y, z) = 0$ 的所有点都在曲面 S 上，则称方程 $F(x, y, z) = 0$ 为曲面 S 的方程.

思考　在空间直角坐标系中，方程 $x^2 + y^2 = 1$ 表示怎样的曲面？在空间直角坐标系中，如何表示平面 Oxy 上的单位圆？

在空间解析几何中，关于曲面的研究包含两类基本问题：

(1) 已知某方程 $F(x, y, z) = 0$，研究该方程所表示的曲面的形状；

(2) 已知某曲面的几何特征，求该曲面的方程.

例 4　分别在平面直角坐标系和空间直角坐标系中，求到定点的距离等于定长 R 的点的轨迹.

解　在平面直角坐标系中，设定点为 $P_0(x_0, y_0)$，$P(x, y)$ 是轨迹上的任意一点，则

$$|P_0P| = \sqrt{(x-x_0)^2+(y-y_0)^2} = R,$$

因此，在平面直角坐标系中到定点的距离等于定长 R 的点的轨迹方程是 $(x-x_0)^2 + (y-y_0)^2 = R^2$，它是坐标平面内以 $P_0(x_0, y_0)$ 为圆心、以 R 为半径的圆.

类似地，在空间直角坐标系中，设定点为 $P_0(x_0, y_0, z_0)$，$P(x, y, z)$ 是轨迹上的任意一点，则

$$|P_0P| = \sqrt{(x-x_0)^2+(y-y_0)^2+(z-z_0)^2} = R,$$

因此,在空间直角坐标系中到定点 P_0 的距离等于定长 R 的点的轨迹方程是 $(x-x_0)^2+(y-y_0)^2+(z-z_0)^2=R^2$,它是以 $P_0(x_0, y_0, z_0)$ 为球心、以 R 为半径的球面.

由于空间曲线 C 可以看作两个曲面的交线,记这两个曲面方程分别为 $F(x, y, z)=0$ 和 $G(x, y, z)=0$. 于是,曲线 C 上任意一点的坐标都同时满足这两个曲面方程;反之,坐标同时满足这两个曲面方程的所有点都在曲线 C 上,因此,称方程组 $\begin{cases}F(x, y, z)=0,\\G(x, y, z)=0\end{cases}$ 为空间曲线 C 的方程.

例如,方程组 $\begin{cases}x^2+y^2+z^2=1,\\z=0\end{cases}$ 就表示单位球面与平面 Oxy 的交线,即平面 Oxy 上的单位圆.

思考 平面 Oxy 上的单位圆还可以用其他的方程组来表示吗?

三、平面与空间直线

1. 平面的方程

平面是特殊的曲面. 因此空间直角坐标系中的平面方程也是关于 x、y、z 的三元方程,且平面方程的一般形式为

$$Ax+By+Cz+D=0,$$

其中 A、B、C、D 是常数,且 A、B、C 不全为零. 该方程称为**平面的一般式方程**.

例 5 画出方程 $x+2y+3z-6=0$ 所表示的平面.

解 该平面与三条坐标轴的交点分别为 $P_1(6, 0, 0)$, $P_2(0, 3, 0)$, $P_3(0, 0, 2)$,可知,这三点确定的平面即为平面 $x+2y+3z-6=0$,图 6-4 是该平面在第一卦限的部分.

在例 5 所给定的方程中,分别令其中两个变量为零,可以求出该平面与坐标轴的三个交点的坐标. 若令其中一个变量为零,则可以确定该平面与坐标平面的交线方程:

(1) 与平面 Oxy 的交线方程为 $\begin{cases}x+2y-6=0,\\z=0;\end{cases}$

(2) 与平面 Oyz 的交线方程为 $\begin{cases}2y+3z-6=0,\\x=0;\end{cases}$

(3) 与平面 Ozx 的交线方程为 $\begin{cases}x+3z-6=0,\\y=0.\end{cases}$

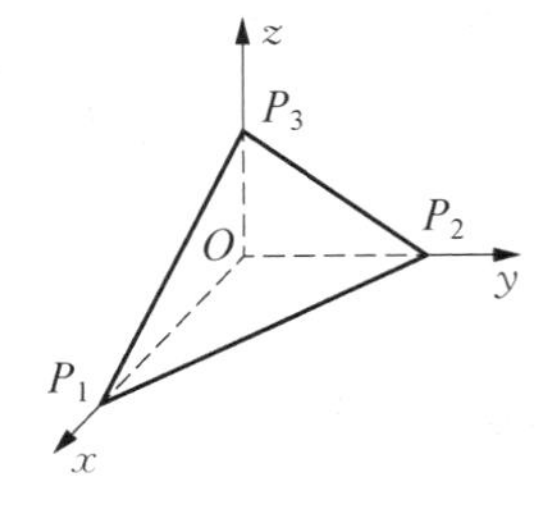

图 6-4

注 在空间直角坐标系中,方程 $x+2y-6=0$ 表示一个平行于 z 轴(即垂直于平面 Oxy)的平面.

思考　在下列情形中,平面 $Ax+By+Cz+D=0$ 具有怎样的特点:

(1) $D=0$;

(2) A、B、C 中恰有一个为零;

(3) A、B、C 中恰有两个为零.

特别地,当 $D\neq 0$ 时,平面方程 $Ax+By+Cz+D=0$ 可以化为 $\frac{x}{a}+\frac{y}{b}+\frac{z}{c}=1$ 的形式,称其为**平面的截距式方程**,其中 a、b、c 称为平面在三条坐标轴上的**截距**. 若将例 5 中的方程化为截距式方程,可得 $\frac{x}{6}+\frac{y}{3}+\frac{z}{2}=1$,其中 6、3、2 分别是该平面在 x 轴、y 轴、z 轴上的截距.

称与平面垂直的非零向量为该平面的**法向量**. 如果已知平面上一点 $P_0(x_0, y_0, z_0)$ 和这平面的**法向量** $\boldsymbol{n}=\{A, B, C\}$,就可以唯一确定该平面且可以写出该平面的方程.

设 $P(x, y, z)$ 是该平面上任意一点,则向量 $\overrightarrow{P_0P}=\{x-x_0, y-y_0, z-z_0\}$ 与平面的法向量 $\boldsymbol{n}=\{A, B, C\}$ 垂直,即 $\boldsymbol{n}\cdot\overrightarrow{P_0P}=0$. 由此可得方程 $A(x-x_0)+B(y-y_0)+C(z-z_0)=0$. 因此,平面上任意一点 $P(x, y, z)$ 的坐标满足该方程;反过来,如果点 $P(x, y, z)$ 不在平面上,那么向量 $\overrightarrow{P_0P}$ 与法向量 $\boldsymbol{n}$ 不垂直,即 $\boldsymbol{n}\cdot\overrightarrow{P_0P}\neq 0$,从而点 P 的坐标不满足该方程.

于是,已知平面上一点 $P_0(x_0, y_0, z_0)$ 和平面的法向量 $\boldsymbol{n}=\{A, B, C\}$,该平面的方程为

$$A(x-x_0)+B(y-y_0)+C(z-z_0)=0,$$

称其为**平面的点法式方程**.

例 6　在空间直角坐标系中,求到两定点 $A(x_1, y_1, z_1)$ 和 $B(x_2, y_2, z_2)$ 距离相等的点的轨迹.

解　设 $P(x, y, z)$ 是轨迹上的任意一点,则 $|PA|=|PB|$,即

$$\sqrt{(x-x_1)^2+(y-y_1)^2+(z-z_1)^2}=\sqrt{(x-x_2)^2+(y-y_2)^2+(z-z_2)^2},$$

并且,不在轨迹上的点的坐标不满足该方程. 因此,所求点的轨迹方程是

$$2(x_1-x_2)x+2(y_1-y_2)y+2(z_1-z_2)z=x_1^2-x_2^2+y_1^2-y_2^2+z_1^2-z_2^2.$$

如果将上述方程变形,得

$$(x_2-x_1)\left(x-\frac{x_1+x_2}{2}\right)+(y_2-y_1)\left(y-\frac{y_1+y_2}{2}\right)+(z_2-z_1)\left(z-\frac{z_1+z_2}{2}\right)=0,$$

可以看出,所求的轨迹是过线段 AB 的中点 $\left(\frac{x_1+x_2}{2}, \frac{y_1+y_2}{2}, \frac{z_1+z_2}{2}\right)$,且垂直于向量 $\overrightarrow{AB}=$

$\{x_2-x_1, y_2-y_1, z_2-z_1\}$ 的平面.

2. 空间直线的方程

在空间直角坐标系中,直线可看作是两个平面的交线,反之,两个不平行的平面相交于一条直线. 当$\{A_1, B_1, C_1\}$和$\{A_2, B_2, C_2\}$不对应成比例时,方程组

$$\begin{cases}A_1x+B_1y+C_1z+D_1=0,\\A_2x+B_2y+C_2z+D_2=0\end{cases}$$

表示的是两个不平行平面的交线的方程,称其为**空间直线的一般式方程**.

称与直线平行的非零向量为该直线的方向向量. 如果已知直线上一点$P_0(x_0, y_0, z_0)$和直线的**方向向量**$s=\{l, m, n\}$,就可以唯一确定该直线且可以写出该直线的方程.

设$P(x, y, z)$是该直线上任意一点,则向量$\overrightarrow{P_0P}=\{x-x_0, y-y_0, z-z_0\}$ 与直线的方向向量$\boldsymbol{s}=\{l, m, n\}$ 平行,即两向量的坐标对应成比例. 由此可得方程$\frac{x-x_0}{l}=\frac{y-y_0}{m}=\frac{z-z_0}{n}$,因此,直线上任意一点$P(x, y, z)$的坐标满足该方程;反过来,如果点$P(x, y, z)$不在直线上,那么向量$\overrightarrow{P_0P}$与方向向量$\boldsymbol{s}$不平行,即两向量的坐标对应不成比例,从而点$P$的坐标不满足该方程.

于是,已知直线上一点$P_0(x_0, y_0, z_0)$和直线的方向向量$\boldsymbol{s}=\{l, m, n\}$,该直线的方程为

$$\frac{x-x_0}{l}=\frac{y-y_0}{m}=\frac{z-z_0}{n},$$

称其为**空间直线的点向式方程**.

特别地,当$l=0$时,直线方程为$\begin{cases}x=x_0,\\ \frac{y-y_0}{m}=\frac{z-z_0}{n},\end{cases}$该直线是平面$x=x_0$上的一条直线. 当$l=m=0$时,直线方程为$\begin{cases}x=x_0,\\ y=y_0,\end{cases}$该直线是过点$(x_0, y_0, 0)$且平行于$z$轴的一条直线.

例 7 求过两点$P_1(1, 2, -1)$与$P_2(3, -2, 5)$的直线方程.

解 可取方向向量$\overrightarrow{P_1P_2}=\{3-1, -2-2, 5-(-1)\}=\{2, -4, 6\}$,因此直线方程为

$$\frac{x-1}{2}=\frac{y-2}{-4}=\frac{z+1}{6},即\frac{x-1}{1}=\frac{y-2}{-2}=\frac{z+1}{3}.$$

四、二次曲面

若曲面方程$F(x, y, z)=0$是三元二次方程,则称该曲面为**二次曲面**,以下介绍具有不同特征的二次曲面.

1. 二次柱面

在平面直角坐标系中，方程 $\frac{x^2}{a^2}+\frac{y^2}{b^2}=1$、$\frac{x^2}{a^2}-\frac{y^2}{b^2}=1$ 以及 $x^2=2py$ 分别表示椭圆、双曲线和抛物线，那么，在空间直角坐标系中它们各自表示怎样的曲面呢？

以 $\frac{x^2}{a^2}+\frac{y^2}{b^2}=1$ 为例，方程仅限定了变量 x 与变量 y 的相互关系，但不含变量 z，也就是说，如果给定坐标平面 Oxy 上的椭圆 $\begin{cases}\frac{x^2}{a^2}+\frac{y^2}{b^2}=1,\\ z=0,\end{cases}$ 那么，过该椭圆上一点 $(x, y, 0)$ 且平行于 z 轴的直线都在该曲面上. 因此，这个曲面可以看作是由平行于 z 轴的直线沿着坐标平面 Oxy 上的椭圆 $\begin{cases}\frac{x^2}{a^2}+\frac{y^2}{b^2}=1,\\ z=0\end{cases}$ 平行移动所形成的，称该曲面为椭圆柱面（图 6－5(a)）. 类似地，$\frac{x^2}{a^2}-\frac{y^2}{b^2}=1$ 和 $x^2=2py$ 分别称为双曲柱面（图 6－5(b)）和抛物柱面（图 6－5(c)），它们都是二次柱面.

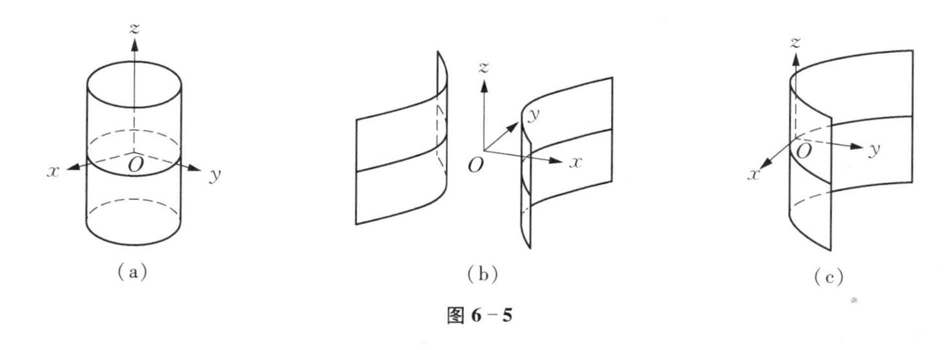

图 6－5

一般地，空间直线 L 沿着某给定的曲线 C 平行移动所形成的曲面称为**柱面**，定曲线 C 称为柱面的**准线**，动直线 L 称为柱面的**母线**.

在椭圆柱面 $\frac{x^2}{a^2}+\frac{y^2}{b^2}=1$ 中，母线 L 平行于 z 轴，准线是椭圆 $\begin{cases}\frac{x^2}{a^2}+\frac{y^2}{b^2}=1,\\ z=0.\end{cases}$ 可见，不含变量 z 的方程 $F(x, y)=0$ 表示母线平行于 z 轴的柱面；不含变量 x 的方程 $F(y, z)=0$ 表示母线平行于 x 轴的柱面；不含变量 y 的方程 $F(x, z)=0$ 表示母线平行于 y 轴的柱面.

例 8 已知柱面的母线平行于 z 轴，准线方程为 $\begin{cases}\frac{x^2}{16}+\frac{y^2}{25}+\frac{z^2}{4}=1,\\ z=1,\end{cases}$ 求该柱面的方程.

解 因为柱面的母线平行于 z 轴，故柱面方程中不含 z. 将 $z=1$ 代入 $\frac{x^2}{16}+\frac{y^2}{25}+\frac{z^2}{4}=1$ 中，

得该柱面的方程为$\dfrac{x^2}{12}+\dfrac{y^2}{\frac{75}{4}}=1.$

2. 二次锥面

方程$\dfrac{x^2}{a^2}+\dfrac{y^2}{b^2}-\dfrac{z^2}{c^2}=0(a>0,\ b>0,\ c>0)$所表示的曲面称为**二次锥面**. 由于方程中含有变量的各项都是平方项,可知,如果点$P(x,\ y,\ z)$在曲面上,即$(x,\ y,\ z)$满足该方程,那么点P关于坐标平面、关于坐标轴、关于坐标原点的对称点的坐标都满足该方程,即这些对称点都在曲面上. 因此,二次锥面关于坐标平面、坐标轴、坐标原点对称.

例 9 画出方程$x^2+y^2-\dfrac{z^2}{4}=0$所表示的二次锥面.

解 首先,考虑该锥面与三个坐标平面相交所得的交线:

(1) 与平面Oyz的交线$\begin{cases}y^2-\dfrac{z^2}{4}=0,\\ x=0\end{cases}$即$\begin{cases}z=\pm 2y,\\ x=0,\end{cases}$故交线是平面$Oyz$内两条过原点的相交直线;

(2) 与平面Ozx的交线$\begin{cases}x^2-\dfrac{z^2}{4}=0,\\ y=0\end{cases}$即$\begin{cases}z=\pm 2x,\\ y=0,\end{cases}$故交线是平面$Ozx$内两条过原点的相交直线;

(3) 与平面Oxy的交线$\begin{cases}x^2+y^2=0,\\ z=0\end{cases}$故交线变为坐标原点$(0,\ 0,\ 0)$. 这样一来,还需要进一步考虑该锥面与平面$z=h(h\neq 0)$的交线方程$\begin{cases}x^2+y^2=\dfrac{h^2}{4},\\ z=h,\end{cases}$它表示平面$z=h$上以$(0,\ 0,\ h)$为圆心、以$\dfrac{|h|}{2}$为半径的圆周,随着$|h|$逐渐增大趋于$+\infty$时,圆周的半径也逐渐增大并趋于$+\infty$. 二次锥面的图形如图 6-6 所示.

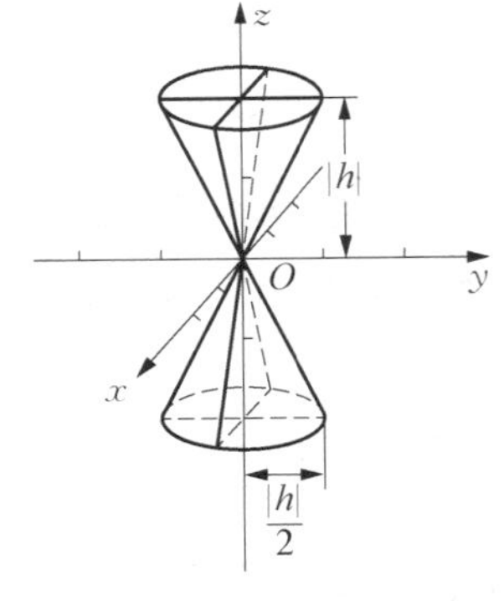

图 6-6

例 9 中的锥面(图 6-6)可以看作平面Oyz内的直线$\begin{cases}z=2y,\\ x=0\end{cases}$绕$z$轴旋转一周所形成的曲面.

一般地,平面曲线C绕着同一平面内的定直线L旋转一周所形成的曲面称为**旋转曲面**,平面

曲线 C 称为该旋转曲面的**母线**,定直线 L 称为该旋转曲面的**旋转轴**. 例如,二次锥面 $x^2+y^2-\frac{z^2}{4}=0$ 是旋转曲面,直线 $\begin{cases}z=2y,\\x=0\end{cases}$ 是该旋转曲面的一条母线,z 轴是该旋转曲面的旋转轴.

*平面 Oyz 上的曲线 $\begin{cases}f(y,z)=0,\\x=0\end{cases}$ 绕 z 轴旋转一周所得旋转曲面的方程为 $f(\pm\sqrt{x^2+y^2},z)=0$;绕 y 轴旋转一周所得旋转曲面的方程为 $f(y,\pm\sqrt{x^2+z^2})=0$.

3. 椭球面

方程 $\frac{x^2}{a^2}+\frac{y^2}{b^2}+\frac{z^2}{c^2}=1(a>0,b>0,c>0)$ 所表示的曲面称为**椭球面**(图 6-7). 由方程可知,$|x|\leqslant a$, $|y|\leqslant b$, $|z|\leqslant c$,且椭球面关于坐标平面、坐标轴、坐标原点对称.

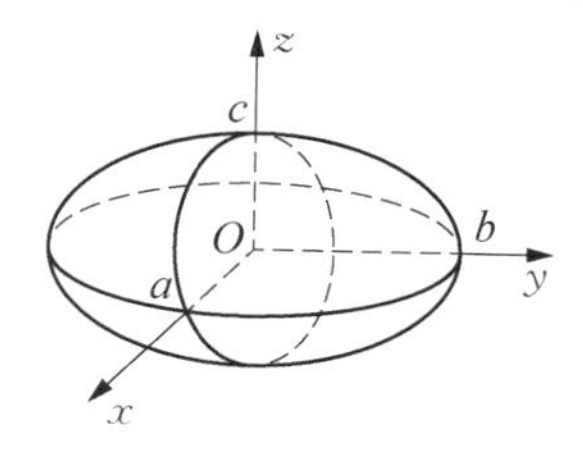

图 6-7

为了了解椭球面的形状,可以先画出它与三个坐标平面的交线,三条交线方程分别为

$$\begin{cases}\frac{x^2}{a^2}+\frac{y^2}{b^2}=1,\\z=0,\end{cases}\quad\begin{cases}\frac{y^2}{b^2}+\frac{z^2}{c^2}=1,\\x=0,\end{cases}\quad\begin{cases}\frac{z^2}{c^2}+\frac{x^2}{a^2}=1,\\y=0,\end{cases}$$

它们都是坐标平面上的椭圆.

再考虑椭球面与平行于坐标平面 Oxy 的平面 $z=h(|h|<c)$ 的交线,可知交线方程为

$$\begin{cases}\frac{x^2}{a^2\left(1-\frac{h^2}{c^2}\right)}+\frac{y^2}{b^2\left(1-\frac{h^2}{c^2}\right)}=1,\\z=h,\end{cases}$$

交线是平面 $z=h$ 上并且以 $\frac{a}{c}\sqrt{c^2-h^2}$ 与 $\frac{b}{c}\sqrt{c^2-h^2}$ 为半轴的椭圆. 随着 $|h|$ 由 0 逐渐增大趋近于 c,椭圆的两个半轴分别由 a 和 b 逐渐减小趋近于 0. 特别地,当 $|h|=c$ 时,平面 $z=h$ 与椭球面交于点 $(0,0,h)$.

类似地,还可以讨论椭球面与平行于坐标平面 Oyz 的平面的交线,以及椭球面与平行于坐标平面 Ozx 的平面的交线.

特别地,当 $a=b=c$ 时,椭球面是以原点为球心、a 为半径的球面. 因此,球面是椭球面的特殊情形.

4. 单叶双曲面和双叶双曲面

方程 $\frac{x^2}{a^2}+\frac{y^2}{b^2}-\frac{z^2}{c^2}=1(a>0,b>0,c>0)$ 所表示的曲面称为**单叶双曲面**(图 6-8(a)),类似地,方程 $\frac{x^2}{a^2}-\frac{y^2}{b^2}+\frac{z^2}{c^2}=1$ 和 $-\frac{x^2}{a^2}+\frac{y^2}{b^2}+\frac{z^2}{c^2}=1$ 所表示的曲面也是单叶双曲面.

方程 $-\frac{x^2}{a^2}-\frac{y^2}{b^2}+\frac{z^2}{c^2}=1(a>0,\ b>0,\ c>0)$ 所表示的曲面称为**双叶双曲面**(图 6-8(b)),类似地,方程 $\frac{x^2}{a^2}-\frac{y^2}{b^2}-\frac{z^2}{c^2}=1$ 和 $-\frac{x^2}{a^2}+\frac{y^2}{b^2}-\frac{z^2}{c^2}=1$ 所表示的曲面也是双叶双曲面.

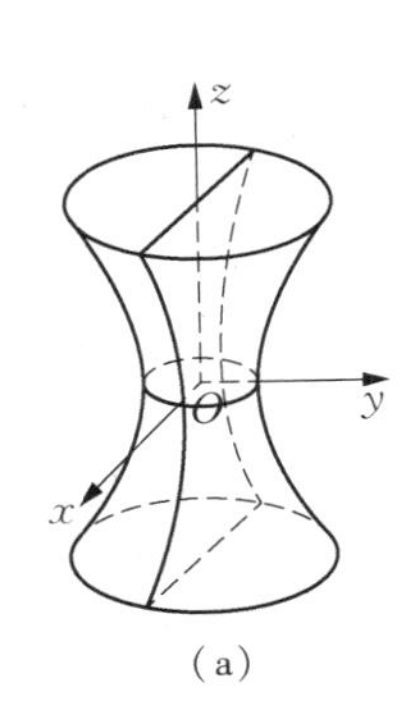

(a)

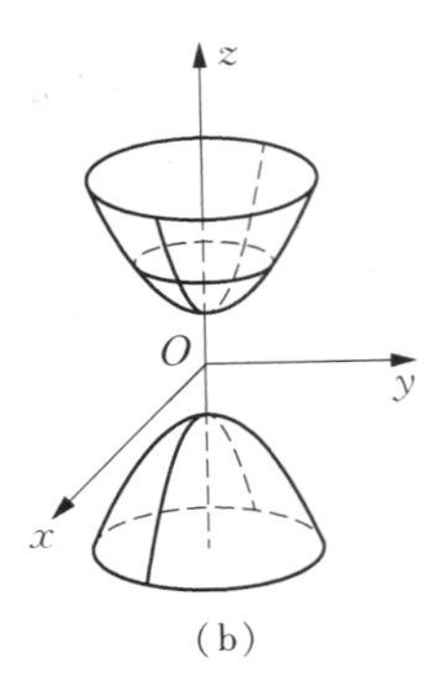

(b)

图 6-8

例 10 求平面 $y=1$ 与单叶双曲面 $x^2+y^2-z^2=1$ 的交线.

解 将 $y=1$ 代入方程 $x^2+y^2-z^2=1$,可得 $x^2-z^2=0$. 因此,平面 $y=1$ 和单叶双曲面有两条交线,交线方程分别为 $\begin{cases}x+z=0,\\y=1\end{cases}$ 和 $\begin{cases}x-z=0,\\y=1.\end{cases}$ 显然,交线是位于平面 $y=1$ 上的两条相交于点 $(0,\ 1,\ 0)$ 的直线.

直纹面

5. 椭圆抛物面和双曲抛物面

方程 $z=\frac{x^2}{a^2}+\frac{y^2}{b^2}(a>0,\ b>0)$ 所表示的曲面称为**椭圆抛物面**(图 6-9(a)).

方程 $z=\frac{x^2}{a^2}-\frac{y^2}{b^2}(a>0,\ b>0)$ 所表示的曲面称为**双曲抛物面**(图 6-9(b)),因为它形似马鞍,又称**马鞍面**.

本节学习要点

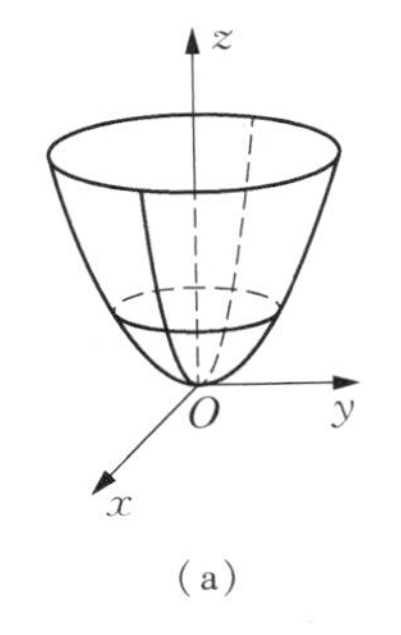

(a)

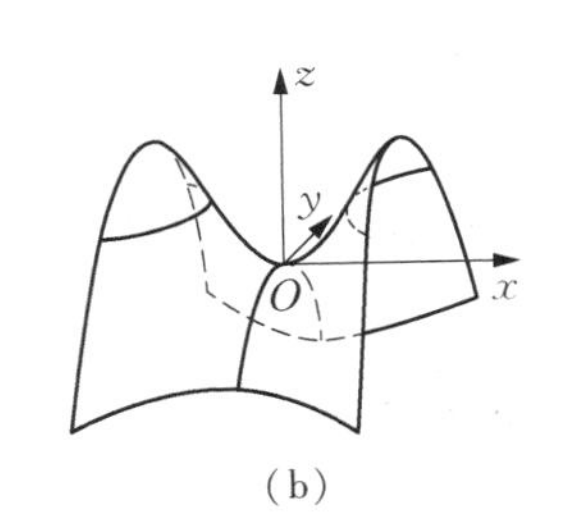

(b)

图 6-9

思考 以上二次曲面中是否有旋转曲面?如果有,请尝试指出其母线和旋转轴.

习题 6.1

1. 在空间直角坐标系中画出点 $P(3, 1, -2)$，指出点 P 在第几卦限，并求下列各点的坐标：

(1) 点 P 关于平面 Oyz 的对称点；　　(2) 点 P 关于 z 轴的对称点；

(3) 点 P 关于坐标原点的对称点.

2. 解释下列代数式在空间直角坐标系中的几何意义：

(1) $x=-1,\ z=0$；　　(2) $x\geqslant 0,\ y\leqslant 0,\ z=0$；

(3) $x^2+y^2\leqslant 1$；　　(4) $x^2+y^2\leqslant 1,\ z=3$；

(5) $0\leqslant x\leqslant 1,\ 0\leqslant y\leqslant 1$；　　(6) $x^2+y^2+z^2=25,\ y=-4$；

(7) $y=-2,\ z=2$；　　(8) $x^2+y^2=4,\ z=3$.

3. 用方程、不等式或其组合表示下列几何对象：

(1) 过 $(4, 1, -2)$ 垂直于 z 轴的平面；

(2) 过 $(3, -1, 1)$ 平行于平面 Oyz 的平面；

(3) 过 $(1, 3, -1)$ 平行于 y 轴的直线；

(4) 由三个坐标平面以及平面 $x=2$、$y=2$ 和 $z=2$ 围成的实心立方体.

4. 求满足下列条件的平面方程：

(1) 经过三点 $(1, 0, -1)$、$(2, 3, 3)$、$(0, 5, 6)$；

(2) 平行于平面 $y=x$ 且经过点 $(1, 2, 1)$；

(3) 通过 z 轴和点 $(1, -10, 3)$；

(4) 平行于 y 轴，且经过点 $(2, 3, 1)$、$(4, -1, -5)$；

(5) 与直线 $\dfrac{x-1}{2}=y=\dfrac{z-2}{4}$ 垂直且经过点 $(2, 1, 3)$.

5. 指出下列方程表示哪种曲面：

(1) $x^2+y^2=1$；　　(2) $x^2=3y$；

(3) $z-3y=0$；　　(4) $x^2+4y^2+9z^2=36$；

(5) $x^2+2y^2-z^2=0$；　　(6) $x^2+2y^2-3z^2=6$；

(7) $z-x^2-4y^2=0$；　　(8) $x^2-y^2=-z$；

(9) $x^2-5x+6=0$；　　(10) $x^2-5y^2-z^2=1$.

6. 指出下列方程组在空间直角坐标系中表示怎样的曲线（其中 h 为常数）：

(1) $\begin{cases}x^2+4y^2=z,\\ z=h;\end{cases}$　　(2) $\begin{cases}x^2-4y^2=z,\\ y=1;\end{cases}$

(3) $\begin{cases} x^2+9y^2-z^2=25, \\ x=h; \end{cases}$ (4) $\begin{cases} x^2-16y^2=z^2, \\ x=5y. \end{cases}$

7. 求过点(1, -2, 4)且与平面 $2x-3y+z=4$ 垂直的直线方程.

6.2 多元函数的基本概念

先看一个变量依赖于多个变量的例子.

例 1 一个有盖的圆柱体的容器,高为 h,底面圆的半径为 r,则其容积 V 和表面积 S 都是 h 和 r 的函数:

$$V=\pi r^2 h,$$
$$S=2\pi r^2+2\pi rh.$$

例 2 某公司生产三种产品并对外销售,在一定的销量范围内,售价分别为 p_1、p_2、p_3,月销量分别是 x_1、x_2、x_3,则该公司月销售收入为

$$R=x_1p_1+x_2p_2+x_3p_3.$$

从上面例子可以看到,一个变量与多个变量的关系是普遍存在的,这就需要我们在一元函数的基础上做进一步讨论.

一、平面点集简介

讨论一元函数时,经常用到邻域和区间的概念. 为了讨论多元函数,需要把邻域和区间的概念加以推广.

定义 1 设 $P_0(a, b)$ 是平面 Oxy 上的一个点,δ 是某一正数. 则称点集 $\{(x, y) \mid \sqrt{(x-a)^2+(y-b)^2}<\delta\}$ 为点 P_0 的 δ **邻域**(图 6-10),记为 $U(P_0, \delta)$.

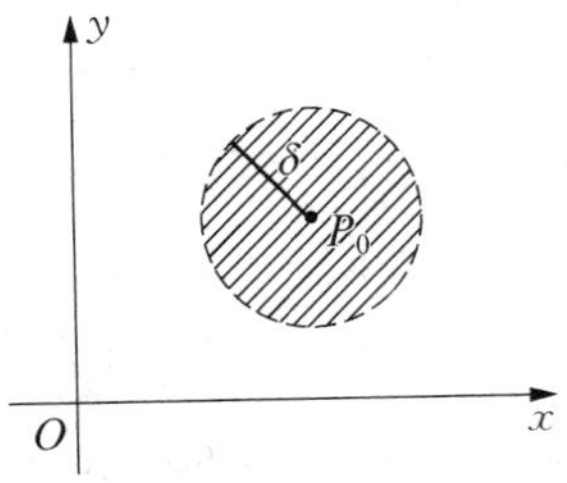

在邻域 $U(P_0, \delta)$ 中除去点 P_0 得到的平面点集,称为点 P_0 的 δ **去心邻域**,记为 $\mathring{U}(P_0, \delta)$,即

$$\mathring{U}(P_0, \delta)=\{(x, y) \mid 0<\sqrt{(x-a)^2+(y-b)^2}<\delta\}.$$

图 6-10

当不需要强调邻域半径 δ 时,点 P_0 的邻域和去心邻域可分别记为 $U(P_0)$ 和 $\mathring{U}(P_0)$.

定义2　设 E 是平面 Oxy 上的点集，点 P_0 是平面 Oxy 上的点.

(1) 若存在 $\delta > 0$，使得 $U(P_0, \delta) \subset E$，则称点 P_0 为 E 的**内点**.

(2) 若存在 $\eta > 0$，使得 $U(P_0, \eta) \cap E = \varnothing$，则称点 P_0 为 E 的**外点**.

(3) 若对任意 $\varepsilon > 0$，在 $U(P_0, \varepsilon)$ 内既有 E 的点又有不属于 E 的点，则称点 P_0 为 E 的**边界点**.

边界点可能属于 E，也可能不属于 E. E 的边界点的全体称为 E 的**边界**.

例3　设 $E = \{(x, y) \mid 1 < x^2 + y^2 \leqslant 4\}$，如图6-11所示，则 $P_0(1, 1)$ 是 E 的内点，$P_1(2, 2)$ 是 E 的外点，$P_2(1, 0)$、$P_3(2, 0)$ 是 E 的边界点，其中 P_3 是 E 的点，P_2 不是 E 的点.

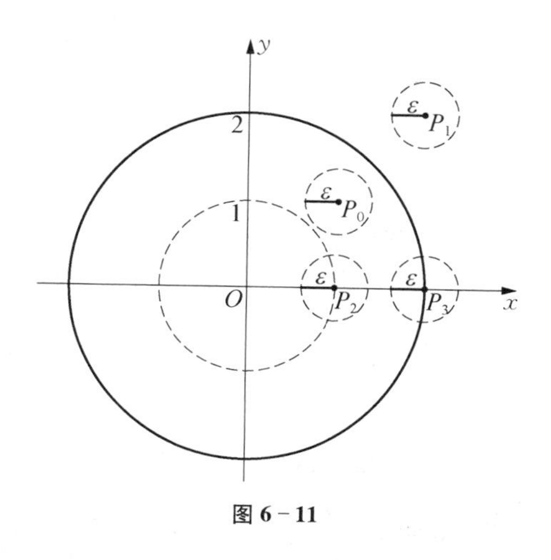

图6-11

定义3　设 E 是平面 Oxy 上的点集，若 E 中每一点都是 E 的内点，则称 E 为**开集**；若 E 中任意两点，都可以用含于 E 内的折线相连结，则称 E 是**连通集**；连通的开集又称为**开区域**；开区域连同它的边界一起称为**闭区域**.

开区域、闭区域、开区域连同其部分边界形成的集合，统称为**区域**.

例4　$E_1 = \{(x, y) \mid 1 < x^2 + y^2 < 4\}$ 和 $E_2 = \{(x, y) \mid x + y - 1 > 0\}$ 是开区域；$E_3 = \{(x, y) \mid x^2 + y^2 < 1$ 或 $x^2 + y^2 > 4\}$ 是开集但不是开区域；$E_4 = \{(x, y) \mid 1 \leqslant |x| + |y| \leqslant 4\}$ 是闭区域.

例3中的集合 $E = \{(x, y) \mid 1 < x^2 + y^2 \leqslant 4\}$ 既不是开区域，也不是闭区域，而是区域.

思考　从上面的例题，总结开区域、闭区域作为集合的特征.

定义4　设 E 是平面 Oxy 上的点集，O 为坐标原点. 若存在 $k > 0$，使得 $E \subseteq U(O, k)$，则称点集 E 为**有界集**，否则称为**无界集**.

例4中的 E_1、E_4 是有界集，E_2、E_3 为无界集.

二、二元函数

1. 二元函数的概念

定义 5 设 D 是平面点集,如果对任意一点 $P(x, y) \in D$,按着某个确定的对应法则 f,都有唯一确定的实数 z 与之对应,则称 f 是定义在点集 D 上的**二元函数**,记作

$$z = f(x, y) \text{ 或 } z = f(P),$$

其中 x、y 称为函数 f 的**自变量**,z 称为函数 f 的**因变量**,D 为函数 f 的**定义域**. 函数值的全体记为

$$W = \{z \mid z = f(x, y), (x, y) \in D\},$$

称其为函数 f 的**值域**.

与一元函数一样,二元函数的两个基本要素也是**定义域**与**对应法则**.

实际问题中定义域由问题的实际意义所确定,如本节的例 1,其定义域为 $D = \{(r, h) \mid r > 0, h > 0\}$. 对于一般用解析式表示的二元函数,通常约定使对应法则有意义的所有 (x, y) 组成的集合为函数的定义域.

例如函数 $z = \dfrac{1}{\sqrt{x+y}}$ 的定义域为 $D = \{(x, y) \mid x + y > 0\}$,这是一个无界开区域;函数 $z = \arcsin(x^2 + y^2)$ 的定义域是 $D = \{(x, y) \mid x^2 + y^2 \leqslant 1\}$,这是一个有界的闭区域.

注 与二元函数的定义类似,可定义 $n(\geqslant 3)$ 元函数.

二元及二元以上的函数统称为**多元函数**.

例 5 确定函数 $z = \sqrt{x^2 + y^2 - 1} + \ln(36 - 4x^2 - 9y^2)$ 的定义域.

解 要使右边解析式有意义,自变量 x、y 要同时满足

$$x^2 + y^2 - 1 \geqslant 0,\ 36 - 4x^2 - 9y^2 > 0,$$

这两个不等式表示的点 (x, y) 的集合分别为

$$D_1 = \{(x, y) \mid x^2 + y^2 \geqslant 1\} \text{ 和 } D_2 = \left\{(x, y) \,\middle|\, \frac{x^2}{9} + \frac{y^2}{4} < 1\right\}.$$

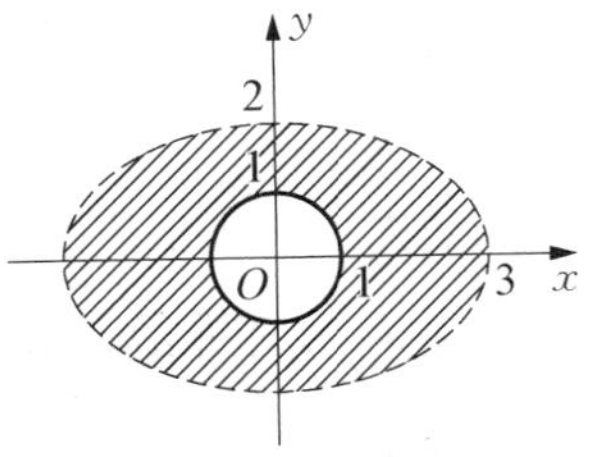

图 6-12

所以,该函数的定义域为 $D_1 \cap D_2$,即单位圆 $x^2 + y^2 = 1$ 的外部(连同其圆周)和椭圆 $\dfrac{x^2}{9} + \dfrac{y^2}{4} = 1$ 的内部(不包含椭圆)的交集(如图 6-12 所示).

2. 二元函数的图形

设f是定义域为D的二元函数,称空间点集

$$S = \{(x, y, z) \mid z = f(x, y), (x, y) \in D\}$$

为函数f的**图形**. 通常二元函数$z=f(x, y)$的图形是空间的一张曲面(见图 6 - 13). 该曲面在坐标平面Oxy上的投影就是函数的定义域D.

如:二元函数$z = \sqrt{1 - x^2 - y^2}$ $(x^2 + y^2 \leqslant 1)$的图形是以原点为球心、半径为 1 的球面的上半球面;$z = x^2 + y^2$的图形是以原点为顶点、开口向上的旋转抛物面(图 6 - 14).

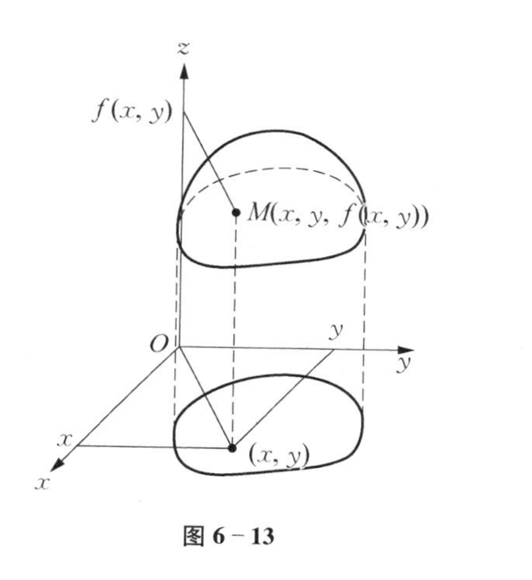

图 6 - 13

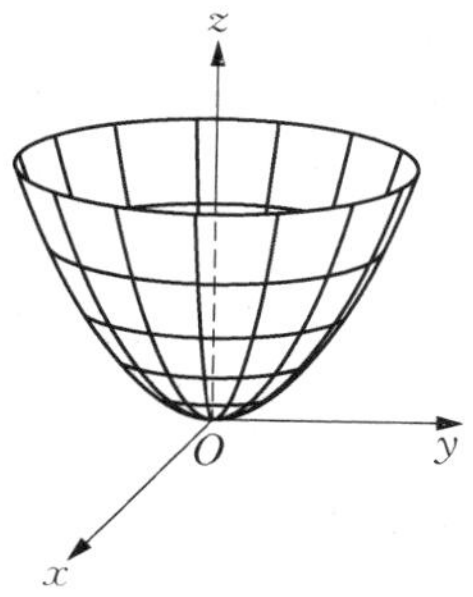

图 6 - 14

三、二元函数的极限

与一元函数的极限相类似,可以定义二元函数的极限.

定义 6　设函数$z=f(x, y)$在点$P_0(x_0, y_0)$的某个去心邻域$\mathring{U}(P_0)$内有定义,A为常数. 若对任意的$\varepsilon > 0$,总存在$\delta > 0$,使得当

$$0 < \sqrt{(x - x_0)^2 + (y - y_0)^2} < \delta$$

时,有

$$|f(x, y) - A| < \varepsilon,$$

则称常数A为函数$f(x, y)$当$(x, y) \to (x_0, y_0)$或$P(x, y) \to P_0(x_0, y_0)$时的极限,记作

$$\lim_{\substack{x \to x_0 \\ y \to y_0}} f(x, y) = A, \text{或} f(x, y) \to A((x, y) \to (x_0, y_0))$$

也可记作

$$\lim_{P\to P_0} f(P)=A，或 f(P)\to A(P\to P_0).$$

为了区别于一元函数的极限,通常把上述二元函数的极限称为**二重极限**.

二元函数的极限的性质和运算法则与一元函数的极限的性质和运算法则是相同的(如极限的唯一性、局部有界性、局部保号性、迫敛性及四则运算等).

思考 请读者自行写出二元函数的上述性质和运算法则.

例 6 求下列二元函数的极限:

(1) $\lim\limits_{\substack{x\to 0\\y\to 0}}(x^2+y^2)\sin\dfrac{1}{x^2+y^2}$;　　(2) $\lim\limits_{\substack{x\to 0\\y\to 0}}\dfrac{3x^2y}{x^2+y^2}$.

解 (1) 记 $u=x^2+y^2$, $(x, y)\to(0, 0)$ 等价于 $u\to 0$,则二元函数的极限就转化为一元函数的极限:

$$\lim_{\substack{x\to 0\\y\to 0}}(x^2+y^2)\sin\frac{1}{x^2+y^2}=\lim_{u\to 0}u\sin\frac{1}{u},$$

利用无穷小量与有界量乘积是无穷小量这个性质,即得

$$\lim_{\substack{x\to 0\\y\to 0}}(x^2+y^2)\sin\frac{1}{x^2+y^2}=0.$$

(2) 因为 $0\leqslant\left|\dfrac{3x^2y}{x^2+y^2}\right|\leqslant 3|y|\leqslant 3\sqrt{x^2+y^2}$,所以根据迫敛性,有

$$\lim_{\substack{x\to 0\\y\to 0}}\frac{3x^2y}{x^2+y^2}=0.$$

注 二重极限 $\lim\limits_{P\to P_0}f(P)=A$ 是指不论动点 $P(x, y)$ 以何种方式趋于定点 $P_0(x_0, y_0)$, $f(P)$ 都趋于 A. 因此,如果 $P(x, y)$ 以不同的方式趋于 $P_0(x_0, y_0)$ 时, $f(P)$ 趋于不同的值,则可以断定二重极限 $\lim\limits_{P\to P_0}f(P)$ 不存在.

例 7 设 $f(x, y)=\dfrac{xy}{x^2+y^2}$,讨论 $\lim\limits_{\substack{x\to 0\\y\to 0}}f(x, y)$ 是否存在.

解 当 (x, y) 沿 x 轴趋于 $(0, 0)$ 时, $\lim\limits_{\substack{x\to 0\\y=0}}\dfrac{xy}{x^2+y^2}=\lim\limits_{x\to 0}0=0$,

当 (x, y) 沿 y 轴趋于 $(0, 0)$ 时, $\lim\limits_{\substack{x=0\\y\to 0}}\dfrac{xy}{x^2+y^2}=\lim\limits_{y\to 0}0=0$.

此时能断定函数的二重极限一定存在吗？当然是不能的，因为当(x, y)沿直线$y=kx$趋于$(0, 0)$时，$\lim\limits_{\substack{x\to 0\\ y=kx}}\frac{xy}{x^2+y^2}=\lim\limits_{x\to 0}\frac{x\cdot kx}{x^2+(kx)^2}=\frac{k}{1+k^2}$，其值随$k$的值不同而不同，所以二重极限不存在.

例 8 设$f(x, y)=\frac{x^2y}{x^4+y^2}$，讨论$\lim\limits_{\substack{x\to 0\\ y\to 0}}\frac{x^2y}{x^4+y^2}$是否存在.

解 仿照上例的方法，让(x, y)沿直线$y=kx$趋于定点$(0, 0)$，有

$$\lim_{\substack{x\to 0\\ y=kx}}\frac{x^2y}{x^4+y^2}=\lim_{x\to 0}\frac{kx^3}{x^4+k^2x^2}=0,$$

此时仍然不能断定$\lim\limits_{\substack{x\to 0\\ y\to 0}}\frac{x^2y}{x^4+y^2}$存在.（为什么？）

因为当(x, y)沿着曲线$y=kx^2$趋于$(0, 0)$时，有

$$\lim_{\substack{x\to 0\\ y=kx^2}}\frac{x^2y}{x^4+y^2}=\lim_{x\to 0}\frac{kx^4}{x^4+k^2x^4}=\frac{k}{1+k^2},$$

其值与k有关，所以$\lim\limits_{\substack{x\to 0\\ y\to 0}}\frac{x^2y}{x^4+y^2}$不存在.

思考 已知$\lim\limits_{\substack{x\to x_0\\ y\to y_0}}f(x, y)$存在，是否可以用取特殊路径的方法求出该极限？

例 9 求$\lim\limits_{\substack{x\to 3\\ y\to 0}}\frac{\sin(xy)}{y}$.

解 因为当$(x, y)\to(3, 0)$时有$xy\to 0$，于是$\sin(xy)\sim xy$，所以

$$\lim_{\substack{x\to 3\\ y\to 0}}\frac{\sin(xy)}{y}=\lim_{\substack{x\to 3\\ y\to 0}}\frac{xy}{y}=\lim_{x\to 3}x=3.$$

四、二元函数的连续性

定义 7 设函数$z=f(x, y)$在点$P_0(x_0, y_0)$的某个邻域内有定义，如果

$$\lim_{\substack{x\to x_0\\ y\to y_0}}f(x, y)=f(x_0, y_0),$$

则称函数$f(x, y)$在点P_0处连续，称点P_0为函数$f(x, y)$的**连续点**；否则称$f(x, y)$在点P_0

不连续或间断,此时称点 P_0 为 $f(x, y)$ 的**间断点**.

如果函数 $f(x, y)$ 在开区域(或闭区域)D 上的每一点都连续,则称函数 $f(x, y)$ 在 D 上连续,或称函数 $f(x, y)$ 是 D 上的**连续函数**.

可以看出,多元函数的连续性的定义与一元函数的连续性的定义本质上是一致的.

由常数与不同自变量的一元基本初等函数经过有限次四则运算和复合运算得到的,并且能用一个解析式表示的多元函数称为**多元初等函数**. 例如:

$$z = x^2 + y^2,\ z = \frac{x-y}{x+y},\ z = e^{x^2 y},\ u = \sin(x^2 + y^2 + z^2)$$

等都是多元初等函数.

例 10 讨论二元函数

$$f(x, y) = \begin{cases} \dfrac{x^3 + y^3}{x^2 + y^2}, & (x, y) \neq (0, 0), \\ 0, & (x, y) = (0, 0) \end{cases}$$

在点(0, 0)处的连续性.

解 利用极坐标,令 $x = r\cos\theta$, $y = r\sin\theta$,于是 $(x, y) \to (0, 0)$ 等价于 $\forall\theta$, $r \to 0$. 所以

$$\lim_{\substack{x\to 0\\ y\to 0}} \frac{x^3 + y^3}{x^2 + y^2} = \lim_{\substack{r\to 0\\ \forall\theta}} \frac{r^3(\cos^3\theta + \sin^3\theta)}{r^2} = \lim_{\substack{r\to 0\\ \forall\theta}} r(\cos^3\theta + \sin^3\theta) = 0 = f(0, 0).$$

因此,$f(x, y)$ 在点(0, 0)处连续.

因为一元函数中关于极限的运算法则对于多元函数仍然适用,因此多元连续函数的和、差、积仍是连续函数. 在分母不为零处的连续函数的商仍是连续函数. 多元连续函数的复合函数也是连续函数,所以**一切多元初等函数在其定义区域内是连续的**.

例 11 求 $\lim\limits_{\substack{x\to 0\\ y\to 0}} \dfrac{\sqrt{xy+1} - 1}{xy}$.

解 $$\lim_{\substack{x\to 0\\ y\to 0}} \frac{\sqrt{xy+1} - 1}{xy} = \lim_{\substack{x\to 0\\ y\to 0}} \frac{xy + 1 - 1}{xy(\sqrt{xy+1} + 1)} = \lim_{\substack{x\to 0\\ y\to 0}} \frac{1}{\sqrt{xy+1} + 1} = \frac{1}{\sqrt{0+1} + 1} = \frac{1}{2}.$$

与一元函数在闭区间上的连续函数一样,多元函数在有界闭区域上的连续函数也有类似的性质.

定理 1(最值定理) 若函数 $f(P)$ 在有界闭区域 D 上连续,则 $f(P)$ 在 D 上必有最大值和最小值,即存在两点 P_1、$P_2 \in D$,使得对于任意 $P \in D$,有

$$f(P_1) \leqslant f(P) \leqslant f(P_2).$$

定理 2（介值定理） 若函数 $f(P)$ 在有界闭区域 D 上连续，并且 $f(P)$ 在 D 上取到两个不同的函数值 $f(P_1)$ 和 $f(P_2)$（不妨设 $f(P_1) < f(P_2)$），则对任何满足 $f(P_1) < \mu < f(P_2)$ 的值 μ，都至少存在一点 $P_0 \in D$，使得 $f(P_0) = \mu$.

本节学习要点

注 由定理 1 可知，有界闭区域 D 上的连续函数一定是 D 上的有界函数.

习题 6.2

1. 求下列函数的定义域：

(1) $z = \sqrt{x - \sqrt{y}}$；

(2) $z = \ln(y - x) + \dfrac{\sqrt{x}}{\sqrt{1 - x^2 - y^2}}$；

(3) $u = \sqrt{R^2 - x^2 - y^2 - z^2} + \dfrac{1}{\sqrt{x^2 + y^2 + z^2 - r^2}}$，其中 $R > r > 0$；

(4) $u = \arccos \dfrac{z}{\sqrt{x^2 + y^2}}$.

2. 求下列二重极限：

(1) $\lim\limits_{\substack{x \to 1 \\ y \to 0}} \dfrac{\ln(x + \mathrm{e}^y)}{\sqrt{x^2 + y^2}}$；

(2) $\lim\limits_{\substack{x \to 0 \\ y \to 0}} \dfrac{2 - \sqrt{xy + 4}}{xy}$；

(3) $\lim\limits_{\substack{x \to 0 \\ y \to 0}} \dfrac{1 - \cos\sqrt{x^2 + y^2}}{(x^2 + y^2)\mathrm{e}^{x^2 y^2}}$；

(4) $\lim\limits_{\substack{x \to +\infty \\ y \to +\infty}} (x^2 + y^2)\mathrm{e}^{-(x+y)}$.

3. 讨论下列函数在点 $(0, 0)$ 处的连续性：

(1) $f(x, y) = \begin{cases} (x^2 + y^2)\ln(x^2 + y^2), & x^2 + y^2 \neq 0, \\ 0, & x^2 + y^2 = 0; \end{cases}$

(2) $f(x, y) = \begin{cases} (x + y)\cos \dfrac{1}{x}, & x \neq 0, \\ 0, & x = 0; \end{cases}$

(3) $f(x, y) = \begin{cases} \dfrac{2xy}{x^2 + y^2}, & x^2 + y^2 \neq 0, \\ 0, & x^2 + y^2 = 0; \end{cases}$

(4) $f(x, y) = \begin{cases} \dfrac{x^2 + y^2}{|x| + |y|}, & |x| + |y| \neq 0, \\ 0, & |x| + |y| = 0. \end{cases}$

4. 设$f(x+y, x-y)=x^2+xy+y^2$,求$f(x, y)$.

5. 设$f\left(xy, \frac{y}{x}\right)=x^2(x+y)^2$,求$f\left(\frac{y}{x}, xy\right)$.

6. 证明下列二重极限不存在:

(1) $\lim\limits_{\substack{x\to 0\\ y\to 0}}\frac{x-y^2}{x+y^2}$;

(2) $\lim\limits_{\substack{x\to 0\\ y\to 0}}\frac{xy}{x+y}$.

6.3 偏导数

一、偏导数

1. 偏导数的定义

一元函数的导数$f'(x)=\lim\limits_{\Delta x\to 0}\frac{\Delta y}{\Delta x}$是函数在某一点$x$的变化率,二元函数也需要讨论变化率. 由于二元函数中两个自变量的变化情形要比一个自变量的变化情形复杂得多,因此我们首先考虑二元函数$z=f(x, y)$关于其中一个自变量的变化率. 如,在两个自变量中固定一个自变量:$y=y_0$,这时$z=f(x, y_0)$是x的一元函数,记为$g(x)$,如果$g(x)$在x_0处的导数$g'(x_0)$存在,$g'(x_0)$就是二元函数$z=f(x, y)$在点(x_0, y_0)处关于自变量x的变化率.

定义1 设函数$z=f(x, y)$在点(x_0, y_0)的某个邻域内有定义,如果

$$\lim_{\Delta x\to 0}\frac{f(x_0+\Delta x, y_0)-f(x_0, y_0)}{\Delta x}$$

存在,则称该极限为$z=f(x, y)$在点(x_0, y_0)处**对自变量x的偏导数**. 记作

$$f_x(x_0, y_0),\text{或 } z_x\Big|_{\substack{x=x_0\\ y=y_0}},\text{或}\frac{\partial f}{\partial x}\Big|_{\substack{x=x_0\\ y=y_0}},\text{或}\frac{\partial z}{\partial x}\Big|_{\substack{x=x_0\\ y=y_0}}.$$

类似地,可定义$z=f(x, y)$在点(x_0, y_0)处**对自变量y的偏导数**. 如果

$$\lim_{\Delta y\to 0}\frac{f(x_0, y_0+\Delta y)-f(x_0, y_0)}{\Delta y}$$

存在,则称该极限为$z=f(x, y)$在点(x_0, y_0)处对自变量y的偏导数. 记作

$$f_y(x_0, y_0),\text{或 } z_y\Big|_{\substack{x=x_0\\ y=y_0}},\text{或}\frac{\partial z}{\partial y}\Big|_{\substack{x=x_0\\ y=y_0}}\text{或}\frac{\partial f}{\partial y}\Big|_{\substack{x=x_0\\ y=y_0}}.$$

如果函数$z=f(x, y)$在区域D上每一点处对x或对y的偏导数都存在,就得到新的二元函数

$$f_x(x, y)=\lim_{\Delta x \to 0}\frac{f(x+\Delta x, y)-f(x, y)}{\Delta x},$$

$$或 f_y(x, y)=\lim_{\Delta y \to 0}\frac{f(x, y+\Delta y)-f(x, y)}{\Delta y}.$$

把 $f_x(x, y)$ 和 $f_y(x, y)$ 分别称为 $z=f(x, y)$ 对自变量 x 和 y 的**偏导函数**,简称**偏导数**. 类似地,可以用记号

$$\frac{\partial z}{\partial x},或\frac{\partial f}{\partial x},或 z_x,或 f_x(x, y)$$

表示 $z=f(x, y)$ 对自变量 x 的偏导数,用记号

$$\frac{\partial z}{\partial y},或\frac{\partial f}{\partial y},或 z_y,或 f_y(x, y)$$

表示 $z=f(x, y)$ 对自变量 y 的偏导数.

显然偏导函数在点 (x_0, y_0) 的值就是 $z=f(x, y)$ 在点 (x_0, y_0) 的偏导数.

求 $z=f(x, y)$ 的偏导数 $f_x(x, y)$ 时,只需把 $f(x, y)$ 中的 y 看成常数再对 x 求导即可;同样,求 $f_y(x, y)$ 时只需把 $f(x, y)$ 中的 x 看成常数再对 y 求导即可.

对于三元及三元以上函数也可以类似定义其对各个自变量的偏导数.

例 1　求 $f(x, y)=x^3+2xy+y^2$ 在点 $(1, 2)$ 处的偏导数.

解　因为 $f_x(x, y)=3x^2+2y$, $f_y(x, y)=2x+2y$,所以

$$f_x(1, 2)=(3x^2+2y)\Big|_{\substack{x=1\\y=2}}=7,\ f_y(1, 2)=(2x+2y)\Big|_{\substack{x=1\\y=2}}=6.$$

例 2　设 $z=x^y(x>0, x\neq 1)$,证明:$\frac{x}{y}\frac{\partial z}{\partial x}+\frac{1}{\ln x}\frac{\partial z}{\partial y}=2z$.

证　将 $z=x^y$ 中的 y 看成常数, $z=x^y$ 是幂函数,所以 $\frac{\partial z}{\partial x}=yx^{y-1}$.

将 $z=x^y$ 中的 x 看成常数, $z=x^y$ 是指数函数,所以 $\frac{\partial z}{\partial y}=x^y\ln x$. 因此

$$\frac{x}{y}\frac{\partial z}{\partial x}+\frac{1}{\ln x}\frac{\partial z}{\partial y}=\frac{x}{y}\cdot yx^{y-1}+\frac{1}{\ln x}\cdot x^y\ln x=x^y+x^y=2z.$$

例 3　求 $r=\sqrt{x^2+y^2+z^2}$ 的三个偏导数.

解 将 $r=\sqrt{x^2+y^2+z^2}$ 中的 y、z 看成常数,对 x 求导,有

$$\frac{\partial r}{\partial x}=\frac{2x}{2\sqrt{x^2+y^2+z^2}}=\frac{x}{r},$$

根据所给函数关于自变量的对称性,可得

$$\frac{\partial r}{\partial y}=\frac{y}{r},\ \frac{\partial r}{\partial z}=\frac{z}{r}.$$

例 4 求函数

$$f(x,\ y)=\begin{cases}\dfrac{xy}{x^2+y^2}, & x^2+y^2\neq 0,\\ 0, & x^2+y^2=0\end{cases}$$

在点(0, 0)处的偏导数.

解 这是一个分段函数,在分段点的偏导数只能根据偏导数的定义来求.

$$f_x(0,\ 0)=\lim_{\Delta x\to 0}\frac{f(0+\Delta x,\ 0)-f(0,\ 0)}{\Delta x}=\lim_{\Delta x\to 0}\frac{0}{\Delta x}=0,$$

$$f_y(0,\ 0)=\lim_{\Delta x\to 0}\frac{f(0,\ 0+\Delta y)-f(0,\ 0)}{\Delta y}=\lim_{\Delta x\to 0}\frac{0}{\Delta y}=0.$$

注 1 偏导数的记号是一个整体,如 $\frac{\partial z}{\partial x}$ 不能像一元函数导数 $\frac{\mathrm{d}y}{\mathrm{d}x}$ 那样看成分子与分母的商.

注 2 一元函数在某点导数存在能得到在该点连续的结论. 二元函数在某点偏导数存在不能得到在该点连续的结论,如二元函数 $f(x,\ y)=\begin{cases}\dfrac{xy}{x^2+y^2}, & x^2+y^2\neq 0,\\ 0, & x^2+y^2=0\end{cases}$ 在点(0, 0)处不连续(参考6.2节例7),但两个偏导数却都存在(本节例4). 这说明偏导数与导数有着**本质的区别**.

思考 多元函数在某一点连续能得到函数在该点的偏导数一定存在的结论吗? 请读者说明理由或举出反例.

2. 偏导数的几何意义

如图6－15所示，设 $M_0(x_0, y_0, f(x_0, y_0))$ 为曲面 $z=f(x, y)$ 上的点，过点 M_0 作平行于坐标平面 Ozx 的平面 $y=y_0$ 与曲面相交得一曲线 C_1，曲线 C_1 的方程为 $\begin{cases} z=f(x, y_0), \\ y=y_0. \end{cases}$ 偏导数 $f_x(x_0, y_0)$ 就是曲线 C_1 在点 M_0 处的切线 M_0T_x 对 x 轴的斜率.

同样，偏导数 $f_y(x_0, y_0)$ 是曲面 $z=f(x, y)$ 与平面 $x=x_0$ 相交得到的曲线 $C_2 \begin{cases} z=f(x_0, y), \\ x=x_0 \end{cases}$ 在点 M_0 处的切线 M_0T_y 对 y 轴的斜率.

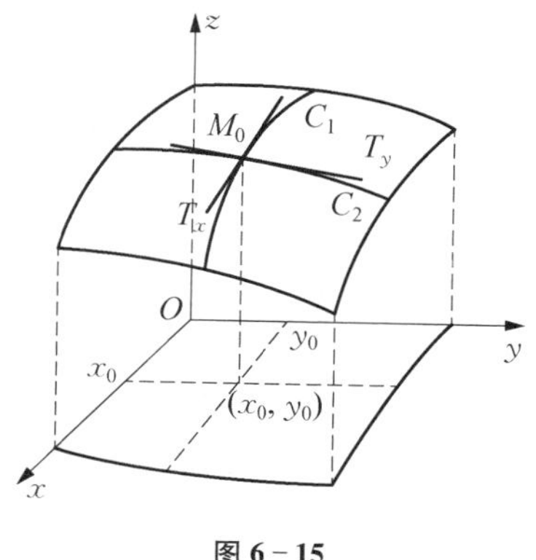

图6－15

3. 偏导数的经济意义

在第3章中已经知道，产品需求量是其价格的函数 $Q=Q(p)$，当考虑消费者收入时，需求量不仅与价格 p 有关，也与消费者的收入 u 有关，这样需求量 Q 就是 p 和 u 的二元函数：

$$Q=Q(p, u).$$

与一元函数类似，当收入 u 固定时，$\frac{\partial Q}{\partial p}$ 表示需求量 Q 对价格 p 的变化率，或者 Q 对 p 的边际需求；当价格 p 固定时，$\frac{\partial Q}{\partial u}$ 表示需求量 Q 对消费者收入 u 的变化率，或者 Q 对 u 的边际需求.

类似一元经济函数弹性的定义，称

$$E_p=-\frac{\partial Q}{\partial p}\cdot\frac{p}{Q}$$

为**需求量 Q 在点 (p, u) 处对价格 p 的弹性**，前面加负号是因为需求量关于价格是递减函数.

同理，称

$$E_u=\frac{\partial Q}{\partial u}\cdot\frac{u}{Q}$$

为**需求量 Q 在点 (p, u) 处对收入 u 的弹性**.

二、高阶偏导数

设函数 $z=f(x, y)$ 在区域 D 上有偏导数 $f_x(x, y)$、$f_y(x, y)$，如果 $f_x(x, y)$、$f_y(x, y)$ 在 D 上的偏导函数也存在，则称 $f_x(x, y)$、$f_y(x, y)$ 的偏导数为函数 $z=f(x, y)$ 的**二阶偏导数**. 二阶偏导数共有四个，按照求导次序不同，分别记作

$$\frac{\partial}{\partial x}\left(\frac{\partial z}{\partial x}\right)=\frac{\partial^2 z}{\partial x^2}=f_{xx}(x, y);\quad \frac{\partial}{\partial y}\left(\frac{\partial z}{\partial x}\right)=\frac{\partial^2 z}{\partial x\partial y}=f_{xy}(x, y);$$

$$\frac{\partial}{\partial x}\left(\frac{\partial z}{\partial y}\right)=\frac{\partial^2 z}{\partial y\partial x}=f_{yx}(x,y)\,;\ \frac{\partial}{\partial y}\left(\frac{\partial z}{\partial y}\right)=\frac{\partial^2 z}{\partial y^2}=f_{yy}(x,y).$$

其中$\frac{\partial^2 z}{\partial x^2}$称为$z$对$x$的二阶偏导数,$\frac{\partial^2 z}{\partial y^2}$称为$z$对$y$的二阶偏导数,$\frac{\partial^2 z}{\partial x\partial y}$称为$z$先对$x$后对$y$的二阶混合偏导数,$\frac{\partial^2 z}{\partial y\partial x}$称为$z$先对$y$后对$x$的二阶混合偏导数.(请注意记号的先后次序)

同样可以定义二元函数的三阶偏导数,…, $n(n>3)$阶偏导数. 二阶及二阶以上的偏导数统称为**高阶偏导数**. 对于二元以上的多元函数也可以类似地定义高阶偏导数.

例 5 求$z=x^2y^3-2xy^2+xy+2$的四个二阶偏导数及三阶偏导数$\frac{\partial^3 z}{\partial y^2\partial x}$.

解 $\frac{\partial z}{\partial x}=2xy^3-2y^2+y$, $\frac{\partial z}{\partial y}=3x^2y^2-4xy+x$.

$\frac{\partial^2 z}{\partial x^2}=2y^3$. $\frac{\partial^2 z}{\partial y^2}=6x^2y-4x$. $\frac{\partial^2 z}{\partial x\partial y}=6xy^2-4y+1$.

$\frac{\partial^2 z}{\partial y\partial x}=6xy^2-4y+1$. $\frac{\partial^3 z}{\partial y^2\partial x}=\frac{\partial}{\partial x}\left(\frac{\partial^2 z}{\partial y^2}\right)=12xy-4$.

例 6 求$z=x^y$的四个二阶偏导数.

解 $\frac{\partial z}{\partial x}=yx^{y-1}$, $\frac{\partial z}{\partial y}=x^y\ln x$.

$\frac{\partial^2 z}{\partial x^2}=(yx^{y-1})_x=y(y-1)x^{y-2}$. $\frac{\partial^2 z}{\partial y^2}=(x^y\ln x)_y=x^y\ln^2 x$.

$\frac{\partial^2 z}{\partial x\partial y}=\frac{\partial}{\partial y}\left(\frac{\partial z}{\partial x}\right)=(yx^{y-1})_y=x^{y-1}+yx^{y-1}\ln x=x^{y-1}(1+y\ln x)$.

$\frac{\partial^2 z}{\partial y\partial x}=\frac{\partial}{\partial x}\left(\frac{\partial z}{\partial y}\right)=(x^y\ln x)_x=x^{y-1}+yx^{y-1}\ln x=x^{y-1}(1+y\ln x)$.

上面两个例子中都有$\frac{\partial^2 z}{\partial x\partial y}=\frac{\partial^2 z}{\partial y\partial x}$,这是巧合还是必然?

定理 1 若函数$f(x,y)$的两个二阶混合偏导数$f_{xy}(x,y)$和$f_{yx}(x,y)$都在点(x_0,y_0)处连续,则$f_{xy}(x_0,y_0)=f_{yx}(x_0,y_0)$.

定理 1 说明在混合偏导数连续的条件下,混合偏导数与求导次序无关. $n(n>2)$元函数的高阶混合偏导数也有类似定理.

例 7 设$f(x,y,z)=\sin(3x+yz)$,求三阶混合偏导数f_{xyz}.

解　$f_x = 3\cos(3x + yz)$，$f_{xy} = -3z\sin(3x + yz)$，因此

$$f_{xyz} = -3\sin(3x + yz) - 3yz\cos(3x + yz).$$

例8　验证函数 $z = \ln\sqrt{x^2 + y^2}$ 满足方程 $\frac{\partial^2 z}{\partial x^2} + \frac{\partial^2 z}{\partial y^2} = 0.$

解　因为 $\ln\sqrt{x^2 + y^2} = \frac{1}{2}\ln(x^2 + y^2)$，所以

$$\frac{\partial z}{\partial x} = \frac{x}{x^2 + y^2},\ \frac{\partial z}{\partial y} = \frac{y}{x^2 + y^2},$$

$$\frac{\partial^2 z}{\partial x^2} = \frac{x^2 + y^2 - 2x^2}{(x^2 + y^2)^2} = \frac{y^2 - x^2}{(x^2 + y^2)^2},\ \frac{\partial^2 z}{\partial y^2} = \frac{x^2 + y^2 - 2y^2}{(x^2 + y^2)^2} = \frac{x^2 - y^2}{(x^2 + y^2)^2},$$

因此

$$\frac{\partial^2 z}{\partial x^2} + \frac{\partial^2 z}{\partial y^2} = \frac{y^2 - x^2}{(x^2 + y^2)^2} + \frac{x^2 - y^2}{(x^2 + y^2)^2} = 0.$$

本节学习要点

称方程 $\frac{\partial^2 z}{\partial x^2} + \frac{\partial^2 z}{\partial y^2} = 0$ 为**拉普拉斯方程**.

习题 6.3

1. 求下列函数的一阶偏导数：

(1) $z = xy + \frac{x}{y}$；　(2) $z = \arcsin\frac{x}{\sqrt{x^2 + y^2}}$；

(3) $z = (x^2 + y^2)e^{-\arctan\frac{y}{x}}$；　(4) $z = x^y \cdot y^x$；

(5) $f(u, v) = \ln(u + \ln v)$；　(6) $f(x, y) = \int_x^y e^{t^2}dt.$

2. 根据定义计算下列函数在指定点处的一阶偏导数：

(1) $z = x + (y - 1)\arcsin\sqrt{\frac{x}{y}}$，点 $(0, 1)$；　(2) $z = x^2e^y + (x - 1)\arctan\frac{y}{x}$，点 $(1, 0)$.

3. 设 $f(x, y) = \begin{cases} \frac{xy}{\sqrt{x^2 + y^2}}, & x^2 + y^2 \neq 0, \\ 0, & x^2 + y^2 = 0, \end{cases}$ 证明：$f(x, y)$ 在点 $(0, 0)$ 处连续、偏导数都存在且等于0.

4. 设$f(x, y)=\begin{cases}(x+y)^2\sin\dfrac{1}{x^2+y^2}, & x^2+y^2\neq 0,\\ 0, & x^2+y^2=0,\end{cases}$求$f_x(0, 0)$.

5. 求下列函数的四个二阶偏导数:

(1) $f(x, y)=x^y$;　　(2) $f(x, y)=\arctan\dfrac{y}{x}$;　　(3) $z=x^{\ln y}$.

6. 求下列函数的指定的三阶偏导数:

(1) $z=x\ln(xy)$, $\dfrac{\partial^3 z}{\partial x^2\partial y}$、$\dfrac{\partial^3 z}{\partial x\partial y^2}$;

(2) $u=\dfrac{x^2-y^2+z^2}{x^2+y^2+z^2}$, $\dfrac{\partial^3 u}{\partial x^2\partial y}$、$\dfrac{\partial^3 u}{\partial x\partial y^2}$、$\dfrac{\partial^3 u}{\partial x\partial y\partial z}$.

7. 设$f(x, y)=\begin{cases}xy\dfrac{x^2-y^2}{x^2+y^2}, & x^2+y^2\neq 0,\\ 0, & x^2+y^2=0,\end{cases}$求$f_{xy}(0, 0)$、$f_{yx}(0, 0)$.

8. 设$r=\sqrt{x^2+y^2+z^2}$,证明:$u=\dfrac{1}{r}$满足拉普拉斯方程$\dfrac{\partial^2 u}{\partial x^2}+\dfrac{\partial^2 u}{\partial y^2}+\dfrac{\partial^2 u}{\partial z^2}=0$.

9. 设$z=\ln(\sqrt{x}+\sqrt{y})$,证明:$x\dfrac{\partial z}{\partial x}+y\dfrac{\partial z}{\partial y}=\dfrac{1}{2}$.

6.4 全微分

一、全微分的定义

对于一元函数$y=f(x)$,如果在点x_0处函数值的增量可表示成

$$\Delta y=f(x_0+\Delta x)-f(x_0)=A\Delta x+o(\Delta x),$$

则称$y=f(x)$在点x_0处可微,并称$A\Delta x$为$y=f(x)$在点x_0处的微分,记作$\mathrm{d}f(x)\big|_{x=x_0}$. 对于二元函数$z=f(x, y)$,也有类似的概念.

定义1 设函数$z=f(x, y)$在点$P_0(x_0, y_0)$处的某个邻域$U(P_0)$内有定义. 如果函数在点P_0处的**全增量**$\Delta z=f(x_0+\Delta x, y_0+\Delta y)-f(x_0, y_0)$可表示成

$$\Delta z=A\Delta x+B\Delta y+o(\rho),$$

其中A、B是不依赖于Δx与Δy的常数(一般与x_0、y_0有关),$\rho=\sqrt{(\Delta x)^2+(\Delta y)^2}$,则称函数$z=f(x, y)$在点$(x_0, y_0)$处可微,并称$A\Delta x+B\Delta y$为函数在点$(x_0, y_0)$处的**全微分**,记作

$\mathrm{d}z\Big|_{\substack{x=x_0\\y=y_0}}$ 或 $\mathrm{d}f(x,y)\Big|_{\substack{x=x_0\\y=y_0}}$.

函数 $z=f(x,y)$ 在任意点 (x,y) 处的全微分,记作 $\mathrm{d}z$ 或 $\mathrm{d}f(x,y)$.

对比一元函数的微分,二元函数的全微分是函数全增量的线性主要部分,是其自变量增量的线性函数. 因线性函数是最简单的函数,所以微分、全微分是将一般函数局部线性化的方法,是一种非常重要的数学思想. 当 $|\Delta x|$ 及 $|\Delta y|$ 很小时,可以用容易计算的 Δx 及 Δy 的线性函数 $A\Delta x+B\Delta y$ 来近似替代 Δz.

如果函数 $z=f(x,y)$ 在区域 D 上每一点处都可微,则称 $z=f(x,y)$ 为 D 上的**可微函数**.

下面讨论多元函数可微与连续、可微与偏导数存在的关系.

定理 1(可微的必要条件)　若函数 $z=f(x,y)$ 在点 (x_0,y_0) 处可微,则

(1) $f(x,y)$ 在点 (x_0,y_0) 处连续;

(2) $f(x,y)$ 在点 (x_0,y_0) 处偏导数存在,且有

$$\mathrm{d}z\Big|_{\substack{x=x_0\\y=y_0}}=f_x(x_0,y_0)\Delta x+f_y(x_0,y_0)\Delta y.$$

证　由 $z=f(x,y)$ 在点 (x_0,y_0) 处可微的定义,得

$$\Delta z=f(x_0+\Delta x,y_0+\Delta y)-f(x_0,y_0)=A\Delta x+B\Delta y+o(\rho).\qquad ①$$

(1) 因为 $\lim\limits_{\substack{\Delta x\to0\\\Delta y\to0}}[A\Delta x+B\Delta y+o(\rho)]=0$, 由①式得 $\lim\limits_{\substack{\Delta x\to0\\\Delta y\to0}}[f(x_0+\Delta x,y_0+\Delta y)-f(x_0,y_0)]=0$,所以

$$\lim_{\substack{\Delta x\to0\\\Delta y\to0}}f(x_0+\Delta x,y_0+\Delta y)=f(x_0,y_0),$$

即 $f(x,y)$ 在点 (x_0,y_0) 处连续.

(2) 在①式中取 $\Delta y=0$,有

$$f(x_0+\Delta x,y_0)-f(x_0,y_0)=A\Delta x+o(|\Delta x|),$$

所以

$$f_x(x_0,y_0)=\lim_{\Delta x\to0}\frac{f(x_0+\Delta x,y_0)-f(x_0,y_0)}{\Delta x}=\lim_{\Delta x\to0}\frac{A\Delta x+o(|\Delta x|)}{\Delta x}=A.$$

同理可得 $f_y(x_0,y_0)=B$. 因此

$$\mathrm{d}z\Big|_{\substack{x=x_0\\y=y_0}}=f_x(x_0,y_0)\Delta x+f_y(x_0,y_0)\Delta y.$$

与一元函数微分一样,通常记 $\Delta x=\mathrm{d}x$, $\Delta y=\mathrm{d}y$. 于是可微函数在任意点(x, y)处的全微分可以写成

$$\mathrm{d}f(x, y)=f_x(x, y)\mathrm{d}x+f_y(x, y)\mathrm{d}y,$$

或

$$\mathrm{d}z=\frac{\partial z}{\partial x}\mathrm{d}x+\frac{\partial z}{\partial y}\mathrm{d}y. \qquad ②$$

有了公式②,二元函数全微分的计算就非常方便了.

与一元函数一样,二元函数在某点连续是它在该点可微的必要条件,不是充分条件. 但值得注意的是,一元函数在某点可导是它在该点可微的充要条件,而二元函数在某点偏导数存在都不能保证在该点的连续性,更不能保证在该点的可微性了. 请看下面的例子.

例 1 对于函数 $z=f(x, y)=\begin{cases}\dfrac{xy}{\sqrt{x^2+y^2}}, & x^2+y^2\neq 0,\\ 0, & x^2+y^2=0,\end{cases}$ 习题6.3中的第3题已证明$f(x, y)$在点$(0, 0)$处连续、偏导数$f_x(0, 0)$与$f_y(0, 0)$都存在且等于0. 于是

$$\Delta z-[f_x(0, 0)\Delta x+f_y(0, 0)\Delta y]=\frac{\Delta x\Delta y}{\sqrt{(\Delta x)^2+(\Delta y)^2}}.$$

如果函数$f(x, y)$在点$(0, 0)$处可微,则上式是$\rho\left(=\sqrt{(\Delta x)^2+(\Delta y)^2}\right)$的高阶无穷小量. 故只须说明上式不是$\rho$的高阶无穷小量就说明$f(x, y)$在点$(0, 0)$处不可微. 因为

$$\frac{\dfrac{\Delta x\Delta y}{\sqrt{(\Delta x)^2+(\Delta y)^2}}}{\rho}=\frac{\Delta x\Delta y}{(\Delta x)^2+(\Delta y)^2},$$

由6.2节例7知, $\lim\limits_{\substack{\Delta x\to 0\\ \Delta y\to 0}}\dfrac{\Delta x\Delta y}{(\Delta x)^2+(\Delta y)^2}$不存在,所以$\Delta z-[f_x(0, 0)\Delta x+f_y(0, 0)\Delta y]$不是$\rho$的高阶无穷小量,因此$f(x, y)$在点$(0, 0)$处不可微.

例1表明二元函数在某点连续、偏导数存在不是在该点可微的充分条件.

定理 2(可微的充分条件) 如果函数$z=f(x, y)$在点$P_0(x_0, y_0)$的某个邻域$U(P_0)$内偏导数存在,且偏导数$f_x(x, y)$、$f_y(x, y)$在点P_0处连续,则$f(x, y)$在点P_0处可微.

证明从略.

二元函数在某点偏导数连续并不是在该点可微的必要条件,习题6.4中的第3题表明了这一点.

以上关于二元函数全微分的定义、可微的必要条件及可微的充分条件可以类似地推广到三元及三元以上的函数.

例 2 求函数 $z = x^2y + xy^2$ 在点(1, 2)处的全微分.

解 因为 $\frac{\partial z}{\partial x} = 2xy + y^2$, $\frac{\partial z}{\partial y} = x^2 + 2xy$, $\left.\frac{\partial z}{\partial x}\right|_{\substack{x=1\\y=2}} = 8$, $\left.\frac{\partial z}{\partial y}\right|_{\substack{x=1\\y=2}} = 5$,所以

$$\left.dz\right|_{\substack{x=1\\y=2}} = 8dx + 5dy.$$

例 3 求函数 $u = e^{x+z}\sin(x+y)$ 的全微分.

解 因为 $\frac{\partial u}{\partial x} = e^{x+z}\sin(x+y) + e^{x+z}\cos(x+y)$,

$$\frac{\partial u}{\partial y} = e^{x+z}\cos(x+y),\ \frac{\partial u}{\partial z} = e^{x+z}\sin(x+y),$$

所以

$$\begin{aligned} du &= \frac{\partial u}{\partial x}dx + \frac{\partial u}{\partial y}dy + \frac{\partial u}{\partial z}dz \\ &= e^{x+z}[\sin(x+y) + \cos(x+y)]dx + e^{x+z}\cos(x+y)dy + e^{x+z}\sin(x+y)dz. \end{aligned}$$

*二、全微分在近似计算中的应用

由全微分定义知,若函数 $z = f(x, y)$ 在点 (x_0, y_0) 处可微,并且当 $|\Delta x|$、$|\Delta y|$ 较小时,有近似公式

$$f(x_0 + \Delta x, y_0 + \Delta y) - f(x_0, y_0) \approx f_x(x_0, y_0)\Delta x + f_y(x_0, y_0)\Delta y,$$

或者

$$f(x_0 + \Delta x, y_0 + \Delta y) \approx f(x_0, y_0) + f_x(x_0, y_0)\Delta x + f_y(x_0, y_0)\Delta y.$$

与一元函数情形类似,可以用上述两个式子作近似计算和误差估计.

例 4 有一圆柱体,当其半径由20cm增大到20.05cm,高由100cm减小到99cm时,求该圆柱体体积变化的近似值.

解 圆柱体体积为 $V = \pi r^2 h$,现在 r 由20cm变化到20.05cm, h 由100cm变化到99cm,即 $r = 20$, $\Delta r = 0.05$, $h = 100$, $\Delta h = -1$,于是由

$$dV=\frac{\partial V}{\partial r}\Delta r+\frac{\partial V}{\partial h}\Delta h=2\pi rh\Delta r+\pi r^2\Delta h$$

得到

$$\Delta V\approx 2\pi\times 20\times 100\times 0.05-\pi\times 20^2=-200\pi(\text{cm}^3),$$

即圆柱体的体积因受压而减少了大约 $200\pi\,\text{cm}^3$.

习题 6.4

1. 求下列函数在指定点的全微分:

(1) $z=\ln(1+x^2+y^2)$,点$(1,2)$;　　(2) $z=x\sin(x+y)+e^{x+y}$,点$\left(\frac{\pi}{4},\frac{\pi}{4}\right)$.

2. 求下列函数的全微分:

(1) $z=\cos(x+y)+\sin(xy)$;　　(2) $z=\arctan\frac{x+y}{x-y}$;

(3) $u=\ln\sqrt{x^2+y^2+z^2}$;　　(4) $u=x^{yz}$.

3. 证明:函数 $f(x,y)=\begin{cases}(x^2+y^2)\sin\frac{1}{x^2+y^2}, & x^2+y^2\neq 0,\\ 0, & x^2+y^2=0\end{cases}$ 在点$(0,0)$处可微,但函数的偏导数在点$(0,0)$处不连续.

4. 设 $f(x,y)=\begin{cases}xy\frac{x^2-y^2}{x^2+y^2}, & x^2+y^2\neq 0,\\ 0, & x^2+y^2=0,\end{cases}$ 证明:$f(x,y)$ 在点$(0,0)$处可微.

5. 设 $f(x,y)=\begin{cases}\frac{x^3}{x^2+y^2}, & x^2+y^2\neq 0,\\ 0, & x^2+y^2=0,\end{cases}$ 证明:$f(x,y)$ 在点$(0,0)$处两个偏导数存在,但 $f(x,y)$ 在点$(0,0)$处不可微.

6. 利用全微分计算下列近似值:

(1) $\sqrt{(1.03)^3+(1.98)^3}$;　　(2) $1.02^{3.03}$.

6.5 多元复合函数与隐函数的求导法则

一、多元复合函数的求导法则

现在将一元函数微分学中复合函数的求导法则推广到多元复合函数的情形.

定理 1　如果函数 $x=\varphi(t)$ 和 $y=\psi(t)$ 在点 t 处可导，函数 $z=f(x, y)$ 在对应点 (x, y) 处可微，则复合函数 $z=f[\varphi(t), \psi(t)]$ 在点 t 处可导，且

$$\frac{\mathrm{d}z}{\mathrm{d}t}=\frac{\partial z}{\partial x}\frac{\mathrm{d}x}{\mathrm{d}t}+\frac{\partial z}{\partial y}\frac{\mathrm{d}y}{\mathrm{d}t}. \qquad ①$$

证　设 Δt 是 t 的一个增量，相应地 x 和 y 有增量 Δx 和 Δy，进而 z 有增量 Δz. 由于 $z=f(x, y)$ 在点 (x, y) 处可微，所以

$$\Delta z=\frac{\partial z}{\partial x}\Delta x+\frac{\partial z}{\partial y}\Delta y+o(\rho)\text{，其中 }\rho=\sqrt{(\Delta x)^2+(\Delta y)^2}.$$

将上式两端同时除以 Δt，得到

$$\frac{\Delta z}{\Delta t}=\frac{\partial z}{\partial x}\frac{\Delta x}{\Delta t}+\frac{\partial z}{\partial y}\frac{\Delta y}{\Delta t}+\frac{o(\rho)}{\Delta t},$$

由于 $\varphi(t)$、$\psi(t)$ 在点 t 处可导，当 $\Delta t\to 0$ 时，有 $\Delta x\to 0$ 及 $\Delta y\to 0$，且

$$\lim_{\Delta t\to 0}\frac{\Delta x}{\Delta t}=\frac{\mathrm{d}x}{\mathrm{d}t},\ \lim_{\Delta t\to 0}\frac{\Delta y}{\Delta t}=\frac{\mathrm{d}y}{\mathrm{d}t}.$$

若 $\rho=0$，则 $\dfrac{o(\rho)}{\Delta t}=0$；

若 $\rho\neq 0$，则 $\dfrac{o(\rho)}{\Delta t}=\dfrac{o(\rho)}{\rho}\cdot\sqrt{\left(\dfrac{\Delta x}{\Delta t}\right)^2+\left(\dfrac{\Delta y}{\Delta t}\right)^2}\cdot\dfrac{|\Delta t|}{\Delta t}\to 0$（当 $\Delta t\to 0$ 时），于是

$$\frac{\mathrm{d}z}{\mathrm{d}t}=\lim_{\Delta t\to 0}\frac{\Delta z}{\Delta t}=\frac{\partial z}{\partial x}\frac{\mathrm{d}x}{\mathrm{d}t}+\frac{\partial z}{\partial y}\frac{\mathrm{d}y}{\mathrm{d}t}.$$

这里 z 是 t 的一元函数，为了和偏导数加以区别，称 $\dfrac{\mathrm{d}z}{\mathrm{d}t}$ 为**全导数**. 公式①也称为复合函数求导的**链法则**.

当 x、y 是 s 与 t 的二元函数，即 $x=\varphi(s, t)$，$y=\psi(s, t)$ 时，它们与函数 $z=f(x, y)$ 经过复合得到的 $z=f[\varphi(s, t), \psi(s, t)]$ 也是变量 s 与 t 的二元函数.

定理 2　设 $x=\varphi(s, t)$，$y=\psi(s, t)$ 在点 (s, t) 处的偏导数 $\dfrac{\partial x}{\partial s}$、$\dfrac{\partial x}{\partial t}$、$\dfrac{\partial y}{\partial s}$、$\dfrac{\partial y}{\partial t}$ 都存在，函数 $z=f(x, y)$ 在对应点 (x, y) 处可微，则复合函数 $z=f[\varphi(s, t), \psi(s, t)]$ 在点 (s, t) 处偏导数存在，且有

$$\frac{\partial z}{\partial s}=\frac{\partial z}{\partial x}\frac{\partial x}{\partial s}+\frac{\partial z}{\partial y}\frac{\partial y}{\partial s},\ \frac{\partial z}{\partial t}=\frac{\partial z}{\partial x}\frac{\partial x}{\partial t}+\frac{\partial z}{\partial y}\frac{\partial y}{\partial t}. \qquad ②$$

为了便于记忆,可以按照各变量间的复合关系,画成如图 6-16 所示的树形图,考察从 z 到 s 的路径,根据"同枝相乘,异枝相加"的原则,就可以写出:

$$\frac{\partial z}{\partial s}=\frac{\partial z}{\partial x}\frac{\partial x}{\partial s}+\frac{\partial z}{\partial y}\frac{\partial y}{\partial s}.$$

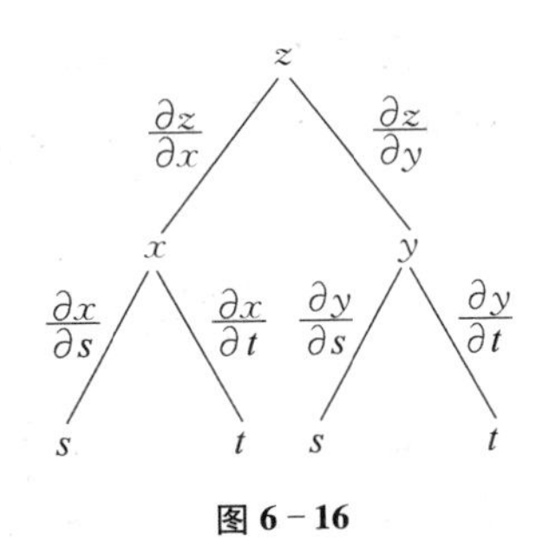

图 6-16

类似地,考察从 z 到 t 的路径可写出$\frac{\partial z}{\partial t}$.

例 1 设 $z=x^2y+3xy^4$,其中 $x=\mathrm{e}^t$, $y=\sin t$,求$\frac{\mathrm{d}z}{\mathrm{d}t}$.

解法一 由公式①得

$$\begin{aligned}\frac{\mathrm{d}z}{\mathrm{d}t}&=\frac{\partial z}{\partial x}\frac{\mathrm{d}x}{\mathrm{d}t}+\frac{\partial z}{\partial y}\frac{\mathrm{d}y}{\mathrm{d}t}\\&=(2xy+3y^4)\mathrm{e}^t+(x^2+12xy^3)\cos t\\&=(2\mathrm{e}^t\sin t+3\sin^4 t)\mathrm{e}^t+(\mathrm{e}^{2t}+12\mathrm{e}^t\sin^3 t)\cos t\\&=2\mathrm{e}^{2t}\sin t+3\mathrm{e}^t\sin^4 t+\mathrm{e}^{2t}\cos t+12\mathrm{e}^t\sin^3 t\cos t.\end{aligned}$$

解法二 直接用 $x=\mathrm{e}^t$, $y=\sin t$ 代入 $z=x^2y+3xy^4$,于是

$$z=\mathrm{e}^{2t}\sin t+3\mathrm{e}^t\sin^4 t,$$

因此

$$\frac{\mathrm{d}z}{\mathrm{d}t}=2\mathrm{e}^{2t}\sin t+\mathrm{e}^{2t}\cos t+3\mathrm{e}^t\sin^4 t+12\mathrm{e}^t\sin^3 t\cos t.$$

例 2 求 $z=(x^2+y^2)^{xy}$ 的偏导数.

解 这是多元幂指函数,有了多元函数链法则的加持,就不需要用对数求导法了.将 $z=(x^2+y^2)^{xy}$ 看成由 $z=u^v$、$u=x^2+y^2$、$v=xy$ 复合而成的复合函数,于是

$$\begin{aligned}\frac{\partial z}{\partial x}&=\frac{\partial z}{\partial u}\frac{\partial u}{\partial x}+\frac{\partial z}{\partial v}\frac{\partial v}{\partial x}=vu^{v-1}\cdot 2x+u^v\ln u\cdot y\\&=(x^2+y^2)^{xy}\left[\frac{2x^2y}{x^2+y^2}+y\ln(x^2+y^2)\right].\end{aligned}$$

同理可得 $\frac{\partial z}{\partial y}=(x^2+y^2)^{xy}\left[\frac{2xy^2}{x^2+y^2}+x\ln(x^2+y^2)\right]$.

有时会遇到中间变量既有一元函数又有多元函数的情况，此时只要将一元函数部分的偏导数改为全导数即可.

例 3　设 $x=\varphi(s,t)$ 在点 (s,t) 处偏导数存在，$y=\psi(t)$ 在点 t 处可导，$z=f(x,y)$ 在对应点 (x,y) 处可微，求复合函数 $z=f[\varphi(s,t),\psi(t)]$ 在点 (s,t) 处的偏导数.

解　如图 6-17 所示，从 z 到 s 的路径只有一条，所以

$$\frac{\partial z}{\partial s}=\frac{\partial z}{\partial x}\frac{\partial x}{\partial s},$$

从 z 到 t 的路径有两条，所以

$$\frac{\partial z}{\partial t}=\frac{\partial z}{\partial x}\frac{\partial x}{\partial t}+\frac{\partial z}{\partial y}\frac{\mathrm{d}y}{\mathrm{d}t}.$$

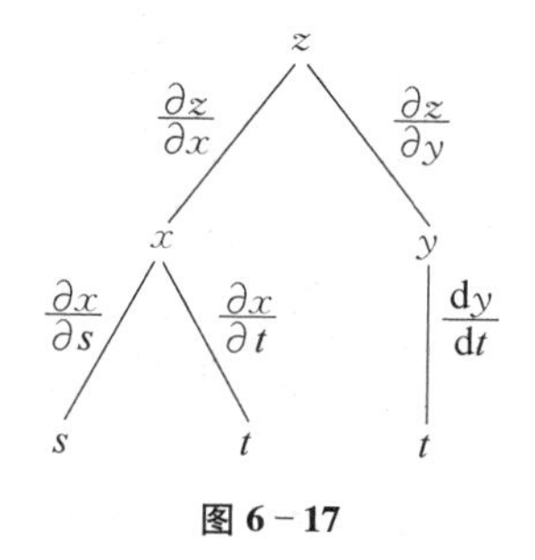

图 6-17

有时会出现复合函数的某些中间变量本身又是复合函数的自变量这种复杂的情况，这时要仔细画出树形图，分析路径，并注意防止记号的混淆.

例 4　设 $x=\varphi(s,t)$ 在点 (s,t) 处偏导数存在，$z=f(x,t)$ 在相应的点 (x,t) 处可微，求复合函数 $z=f[\varphi(s,t),t]$ 在点 (s,t) 处的偏导数.

解　如图 6-18 所示，考察由 z 到 t 的路径，得 $\dfrac{\partial z}{\partial t}=\dfrac{\partial z}{\partial x}\dfrac{\partial x}{\partial t}+\dfrac{\partial f}{\partial t}$，其中 $\dfrac{\partial f}{\partial t}$ 是在 $z=f(x,t)$ 中将 x 看成常量而对 t 求导所得，$\dfrac{\partial z}{\partial t}$ 是在复合函数 $z=f[\varphi(s,t),t]$ 中将 s 看成常量而对 t 求导所得.

考察由 z 到 s 的路径，得

$$\frac{\partial z}{\partial s}=\frac{\partial z}{\partial x}\frac{\partial x}{\partial s}.$$

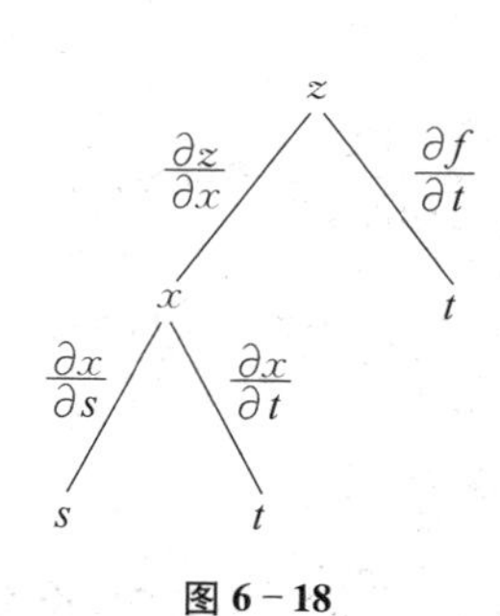

图 6-18

例 5　设 $u=xy+z$，$z=\varphi(x,y)$，其中 $\varphi(x,y)$ 有二阶偏导数，求 $\dfrac{\partial^2 u}{\partial x^2}$、$\dfrac{\partial^2 u}{\partial x\partial y}$.

解　因为 $\dfrac{\partial u}{\partial x}=y+\dfrac{\partial z}{\partial x}=y+\varphi_x$，所以

$$\frac{\partial^2 u}{\partial x^2}=\frac{\partial}{\partial x}\left(\frac{\partial u}{\partial x}\right)=\frac{\partial}{\partial x}(y+\varphi_x)=\varphi_{xx},$$

$$\frac{\partial^2 u}{\partial x\partial y}=\frac{\partial}{\partial y}\left(\frac{\partial u}{\partial x}\right)=\frac{\partial}{\partial y}(y+\varphi_x)=1+\varphi_{xy}.$$

例 6 设 $z=f[\sin(x+y),\ x^2-y^2]$，f 有二阶连续偏导数，求 $\frac{\partial z}{\partial x}$、$\frac{\partial z}{\partial y}$、$\frac{\partial^2 z}{\partial x\partial y}$.

解 将 $z=f[\sin(x+y),\ x^2-y^2]$ 看成由 $z=f(u,v)$，$u=\sin(x+y)$，$v=x^2-y^2$ 复合而成的复合函数.根据链法则，得

$$\frac{\partial z}{\partial x}=\frac{\partial f}{\partial u}\frac{\partial u}{\partial x}+\frac{\partial f}{\partial v}\frac{\partial v}{\partial x}=\cos(x+y)f'_1+2xf'_2.$$

$$\frac{\partial z}{\partial y}=\frac{\partial f}{\partial u}\cdot\frac{\partial u}{\partial y}+\frac{\partial f}{\partial v}\frac{\partial v}{\partial y}=\cos(x+y)f'_1-2yf'_2.$$

这里将 $\frac{\partial f}{\partial u}$、$\frac{\partial f}{\partial v}$ 分别记作 f'_1、f'_2，用于表示 f 对其第一个变量、第二个变量的偏导数，同理，可把这种记号推广到高阶偏导数上. 于是

$$\begin{aligned}\frac{\partial^2 z}{\partial x\partial y}&=\frac{\partial}{\partial y}\left(\frac{\partial z}{\partial x}\right)=\frac{\partial}{\partial y}[\cos(x+y)f'_1+2xf'_2]\\&=-\sin(x+y)f'_1+\cos(x+y)\frac{\partial f'_1}{\partial y}+2x\frac{\partial f'_2}{\partial y}.\end{aligned}$$

注意到 f'_1、f'_2 与 f 有相同的复合结构，于是 $\frac{\partial f'_1}{\partial y}$、$\frac{\partial f'_2}{\partial y}$ 与 $\frac{\partial z}{\partial y}$ 有相同的结构，故有

$$\begin{aligned}\frac{\partial^2 z}{\partial x\partial y}&=-\sin(x+y)f'_1+\cos(x+y)[\cos(x+y)f''_{11}-2yf''_{12}]+2x[\cos(x+y)f''_{21}-2yf''_{22}]\\&=-\sin(x+y)f'_1+\cos^2(x+y)f''_{11}+2\cos(x+y)(x-y)f''_{12}-4xyf''_{22}.\end{aligned}$$

二、一阶全微分形式不变性

设函数 $z=f(u,v)$ 在点 (u,v) 处可微，则其全微分为

$$\mathrm{d}z=\frac{\partial z}{\partial u}\mathrm{d}u+\frac{\partial z}{\partial v}\mathrm{d}v.$$

如果 u、v 又是 x 与 y 的函数，且 $u=\varphi(x,y)$、$v=\psi(x,y)$ 在点 (x,y) 处可微，则复合函数 $z=f[\varphi(x,y),\ \psi(x,y)]$ 在点 (x,y) 处可微，由链法则得其全微分

$$\begin{aligned}\mathrm{d}z&=\frac{\partial z}{\partial x}\mathrm{d}x+\frac{\partial z}{\partial y}\mathrm{d}y\\&=\left(\frac{\partial z}{\partial u}\frac{\partial u}{\partial x}+\frac{\partial z}{\partial v}\frac{\partial v}{\partial x}\right)\mathrm{d}x+\left(\frac{\partial z}{\partial u}\frac{\partial u}{\partial y}+\frac{\partial z}{\partial v}\frac{\partial v}{\partial y}\right)\mathrm{d}y\end{aligned}$$

$$= \frac{\partial z}{\partial u}\left(\frac{\partial u}{\partial x}dx + \frac{\partial u}{\partial y}dy\right) + \frac{\partial z}{\partial v}\left(\frac{\partial v}{\partial x}dx + \frac{\partial v}{\partial y}dy\right)$$

$$= \frac{\partial z}{\partial u}du + \frac{\partial z}{\partial v}dv.$$

由此可见,与一元函数的微分形式不变性一样,无论 u、v 是自变量还是中间变量,$z=f(u, v)$ 的全微分的形式是一样的,这个性质称为**一阶全微分形式不变性**.

利用这个性质,容易证明,无论 u、v 是自变量还是中间变量,都有如下微分法则:

(1) $d(u \pm v) = du \pm dv$;

(2) $d(uv) = vdu + udv$;

(3) $d\left(\frac{u}{v}\right) = \frac{vdu - udv}{v^2}$.

用链法则求复合函数的偏导数时,首先要分清自变量和中间变量.有了一阶全微分形式不变性,可以不再考虑这种区别,使计算变得方便.

例 7 求 $z=(x^2+y^2)^{xy}$ 的偏导数$\frac{\partial z}{\partial x}$、$\frac{\partial z}{\partial y}$.

解 利用一阶全微分形式不变性.设 $u=x^2+y^2$, $v=xy$,则 $z=u^v$,

$$dz = \frac{\partial z}{\partial u}du + \frac{\partial z}{\partial v}dv = vu^{v-1}du + u^v \ln v dv$$

$$= xy(x^2+y^2)^{xy-1}(2xdx + 2ydy) + (x^2+y^2)^{xy}\ln(x^2+y^2)(ydx + xdy)$$

$$= (x^2+y^2)^{xy}\left[\frac{2x^2y}{x^2+y^2} + y\ln(x^2+y^2)\right]dx + (x^2+y^2)^{xy}\left[\frac{2xy^2}{x^2+y^2} + x\ln(x^2+y^2)\right]dy.$$

再根据 $dz = \frac{\partial z}{\partial x}dx + \frac{\partial z}{\partial y}dy$,由此可得

$$\frac{\partial z}{\partial x} = (x^2+y^2)^{xy}\left[\frac{2x^2y}{x^2+y^2} + y\ln(x^2+y^2)\right],$$

$$\frac{\partial z}{\partial y} = (x^2+y^2)^{xy}\left[\frac{2xy^2}{x^2+y^2} + x\ln(x^2+y^2)\right].$$

可将例7的方法与例2的方法作一比较.

例 8 设 $u=f(x, y, z)$、$y=\varphi(x, t)$、$t=\psi(x, z)$ 都有一阶连续偏导数,求 du.

解 $du = \frac{\partial f}{\partial x}dx + \frac{\partial f}{\partial y}dy + \frac{\partial f}{\partial z}dz$

$$= \frac{\partial f}{\partial x}\mathrm{d}x + \frac{\partial f}{\partial y}\left(\frac{\partial \varphi}{\partial x}\mathrm{d}x + \frac{\partial \varphi}{\partial t}\mathrm{d}t\right) + \frac{\partial f}{\partial z}\mathrm{d}z$$

$$= \frac{\partial f}{\partial x}\mathrm{d}x + \frac{\partial f}{\partial y}\frac{\partial \varphi}{\partial x}\mathrm{d}x + \frac{\partial f}{\partial y}\frac{\partial \varphi}{\partial t}\left(\frac{\partial \psi}{\partial x}\mathrm{d}x + \frac{\partial \psi}{\partial z}\mathrm{d}z\right) + \frac{\partial f}{\partial z}\mathrm{d}z$$

$$= \left(\frac{\partial f}{\partial x} + \frac{\partial f}{\partial y}\frac{\partial \varphi}{\partial x} + \frac{\partial f}{\partial y}\frac{\partial \varphi}{\partial t}\frac{\partial \psi}{\partial x}\right)\mathrm{d}x + \left(\frac{\partial f}{\partial y}\frac{\partial \varphi}{\partial t}\frac{\partial \psi}{\partial z} + \frac{\partial f}{\partial z}\right)\mathrm{d}z.$$

思考 能利用一阶全微分形式不变性求例 8 中三个函数的复合函数的偏导数$\frac{\partial u}{\partial x}$、$\frac{\partial u}{\partial z}$吗?

三、隐函数的求导法则

在第 3 章中引入了隐函数的概念,并给出了直接由方程 $F(x, y) = 0$ 求它所确定的隐函数的导数的方法.

实际上由方程 $F(x, y)=0$ 并不一定能处处确定隐函数 $y=f(x)$,例如方程 $x^2+y^2=1$,在点 $(0, 1)$ 附近,可以确定函数 $y=\sqrt{1-x^2}$,在点 $(0, -1)$ 附近可以确定函数 $y=-\sqrt{1-x^2}$,但在点 $(1, 0)$ 附近就无法由 $x^2+y^2=1$ 确定一个函数 $y=f(x)$. 从这个例子看到一个方程 $F(x, y)=0$ 能否唯一地确定一个隐函数 $y=f(x)$ 是和点 (x_0, y_0) 邻近的性质有关.

定理 3 设函数 $F(x, y)$ 在点 $P_0(x_0, y_0)$ 的某邻域内有连续偏导数,且 $F(x_0, y_0)=0$, $F_y(x_0, y_0)\neq 0$,则方程 $F(x, y)=0$ 在点 $P_0(x_0, y_0)$ 的某邻域内能唯一确定一个有一阶连续导数的函数 $y=f(x)$,满足 $y_0=f(x_0)$,且 $F[x, f(x)]\equiv 0$,并有

$$\frac{\mathrm{d}y}{\mathrm{d}x} = -\frac{F_x}{F_y}. \qquad ③$$

定理证明从略,仅对公式③作一个推导.

方程 $F[x, f(x)]\equiv 0$ 两边对 x 求导,根据复合函数求导法则,有

$$\frac{\partial F}{\partial x} + \frac{\partial F}{\partial y}\frac{\mathrm{d}y}{\mathrm{d}x} = 0.$$

因为 F_y 连续,且 $F_y(x_0, y_0)\neq 0$,所以存在点 $P_0(x_0, y_0)$ 的一个邻域,在该邻域内 $F_y(x, y)\neq 0$,有

$$\frac{\mathrm{d}y}{\mathrm{d}x} = -\frac{\frac{\partial F}{\partial x}}{\frac{\partial F}{\partial y}} = -\frac{F_x}{F_y}.$$

在定理3中，条件 $F_y(x_0, y_0) \neq 0$ 保证了隐函数在点 $P_0(x_0, y_0)$ 的某邻域内存在，是一个非常重要的条件.

如果 $F(x, y)$ 的二阶偏导数也连续，则可求隐函数的二阶导数（在求导过程中要注意 F_x、F_y 仍是 x 与 y 的函数）：

$$\begin{aligned}\frac{\mathrm{d}^2y}{\mathrm{d}x^2} &= \frac{\mathrm{d}}{\mathrm{d}x}\left(-\frac{F_x}{F_y}\right) = \frac{\partial}{\partial x}\left(-\frac{F_x}{F_y}\right) + \frac{\partial}{\partial y}\left(-\frac{F_x}{F_y}\right)\frac{\mathrm{d}y}{\mathrm{d}x} \\ &= -\frac{F_{xx}F_y - F_xF_{yx}}{F_y^2} - \frac{F_{xy}F_y - F_xF_{yy}}{F_y^2}\left(-\frac{F_x}{F_y}\right) \\ &= -\frac{F_{xx}F_y^2 - 2F_{xy}F_xF_y + F_{yy}F_x^2}{F_y^3}.\end{aligned}$$

也可以不记这个二阶导数公式，只要掌握它的推导过程，在具体问题中按照这个推导方法做就可以了.

例9 验证方程 $x^2 + y^2 = 1$ 在点 $(0, 1)$ 的某邻域内能唯一确定有连续一阶导数的隐函数 $y = f(x)$，并求 $f'(x)$，$f''(x)$ 和 $f''(0)$.

解 设 $F(x, y) = x^2 + y^2 - 1$，则 $F_x = 2x$，$F_y = 2y$，所以 $F(x, y)$ 有连续偏导数. 又 $F(0, 1) = 0$，$F_y(0, 1) = 2 \neq 0$，由定理3，方程 $x^2 + y^2 = 1$ 可以在点 $(0, 1)$ 的某邻域内确定一个有连续一阶导数的隐函数 $y = f(x)$，满足 $f(0) = 1$，且

$$f'(x) = -\frac{F_x}{F_y} = -\frac{2x}{2y} = -\frac{x}{y},$$

$$f''(x) = -\frac{1}{y} + \frac{x}{y^2}\frac{\mathrm{d}y}{\mathrm{d}x} = -\frac{1}{y} + \frac{x}{y^2}\left(-\frac{x}{y}\right) = -\frac{x^2 + y^2}{y^3} = -\frac{1}{y^3}.$$

当 $x = 0$ 时 $y = 1$，因此

$$f''(0) = -\left.\frac{1}{y^3}\right|_{\substack{x=0 \\ y=1}} = -1.$$

隐函数存在定理可以推广到多元函数.

定理4 设函数 $F(x, y, z)$ 在点 $P_0(x_0, y_0, z_0)$ 的某邻域内有连续偏导数，且 $F(x_0, y_0, z_0) = 0$，$F_z(x_0, y_0, z_0) \neq 0$，则方程 $F(x, y, z) = 0$ 在点 P_0 的某邻域内能唯一确定一个有连续偏导数的二元函数 $z = f(x, y)$，满足 $z_0 = f(x_0, y_0)$，且 $F[x, y, f(x, y)] \equiv 0$，并有

$$\frac{\partial z}{\partial x} = -\frac{F_x}{F_z}, \frac{\partial z}{\partial y} = -\frac{F_y}{F_z}. \tag{④}$$

定理证明从略，只推导求导公式④.

对 $F[x, y, f(x, y)] = 0$ 两边分别求对 x 和 y 的偏导数，得到 $F_x + F_z\frac{\partial z}{\partial x} = 0$, $F_y + F_z\frac{\partial z}{\partial y} = 0$, 因为 F_z 连续，且 $F_z(x_0, y_0, z_0) \neq 0$，所以在点 P_0 的某邻域内，有 $F_z(x, y, z) \neq 0$，因此

$$\frac{\partial z}{\partial x} = -\frac{F_x}{F_z}, \quad \frac{\partial z}{\partial y} = -\frac{F_y}{F_z}.$$

例 10 求由方程 $x^2 + y^2 + z^2 - 4z = 0$ 确定的隐函数 $z = f(x, y)$ 的偏导数 $\frac{\partial z}{\partial x}$、$\frac{\partial z}{\partial y}$ 和 $\frac{\partial^2 z}{\partial x \partial y}$.

解 设 $F(x, y, z) = x^2 + y^2 + z^2 - 4z = 0$，则 $F_x = 2x$, $F_y = 2y$, $F_z = 2z - 4$，所以

$$\frac{\partial z}{\partial x} = -\frac{F_x}{F_z} = \frac{x}{2-z}, \quad \frac{\partial z}{\partial y} = \frac{y}{2-z}.$$

因此

$$\frac{\partial^2 z}{\partial x \partial y} = \frac{\partial}{\partial y}\left(\frac{x}{2-z}\right) = \frac{\partial}{\partial z}\left(\frac{x}{2-z}\right)\frac{\partial z}{\partial y} = \frac{x}{(2-z)^2} \cdot \frac{y}{2-z} = \frac{xy}{(2-z)^3}.$$

例 11 设隐函数 $z = f(x, y)$ 由方程 $\frac{x}{z} = \ln\frac{z}{y}$ 所确定，求 $\frac{\partial z}{\partial x}$、$\frac{\partial z}{\partial y}$.

解 利用一阶全微分形式不变性，在方程 $\frac{x}{z} = \ln\frac{z}{y}$ 两边求全微分，得

$$\frac{z\mathrm{d}x - x\mathrm{d}z}{z^2} = \frac{\mathrm{d}z}{z} - \frac{\mathrm{d}y}{y},$$

整理后得 $\mathrm{d}z = \frac{z}{x+z}\mathrm{d}x + \frac{z^2}{y(x+z)}\mathrm{d}y$，因而有

$$\frac{\partial z}{\partial x} = \frac{z}{x+z}, \quad \frac{\partial z}{\partial y} = \frac{z^2}{y(x+z)}.$$

*四、曲面的切平面与法线

设曲面 Σ 的方程为 $F(x, y, z) = 0$，点 $M_0(x_0, y_0, z_0) \in \Sigma$. 如果曲面上所有经过点 M_0 的曲线的切线都在同一个平面上，则称该平面为曲面 Σ 在点 M_0 处的**切平面**，过点 M_0 且垂直于切平面的直线称为曲面 Σ 在点 M_0 处的**法线**.

定理 5 设 $F(x, y, z)$ 在点 $M_0(x_0, y_0, z_0)$ 处的偏导数 F_x、F_y、F_z 连续且不全为零，记

$\boldsymbol{n}=(F_x(x_0, y_0, z_0), F_y(x_0, y_0, z_0), F_z(x_0, y_0, z_0))$，则曲面 $\Sigma: F(x, y, z)=0$ 上所有经过点 M_0 的曲线的切线都与 $\boldsymbol{n}$ 垂直，即这些切线同在过点 M_0 且以 $\boldsymbol{n}$ 为法向量的平面上.

这个平面就是曲面 Σ 在点 M_0 处的切平面（见图 6－19）. 由此可得曲面 Σ 在点 M_0 处的切平面方程（点法式方程）是

$$F_x(x_0, y_0, z_0)(x-x_0)+F_y(x_0, y_0, z_0)(y-y_0)+F_z(x_0, y_0, z_0)(z-z_0)=0;$$

曲面 Σ 在点 M_0 处的法线方程是

$$\frac{x-x_0}{F_x(x_0, y_0, z_0)}=\frac{y-y_0}{F_y(x_0, y_0, z_0)}=\frac{z-z_0}{F_z(x_0, y_0, z_0)}.$$

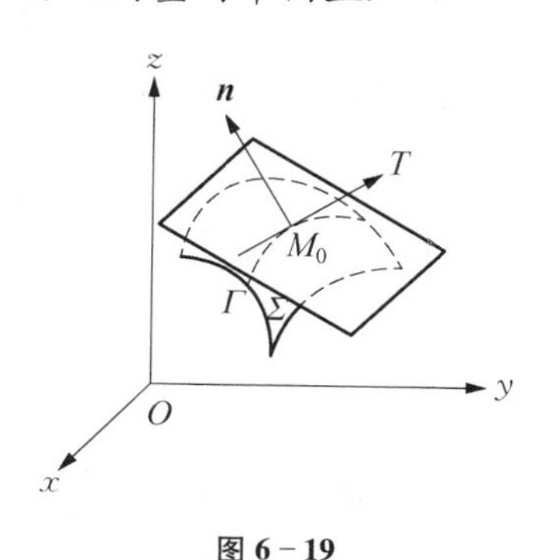

图 6－19

例 12　求椭球面 $\frac{x^2}{a^2}+\frac{y^2}{b^2}+\frac{z^2}{c^2}=1$ 在其上一点 $M_0(x_0, y_0, z_0)$ 处的切平面方程和法线方程.

解　$F(x, y, z)=\frac{x^2}{a^2}+\frac{y^2}{b^2}+\frac{z^2}{c^2}-1$，$(F_x, F_y, F_z)=\left(\frac{2x}{a^2}, \frac{2y}{b^2}, \frac{2z}{c^2}\right)$. 在点 M_0 处取法向量 $\boldsymbol{n}=\left(\frac{x_0}{a^2}, \frac{y_0}{b^2}, \frac{z_0}{c^2}\right)$，则所求的切平面方程为

$$\frac{x_0}{a^2}(x-x_0)+\frac{y_0}{b^2}(y-y_0)+\frac{z_0}{c^2}(z-z_0)=0,$$

注意到 (x_0, y_0, z_0) 在椭圆上，于是有 $\frac{x_0^2}{a^2}+\frac{y_0^2}{b^2}+\frac{z_0^2}{c^2}=1$，故所求的切平面方程可化简为

$$\frac{x_0x}{a^2}+\frac{y_0y}{b^2}+\frac{z_0z}{c^2}=1.$$

所求的法线方程为

$$\frac{x-x_0}{\frac{x_0}{a^2}}=\frac{y-y_0}{\frac{y_0}{b^2}}=\frac{z-z_0}{\frac{z_0}{c^2}}.$$

如果曲面 Σ 的方程以 $z=f(x, y)$ 给出，并且 $f(x, y)$ 的偏导数连续，$M_0(x_0, y_0, z_0)\in\Sigma$，其中 $z_0=f(x_0, y_0)$，则可将方程写成 $F(x, y, z)=f(x, y)-z=0$. 由于 $(F_x, F_y, F_z)=(f_x, f_y, -1)\neq(0, 0, 0)$，根据前面结论知，曲面 Σ 在点 $M_0(x_0, y_0, z_0)$ 处的法向量为

$$\boldsymbol{n}=(f_x(x_0, y_0), f_y(x_0, y_0), -1),$$

曲面 Σ 在点 M_0 处的切平面方程为

$$f_x(x_0, y_0)(x-x_0)+f_y(x_0, y_0)(y-y_0)-(z-z_0)=0,$$

曲面 Σ 在点 M_0 处的法线方程为

$$\frac{x-x_0}{f_x(x_0, y_0)}=\frac{y-y_0}{f_y(x_0, y_0)}=\frac{z-z_0}{-1}.$$

例 13 求旋转抛物面 $z=x^2+y^2-1$ 在点(1, 1, 1)处的切平面方程和法线方程.

解 记 $f(x, y)=x^2+y^2-1$,于是 $f_x=2x$, $f_y=2y$,旋转抛物面在点 $M_0(1, 1, 1)$ 处法向量 $\boldsymbol{n}=(2, 2, -1)$,所求的切平面方程为

$$2(x-1)+2(y-1)-(z-1)=0 \text{ 即 } 2x+2y-z-3=0,$$

本节学习要点

所求的法线方程为

$$\frac{x-1}{2}=\frac{y-1}{2}=\frac{z-1}{-1}.$$

习题 6.5

1. 解答下列各题:

(1) $z=\ln(x+y^2)$, $x=\sqrt{1+t}$, $y=1+\sqrt{t}$,求 $\dfrac{dz}{dt}$;

(2) $u=\dfrac{y}{x}$, $y=\sqrt{1-x^2}$,求 $\dfrac{du}{dx}$;

(3) $z=x^2y-xy^2$, $x=r\cos\theta$, $y=r\sin\theta$,求 $\dfrac{\partial z}{\partial r}$、$\dfrac{\partial z}{\partial \theta}$;

(4) $t=z\sec(xy)$, $x=uv$, $y=vw$, $z=wu$,求 $\dfrac{\partial t}{\partial u}$、$\dfrac{\partial t}{\partial v}$、$\dfrac{\partial t}{\partial w}$.

2. 设 f 为可微函数,求下列函数的一阶偏导数:

(1) $z=f\left(xy, \dfrac{x}{y}\right)$;

(2) $u=f(x^2+y^2-z^2)$;

(3) $u=f(x, xy, xyz)$;

(4) $z=f(x^y, y^x)$.

3. 设 $z=\int_{2u}^{v^2+u} e^{-t^2}dt$, $u=\sin x$, $v=e^x$,求 $\dfrac{dz}{dx}$.

4. 设 $z=xy+xF(u)$, $u=\dfrac{y}{x}$,其中 $F(u)$ 为可微函数,证明: $x\dfrac{\partial z}{\partial x}+y\dfrac{\partial z}{\partial y}=z+xy$.

5. 设f有二阶连续偏导数，求下列函数的二阶偏导数：

(1) $z=f(x^2-y^2,\ e^{xy})$；　　(2) $z=f(\sin x,\ \cos y,\ e^{x+y})$.

6. 设函数$f(u,\ v)$有二阶连续偏导数，$y=f(e^x,\ \cos x)$，求$\left.\dfrac{dy}{dx}\right|_{x=0}$，$\left.\dfrac{d^2y}{dx^2}\right|_{x=0}$.

7. 设$F(x,\ y)=\int_0^{xy}\dfrac{\sin t}{1+t^2}dt$，求$F(x,\ y)$的二阶偏导数.

8. 设下列方程能确定隐函数：

(1) $\sin y-e^x-xy^2=0$，求$\dfrac{dy}{dx}$；　　(2) $\ln\sqrt{x^2+y^2}=\arctan\dfrac{y}{x}$，求$\dfrac{d^2y}{dx^2}$；

(3) $z=e^{xyz}$，求$\dfrac{\partial z}{\partial x}$、$\dfrac{\partial z}{\partial y}$；　　(4) $z+e^z=xy$，求$\dfrac{\partial^2 z}{\partial x\partial y}$.

9. 设方程$f\left(\dfrac{y}{x},\ \dfrac{z}{x}\right)=0$确定隐函数$z=z(x,\ y)$，其中$f$为可微函数，求$x\dfrac{\partial z}{\partial x}+y\dfrac{\partial z}{\partial y}$.

10. 设$y=f(x,\ t)$，$F(x,\ y,\ t)=0$，其中f、F有一阶连续偏导数，证明：$\dfrac{dy}{dx}=\dfrac{f_xF_t-f_tF_x}{F_t+f_tF_y}$.

*11. 求下列曲面在指定点处的切平面方程和法线方程：

(1) $e^x+xy+z=3$，$(0,\ 1,\ 2)$；　　(2) $z=\arctan\dfrac{y}{x}$，$\left(1,\ 1,\ \dfrac{\pi}{4}\right)$.

*12. 求与曲面$z=\dfrac{x^2}{2}+y^2$相切且与平面$2x+2y-z=6$平行的平面方程.

*13. 设曲面$x^2+2y^2+3z^2=21$在其上某一点处的切平面平行于平面$x+4y+6z=0$，求该点坐标.

6.6　多元函数的极值及其应用

多元函数的极值和最值也是科学技术、经济问题中经常需要解决的问题. 下面讨论二元函数的极值和最值.

一、二元函数的极值及最大值、最小值

1. 极值

定义1　设二元函数$f(x,\ y)$在点$(x_0,\ y_0)$的某邻域内有定义，如果对该邻域内的任意的点$(x,\ y)$有

$$f(x, y) \leqslant f(x_0, y_0)\,(\text{或} f(x, y) \geqslant f(x_0, y_0)),$$

则称$f(x_0, y_0)$为二元函数$f(x, y)$的一个**极大值**(或**极小值**),并称点(x_0, y_0)为$f(x, y)$的一个**极大值点**(或**极小值点**). 极大值和极小值统称为**极值**,极大值点和极小值点统称为**极值点**.

例 1 函数$z=\sqrt{x^2+y^2}$在点$(0, 0)$处取到极小值$z(0, 0)=0$,几何上,这个函数的图形是开口向上的半圆锥面,$(0, 0, 0)$是圆锥面的顶点.

函数$z=1-x^2-y^2$在点$(0, 0)$处取到极大值$z(0, 0)=1$;其图形是开口向下的抛物面.

函数$z=x^2-y^2$在点$(0, 0)$处既取不到极大值又取不到极小值;其图形是双曲抛物面.

在一元函数中,如果函数$y=f(x)$在点$x=x_0$处取到极值并且$f'(x_0)$存在,则必有$f'(x_0)=0$,该结论可推广到多元函数的情形.

定理 1(必要条件) 设函数$z=f(x, y)$在点(x_0, y_0)处存在偏导数,且函数在点(x_0, y_0)处取极值,则

$$f_x(x_0, y_0)=0,\ f_y(x_0, y_0)=0.$$

证 函数$f(x, y)$在点(x_0, y_0)处取极值,固定y_0,则一元函数$g(x)=f(x, y_0)$在点$x=x_0$处也取极值. 当$f(x, y)$在点(x_0, y_0)处有一阶偏导数时,$g(x)$在点$x=x_0$处可导,由一元函数极值的必要条件,有$g'(x_0)=0$,故

$$g'(x_0)=\left.\frac{\mathrm{d}f(x, y_0)}{\mathrm{d}x}\right|_{x=x_0}=f_x(x_0, y_0)=0,$$

同理有

$$f_y(x_0, y_0)=0.$$

可将此结论推广到三元及三元以上函数的情况,如三元函数$u=f(x, y, z)$在点(x_0, y_0, z_0)处存在偏导数,则$f(x, y, z)$在点(x_0, y_0, z_0)处取极值的必要条件是$f(x, y, z)$的三个偏导数在点(x_0, y_0, z_0)处都为零.

使得函数的一阶偏导数同时为零的点称为函数的**驻点**.

与一元函数一样,偏导数存在的函数的极值点一定是驻点,但驻点不一定是极值点,例如对于函数$z=xy$,易见$(0, 0)$是它的驻点,但不是它的极值点. 如何判别驻点是否为极值点呢?

定理 2(充分条件) 设函数$z=f(x, y)$在点(x_0, y_0)处的某邻域内有二阶连续偏导数,又$f_x(x_0, y_0)=0$, $f_y(x_0, y_0)=0$. 记

$$f_{xx}(x_0, y_0)=A,\ f_{xy}(x_0, y_0)=B,\ f_{yy}(x_0, y_0)=C,$$

则

(1) 当 $AC-B^2>0$ 时，函数 $z=f(x, y)$ 在点 (x_0, y_0) 处取极值，且 $A<0$ 时取极大值，$A>0$ 时取极小值；

(2) 当 $AC-B^2<0$ 时，函数 $z=f(x, y)$ 在点 (x_0, y_0) 处取极值；

(3) 当 $AC-B^2=0$ 时，函数 $z=f(x, y)$ 在点 (x_0, y_0) 处可能取极值，也可能不取极值.

定理1和定理2启示我们求二元函数极值时，可分两步进行：

第一步　利用函数的一阶偏导数同时等于零求出所有驻点；

第二步　求出驻点处的二阶偏导数值，根据定理2进行判断，找出极值点，并求出极值.

例2　求函数 $f(x, y)=x^3-y^3+3x^2+3y^2-9x$ 的极值.

解　先解方程组

$$\begin{cases} f_x(x, y)=3x^2+6x-9=0, \\ f_y(x, y)=-3y^2+6y=0, \end{cases}$$

求出全部驻点：(1, 0)、(1, 2)、(−3, 0)、(−3, 2). 再求二阶偏导数

$$f_{xx}(x, y)=6x+6,\ f_{xy}(x, y)=0,\ f_{yy}(x, y)=-6y+6.$$

在点 (1, 0) 处，$AC-B^2=12\times 6-0>0$，$A=12>0$，所以函数在点 (1, 0) 处取极小值 $f(1, 0)=-5$；

在点 (1, 2) 处，$AC-B^2=12\times(-6)-0<0$，所以点 (1, 2) 不是极值点；

在点 (−3, 0) 处，$AC-B^2=(-12)\times 6-0<0$，所以点 (−3, 0) 不是极值点；

在点 (−3, 2) 处，$AC-B^2=(-12)\times(-6)-0>0$，$A=-12<0$，函数在点 (−3, 2) 处取极大值 $f(-3, 2)=31$.

函数在偏导数不存在的点，也有可能取极值，例如函数 $f(x, y)=\sqrt{x^2+y^2}$ 在点 (0, 0) 处取极小值，但在点 (0, 0) 处偏导数不存在. 故在求函数极值时，除了考虑驻点外，还要考虑偏导数不存在的点.

2. 最大值与最小值

与一元函数类似，我们可以利用函数的极值来求二元函数的最大值和最小值. 最大值和最小值统称为最值. 如果二元函数 $f(x, y)$ 在有界闭区域 D 上连续，则 $f(x, y)$ 在 D 上一定有最大值和最小值. 如果 $f(x, y)$ 在区域 D 内部的点 (x_0, y_0) 处取最值，则点 (x_0, y_0) 一定是 $f(x, y)$ 的极值点，所以可以用下述方法求 $f(x, y)$ 在有界闭区域 D 上的最大值与最小值：

(1) 求出 $f(x, y)$ 在有界闭区域 D 内部所有的驻点及偏导数不存在的点，计算这些点上的函数值；

(2) 求出 $f(x, y)$ 在有界闭区域 D 的边界上的最大值和最小值；

(3) 将上述这些函数值进行比较,其中最大的就是$f(x, y)$在有界闭区域D上的最大值,最小的就是$f(x, y)$在有界闭区域D上的最小值.

在实际问题中的区域D不一定是闭区域,也不一定是有界区域,无法利用连续函数在有界闭区域上的性质来判定函数一定有最值. 但是如果根据问题的实际意义,知道在区域D上存在一个最值(最大值或最小值),并且可以断定这个最值在D内部取得,那么当$f(x, y)$在D内部只有唯一驻点时,就可以肯定该驻点是函数$f(x, y)$在D上取到最大值或最小值的点.

例 3 设区域D是由x轴、y轴及直线$x+y=6$围成的三角形区域,求函数$z=f(x, y)=x^2y(4-x-y)$在D上的最大值和最小值.

解 解方程组

$$\begin{cases} f_x(x, y)=2xy(4-x-y)-x^2y=0, \\ f_y(x, y)=x^2(4-x-y)-x^2y=0, \end{cases}$$

得$f(x, y)$在D内的唯一驻点$(2, 1)$,又$f(2, 1)=4$.

D的边界由三条线段L_1、L_2和L_3组成,如图6-20所示.

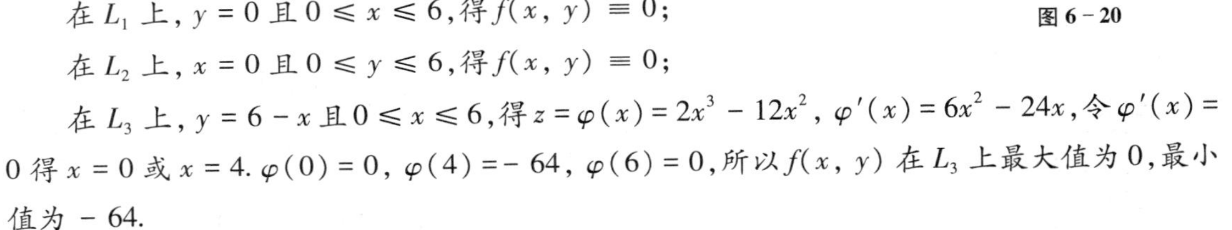

图6-20

在L_1上,$y=0$且$0\leqslant x\leqslant 6$,得$f(x, y)\equiv 0$;

在L_2上,$x=0$且$0\leqslant y\leqslant 6$,得$f(x, y)\equiv 0$;

在L_3上,$y=6-x$且$0\leqslant x\leqslant 6$,得$z=\varphi(x)=2x^3-12x^2$,$\varphi'(x)=6x^2-24x$,令$\varphi'(x)=0$得$x=0$或$x=4$. $\varphi(0)=0$,$\varphi(4)=-64$,$\varphi(6)=0$,所以$f(x, y)$在L_3上最大值为0,最小值为-64.

故$f(x, y)$在D的内部取最大值$f(2, 1)=4$,在D的边界上取最小值$f(4, 2)=-64$.

例 4 设某工厂要用钢板做一体积为定值$V(\mathrm{m}^3)$的无盖长方体水箱,怎样选取长、宽、高的尺寸才能使用料最省?

解 设水箱的长、宽、高分别为x、y、$z(\mathrm{m})$,由$V=xyz$得高$z=\dfrac{V}{xy}$,水箱的表面积

$$S(x, y)=xy+2(x+y)\frac{V}{xy}=xy+2V\left(\frac{1}{y}+\frac{1}{x}\right),\text{其中 } x>0,\ y>0,$$

用料最省的问题变为求函数$S(x, y)$在区域$D=\{(x, y)\mid x>0, y>0\}$上的最小值问题. 解方程组

$$\begin{cases} S_x=y-\dfrac{2V}{x^2}=0, \\ S_y=x-\dfrac{2V}{y^2}=0, \end{cases}$$

得 D 内唯一驻点 $x_0 = y_0 = \sqrt[3]{2V}$. 根据问题的实际意义，$S(x, y)$ 在 D 内一定存在最小值，故可断定 $S(x_0, y_0)$ 就是最小值. 所以当长、宽都是 $\sqrt[3]{2V}$(m)，高为 $\sqrt[3]{\frac{V}{4}}$(m) 时，水箱的用料最省.

例 5　某公司生产甲、乙两种产品，总成本函数为

$$C(x, y) = 4x + 3y + 10(\text{万元}),$$

其中 x、y 分别为甲、乙产品的需求量. 若 p_1、p_2 分别为甲、乙产品的售价，甲、乙两种产品需求函数分别为

$$x = 31 - 2p_1 + p_2、y = 25 - 5p_2 + 3p_1,$$

求甲、乙两种产品价格各为多少时公司取得的利润最大，利润最大时的需求量(单位:件)是多少?

解　根据题意，利润函数为

$$\begin{aligned} L(p_1, p_2) &= xp_1 + yp_2 - (4x + 3y + 10) = x(p_1 - 4) + y(p_2 - 3) - 10 \\ &= (p_1 - 4)(31 - 2p_1 + p_2) + (p_2 - 3)(25 - 5p_2 + 3p_1) - 10, \end{aligned}$$

其中 $p_1 > 0, p_2 > 0$，由

$$\begin{cases} \dfrac{\partial L}{\partial p_1} = -4p_1 + 4p_2 + 30 = 0, \\ \dfrac{\partial L}{\partial p_2} = 4p_1 - 10p_2 + 36 = 0, \end{cases}$$

得唯一的驻点$(18.5, 11)$.

根据最大利润问题的性质，知最大利润是存在的，并且一定在区域 $D = \{(p_1, p_2) \mid p_1 > 0, p_2 > 0\}$ 内取得，因此这个唯一的驻点就是利润最大值点. 故当 $p_1 = 18.5$, $p_2 = 11$ 时利润最大，利润最大时甲产品的需求量为 5(件)，乙产品的需求量为 $25.5 \approx 26$(件).

例 6（最小二乘法）　设在某个实验中，得到两个相关变量 x、y 的 n 组对应的数据 (x_i, y_i), $i = 1, 2, \cdots, n$. 如图 6-21 所示，它们大体上在一条直线的附近，即大体上可用直线方程来反映变量 x 与 y 之间的对应关系. 现要确定直线方程 $y = ax + b$，其中 a、b 是待定的常数，使得直线与这 n 个点的偏差(即 y_i 与 $ax_i + b$ 的差)的平方和 $\sum\limits_{i=1}^{n}(ax_i + b - y_i)^2$ 为最小，这种根据偏差平方和最小来决定直线方程 $y = ax + b$ 中的系数的方法，称为**最小二乘法**.

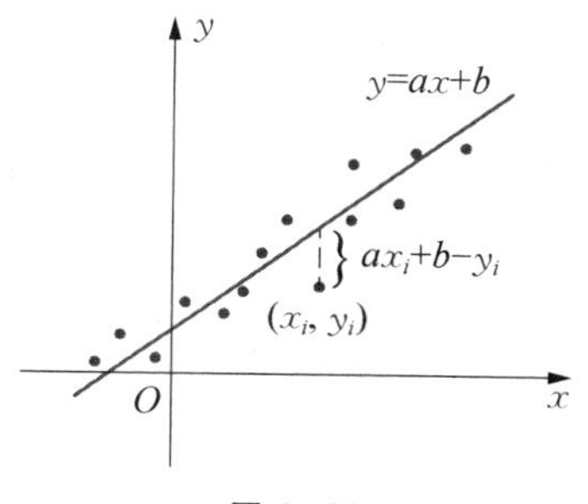

图 6-21

解 实际上就是要要确定系数 a、b,使得

$$f(a,\ b)=\sum_{i=1}^{n}(ax_i+b-y_i)^2$$

为最小. 为此先求出 $f(a,\ b)$ 的驻点,令

$$\begin{cases} f_a=2\sum_{i=1}^{n}x_i(ax_i+b-y_i)=0, \\ f_b=2\sum_{i=1}^{n}(ax_i+b-y_i)=0. \end{cases}$$

把这组方程加以整理,得到关于 a 与 b 的线性方程组

$$\begin{cases} a\sum_{i=1}^{n}x_i^2+b\sum_{i=1}^{n}x_i=\sum_{i=1}^{n}x_iy_i, \\ a\sum_{i=1}^{n}x_i+bn=\sum_{i=1}^{n}y_i, \end{cases}$$

解之得到唯一的驻点 $(\bar{a},\ \bar{b})$,其中

$$\bar{a}=\frac{n\sum_{i=1}^{n}x_iy_i-\left(\sum_{i=1}^{n}x_i\right)\cdot\left(\sum_{i=1}^{n}y_i\right)}{n\sum_{i=1}^{n}x_i^2-\left(\sum_{i=1}^{n}x_i\right)^2},\quad \bar{b}=\frac{\left(\sum_{i=1}^{n}x_i^2\right)\cdot\left(\sum_{i=1}^{n}y_i\right)-\left(\sum_{i=1}^{n}x_iy_i\right)\cdot\left(\sum_{i=1}^{n}x_i\right)}{n\sum_{i=1}^{n}x_i^2-\left(\sum_{i=1}^{n}x_i\right)^2}.$$

根据极值的充分条件(定理 2),以及不等式 $\left(\sum_{i=1}^{n}a_ib_i\right)^2<\sum_{i=1}^{n}a_i^2\cdot\sum_{i=1}^{n}b_i^2$,有

$$A=f_{aa}=2\sum_{i=1}^{n}x_i^2>0,\ B=f_{ab}=2\sum_{i=1}^{n}x_i,\ C=f_{bb}=2n,$$

$$AC-B^2=f_{aa}f_{bb}-f_{ab}^2=4n\sum_{i=1}^{n}x_i^2-4\left(\sum_{i=1}^{n}x_i\right)^2>0,$$

即 $f(a,\ b)$ 在点 $(\bar{a},\ \bar{b})$ 取得极小值,根据问题的实际意义可知这极小值即为最小值. 因此所求直线方程为

$$y=\bar{a}x+\bar{b}.$$

通常称 $y=\bar{a}x+\bar{b}$ 为**经验公式**,它近似地反应了实验数据之间的关系. 有了经验公式,我们就可以将理论应用于实践,对实验数据进行分析、预测和控制.

思考　为什么例 6 中用偏差的平方和 $\sum_{i=1}^{n}(ax_i+b-y_i)^2$,而不是用偏差的绝对值的和 $\sum_{i=1}^{n}|ax_i+b-y_i|$ 来描述直线与实验数据的偏差程度?

二、条件极值与拉格朗日乘数法

上面讨论的极值问题,只是要求自变量在定义域内,并没有其他要求. 这类极值称为**无条件极值**.

但在实际问题中,经常会遇到自变量除了必须在定义域内,还要受到其他条件的约束,这种带有约束条件的函数极值称为**条件极值**. 例如本节的例 4 可以看成是求 $f(x, y, z)=xy+2(x+y)z$ 在定义域 $\{(x, y, z)|x>0, y>0, z>0\}$ 内满足约束条件 $xyz=V$ 的条件极值问题.

解决这类问题的基本方法是将条件极值转化为无条件极值来处理. 方法有两种,第一种就是本节例 4 的做法,从约束条件 $xyz=V$ 中解出 $z=\frac{V}{xy}$,代入 $f(x, y, z)$,再求 $s(x, y)=f\left(x, y, \frac{V}{xy}\right)=xy+2V\left(\frac{1}{x}+\frac{1}{y}\right)$ 在定义域 $\{(x, y)|x>0, y>0\}$ 内的无条件极值. 这种方法的实质是将约束条件所确定的隐函数显化,但这并非总是可行的.

第二种方法是**拉格朗日(Lagrange)乘数法**,即通过设置一个新函数化条件极值为无条件极值,回避了约束条件显化这一难题,很好地体现了“化难为易”的数学思想.

设函数 $f(x, y)$、$\varphi(x, y)$ 在点 $P_0(x_0, y_0)$ 的某邻域内有一阶连续偏导数,且 $\varphi_x(x, y)$、$\varphi_y(x, y)$ 不全为零,则求**目标函数** $z=f(x, y)$ 在**约束条件** $\varphi(x, y)=0$ 下的极值问题,可以转化为求**拉格朗日函数**

$$L(x, y, \lambda)=f(x, y)+\lambda\varphi(x, y) \tag{①}$$

的无条件极值问题,其中 λ 是待定常数. 这种方法称为**拉格朗日乘数法**.

对这种方法不作严格的证明,只作一个大致的解释.

假设点 $P_0(x_0, y_0)$ 是目标函数 $f(x, y)$ 在约束条件 $\varphi(x, y)=0$ 下的极值点,且 $\varphi_x(x_0, y_0)$ 与 $\varphi_y(x_0, y_0)$ 不同时为零,则点 $P_0(x_0, y_0)$ 一定是相应的拉格朗日函数 ① 的驻点.

不妨设 $\varphi_y(x_0, y_0)\neq 0$,则方程 $\varphi(x, y)=0$ 可确定函数 $y=g(x)$,且 $y_0=g(x_0)$. 将 $y=g(x)$ 代入 $z=f(x, y)$,得 $z=f[x, g(x)]$,由假设条件,于是 x_0 是一元函数 $z=f[x, g(x)]$ 的极值点,根据极值的必要条件、复合函数和隐函数求导法,有

$$\left.\frac{\mathrm{d}z}{\mathrm{d}x}\right|_{x=x_0}=f_x(x_0, y_0)+f_y(x_0, y_0)g'(x_0)=f_x(x_0, y_0)-f_y(x_0, y_0)\frac{\varphi_x(x_0, y_0)}{\varphi_y(x_0, y_0)}=0.$$

即点 $P_0(x_0, y_0)$ 是目标函数 $f(x, y)$ 在约束条件 $\varphi(x, y) = 0$ 下极值点的必要条件是

$$\begin{cases} f_x(x_0, y_0) - f_y(x_0, y_0)\dfrac{\varphi_x(x_0, y_0)}{\varphi_y(x_0, y_0)} = 0, \\ \varphi(x_0, y_0) = 0. \end{cases} \quad ②$$

令 $\lambda = -\dfrac{f_y(x_0, y_0)}{\varphi_y(x_0, y_0)}$(称为**拉格朗日乘数**),于是条件 ② 就变成

$$\begin{cases} L_x = f_x(x_0, y_0) + \lambda\varphi_x(x_0, y_0) = 0, \\ L_y = f_y(x_0, y_0) + \lambda\varphi_y(x_0, y_0) = 0, \\ L_\lambda = \varphi(x_0, y_0) = 0. \end{cases} \quad ③$$

由方程组③得,点 $P_0(x_0, y_0)$ 是拉格朗日函数①的驻点.

综上所述,用拉格朗日乘数法求 $z = f(x, y)$ 在约束条件 $\varphi(x, y) = 0$ 下极值的步骤为:

1. 构造拉格朗日函数①;
2. 求解方程组③,得到解 x_0, y_0, λ_0,那么点 (x_0, y_0) 就是所求条件极值的可能极值点.

特别指出,这里不能用无约束极值问题的判别方法来判断条件极值的可能极值点是否为极值点,只能根据问题的实际意义和性质来判定该可能极值点是否为极值点.

拉格朗日乘数法可以推广到自变量多于两个,约束条件多于一个的情形. 但必须注意,约束条件的个数要严格小于自变量的个数.

思考 请读者写出求解三个自变量、两个约束条件的条件极值问题的拉格朗日乘数法.

例 7 求表面积为 $12\,m^2$ 的无盖长方体水箱的最大容积.

解 根据题意,设长方体水箱的长、宽、高分别为 x、y、z,则目标函数为

$$V = xyz,$$

约束条件为

$$xy + 2xz + 2yz - 12 = 0.$$

于是拉格朗日函数为

$$L(x, y, z, \lambda) = xyz + \lambda(xy + 2xz + 2yz - 12).$$

解方程组

$$\begin{cases} L_x = yz + \lambda(y + 2z) = 0, \\ L_y = xz + \lambda(x + 2z) = 0, \\ L_z = xy + 2\lambda(x + y) = 0, \\ L_\lambda = xy + 2xz + 2yz - 12 = 0. \end{cases}$$

由前三个方程可得 $x = y = 2z$，代入第 4 个方程可得：

$$x = 2,\ y = 2,\ z = 1,\ (\text{可以不求出 }\lambda)$$

$(2,\ 2,\ 1)$ 是问题的唯一可能极值点，根据问题的实际情况知所求最大容积一定存在，所以使所求容积最大的点为 $(2,\ 2,\ 1)$，最大容积为

$$V = 2 \times 2 \times 1 = 4(\mathrm{m}^3).$$

请注意，例 4 和例 7 的问题是对偶的，例 4 约束条件是体积，目标函数是表面积；而例 7 约束条件是表面积，目标函数是体积，即目标函数与约束条件在形式上有**对偶性**，而且最大值与最小值也是恰好互换.

下面简单介绍经济函数的最优化问题.

设 $Q = Q(x,\ y)$ 为某产品的生产函数，其中 Q 为该产品的产量，x、y 分别为生产该产品的两个要素（如人力、原材料）的投入量. 产品价格为 P，两个要素的价格分别为 p_1、p_2，则收入函数为 $R(x,\ y) = PQ(x,\ y)$，成本函数为 $C(x,\ y) = p_1x + p_2y$，利润函数为 $L(x,\ y) = PQ(x,\ y) - p_1x + p_2y$.

例 8　设某企业生产 A 产品，两个要素的投入量分别为 x、y，两个要素的单价分别为 2 元、8 元，产出函数为 $Q = 4\sqrt{xy}$，当产出固定在 Q_0 时，如何安排投入量使得总成本最低？

解　这是一个条件极值问题，即在 $4\sqrt{xy} = Q_0$ 条件下，求成本函数 $C(x,\ y) = 2x + 8y$ 的最小值. 设拉格朗日函数为

$$L(x,\ y,\ \lambda) = 2x + 8y + \lambda(4\sqrt{xy} - Q_0),$$

解方程组

$$\begin{cases} L_x = 2 + 2\lambda x^{-\frac{1}{2}} y^{\frac{1}{2}} = 0, \\ L_y = 8 + 2\lambda x^{\frac{1}{2}} y^{-\frac{1}{2}} = 0, \\ L_\lambda = 4\sqrt{xy} - Q_0 = 0. \end{cases}$$

本节学习要点

得到唯一的驻点 $\left(\dfrac{Q_0}{2},\ \dfrac{Q_0}{8}\right)$. 根据问题的实际意义，在产出一定时总成本存在最小值，而这个

唯一的驻点就是最小值点,故当两个要素投入量分别为 $x=\frac{Q_0}{2}$, $y=\frac{Q_0}{8}$ 时总成本最小,最小总成本为 $C=2\cdot\frac{Q_0}{2}+8\cdot\frac{Q_0}{8}=2Q_0$(元).

习题 6.6

1. 求下列函数的极值:

(1) $f(x, y)=3xy-x^3-y^3$;　　(2) $f(x, y)=e^x\cos y$;

(3) $f(x, y)=xe^{-\frac{x^2+y^2}{2}}$.

2. 求下列函数在有界闭区域 D 上的最大值和最小值:

(1) $f(x, y)=x^2+y^2+x^2y+4$, $D=\{(x, y) \mid |x|\leqslant 1, |y|\leqslant 1\}$;

(2) $f(x, y)=2x^2+x+y^2-2$, $D=\{(x, y) \mid x^2+y^2\leqslant 4\}$.

3. 求下列函数在约束条件下的最值:

(1) $f(x, y)=e^{-xy}$,约束条件 $x^2+y^2=1$;

(2) $f(x, y)=(1+y)^2+(1+x)^2$,约束条件 $x^2+y^2+xy=3$.

4. 在所有斜边长为 a(常数 $a>0$) 的直角三角形中,求面积最大的直角三角形的两直角边的长.

5. 将正数 12 分解成三个正数 x、y、z 之和,使得 $u=x^3y^2z$ 取最大值.

6. 在所有表面积为 a^2(常数 $a>0$) 的长方体中,求体积最大的长方体的长、宽及高.

7. 某工厂生产甲、乙两种产品,甲产品的售价为 1000 元/件,乙产品的售价为 900 元/件,生产 x 件甲产品和 y 件乙产品的总成本 z 为 $z=40000+200x+300y+3x^2+xy+3y^2$,问甲、乙两种产品各生产多少时,利润 z 取最大值?

8. 某公司生产甲、乙两种产品,投入的固定成本为 100000(千元),产量分别为 x 件和 y 件,边际成本分别为 $20+\frac{x}{2}$(千元/件) 和 $6+y$(千元/件).

(1) 求生产甲、乙两种产品的总成本函数 $C(x, y)$;

(2) 当总产量为 50 件时,甲、乙两种产品的产量各为多少时可使总成本最低? 求出最小总成本.

9. 某工厂生产甲、乙两种产品,产量(单位:千件)分别为 x 和 y,利润 L(单位:万元),且 $L(x, y)=6x-x^2+16y-4y^2-2$. 已知生产这两种产品时,每千件产品均需消耗原料 2000 千克. 现有该原料 12000 千克,问两种产品各生产多少时,总利润最大? 最大总利润多少?

总练习题

1. 设$f(x, y)=\begin{cases}\dfrac{x}{(x^2+y^2)^p}, & x^2+y^2\neq 0,\\ 0, & x^2+y^2=0,\end{cases}$其中常数$p>0$,讨论$f(x, y)$在点$(0, 0)$处的连续性和可微性.

2. 设$z=\dfrac{y}{f(x^2-y^2)}$,其中$f(u)$为可导函数,证明:$\dfrac{1}{x}\dfrac{\partial z}{\partial x}+\dfrac{1}{y}\dfrac{\partial z}{\partial y}=\dfrac{z}{y^2}$.

3. 设$f(u)$可微,$z=f(\sin y-\sin x)+xy$,求$\dfrac{1}{\cos x}\dfrac{\partial z}{\partial x}+\dfrac{1}{\cos y}\dfrac{\partial z}{\partial y}$.

4. 设$z=z(x, y)$为由方程组$\begin{cases}x=t\cos z,\\ y=(t+1)\sin z\end{cases}$所确定的隐函数,求$\dfrac{\partial z}{\partial x}$、$\dfrac{\partial z}{\partial y}$.

5. 设$f(u, v)$可微,$z=z(x, y)$是由方程$(x+1)z-y^2=x^2f(x-z, y)$所确定的隐函数,求$\mathrm{d}z\Big|_{\substack{x=0\\ y=1}}$.

6. 求曲面$z=x^2(1-\sin y)+y^2(1-\sin x)$在点$(1, 0, 1)$处的切平面方程和法线方程.

7. 设$f(x, y, z)=x^2y^3z^4$,且$z=z(x, y)$是由方程$x^2+y^2+z^2-3xyz=0$所确定的隐函数,求$f_x(1, 1, 1)$,$f_y(1, 1, 1)$.

8. 设函数$f(x)$有二阶连续导数,且$f(x)>0$,$f'(0)=0$,则函数$z=f(x)\ln[f(y)]$在点$(0, 0)$处取得极小值的一个充分条件是(　　).

(A) $f(0)>1$, $f''(0)>0$　　(B) $f(0)>1$, $f''(0)<0$

(C) $f(0)<1$, $f''(0)>0$　　(D) $f(0)<1$, $f''(0)<0$

9. 设x、y的绝对值都很小,证明近似公式:$(1+x)^m(1+y)^n\approx 1+mx+ny$.

10. 求函数$f(x, y)=\left(y+\dfrac{x^3}{3}\right)e^{x+y}$的极值.

11. 求函数$f(x, y)=x^3-y^3+3x^2+3y^2-9x$的极值.

12. 设$z=f[xy, yg(x)]$,其中函数$f(u, v)$有二阶连续偏导数,函数$g(x)$可导,且在$x=1$处取得极值$g(1)=1$,求$\dfrac{\partial^2 z}{\partial x\partial y}\Big|_{\substack{x=1\\ y=1}}$.

13. 将一根长为2米的绳子截成三段,并分别围成圆、正三角形和正方形,求这三个图形面积之和的最小值.

14. 求曲线$x^3-xy+y^3=1(x\geqslant 0, y\geqslant 0)$上的点到原点的最长距离与最短距离.

15. 设矩形的周长为$2p$,对角线长为q,矩形面积为S. 求:

(1) 函数 $S=f(p,q)$ 的表达式;

(2) 在固定周长的情况下,面积 S 取最大值时对角线 q 的取值.

*16. 设椭圆 $\begin{cases} z=x^2+y^2, \\ x+y+z=4 \end{cases}$ 上的点 (x,y,z) 到原点的距离为 d,求 d 的最值以及使得 d 取最值的点.

*17. 设 $z=z(x,y)$ 是由方程 $x^2-6xy+10y^2-2yz-z^2+18=0$ 所确定的隐函数,求函数的极值.

*18. 求函数 $z=\dfrac{x+y}{x^2+y^2+1}$ 的最大值和最小值.

19. 已知某公司的产量函数为 $f(x,y)=100x^{\frac{3}{4}}y^{\frac{1}{4}}$,这里 x 为劳动力(单位:人),y 为外部投资(单位:万元). 现有预算 50000 元用于投资和雇佣劳动力,现在劳动力成本为 150(元/每人),外部投资的成本为 250(元/每单位投资). 问如何分配预算用于雇佣劳动力和投资,使得产量最高?

第7章 二重积分

与一元函数的定积分相类似,二重积分也是一种“和式的极限”,其概念同样是从具体问题抽象出来的.由于自变量的增加,二重积分的积分范围是平面上的区域,情况要比定积分的积分区间复杂很多.但二重积分最终可以化为定积分来计算,这种将二维问题转换为一维问题来解决的方法是一种非常重要的数学思想.

7.1 二重积分的概念与性质

一、二重积分的概念

先通过一个具体的实例来了解二重积分的数学思想.

实例 曲顶柱体的体积.

设二元函数 $z=f(x, y)$ 是定义在平面有界区域 D 上的连续函数,且 $f(x, y) > 0$,其图形(如图7-1所示)为位于坐标平面 Oxy 上方的曲面 S. 由曲面 S、坐标平面 Oxy 上的区域 D 和以 D 的边界 C 为准线且母线平行于 z 轴的柱面所围成的立体 Ω 称为在区域 D 上以曲面 S 为顶的**曲顶柱体**. 对于曲顶柱体的体积目前还没有现成的计算方法,回忆在处理平面上曲边梯形面积的方法,同样可以用“分割,近似,求和,取极限”的方法来计算曲顶柱体 Ω 的体积 V.

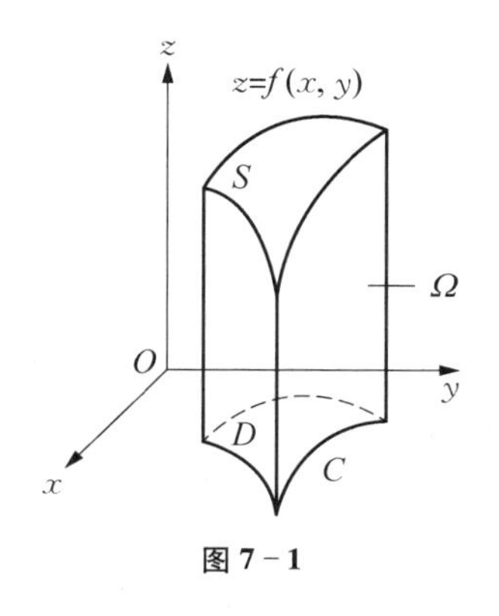

图7-1

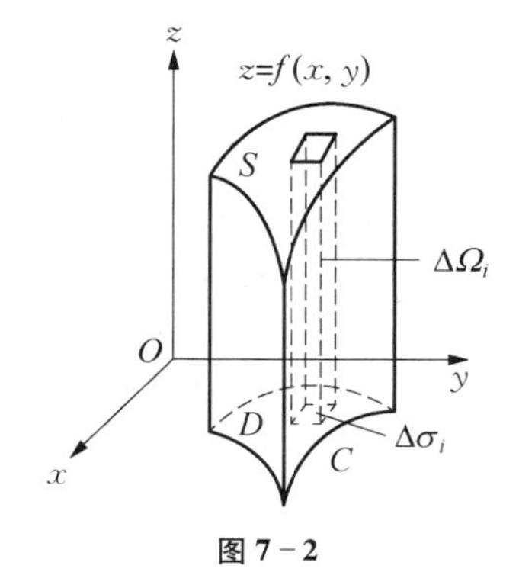

图7-2

(1) 分割. 如图 7 - 2 所示,先把区域 D 任意分成 n 个小区域

$$\Delta\sigma_1,\ \Delta\sigma_2,\ \cdots,\ \Delta\sigma_n,$$

以每个小区域 $\Delta\sigma_i(i=1,\ 2,\ \cdots,\ n)$ 的边界为准线,作母线平行于 z 轴的柱面,这些柱面将曲顶柱体 Ω 分割成 n 个小曲顶柱体

$$\Delta\Omega_1,\ \Delta\Omega_2,\ \cdots,\ \Delta\Omega_n.$$

(2) 近似. 在每个小区域 $\Delta\sigma_i$ 上任取一点 $P_i(\xi_i,\ \eta_i)$,以 $\Delta\sigma_i$ 为底,$f(\xi_i,\ \eta_i)$ 为高作一平顶柱体,$\Delta\sigma_i$ 的面积仍记为 $\Delta\sigma_i$,于是这个平顶柱体的体积为 $f(\xi_i,\ \eta_i)\Delta\sigma_i$. 当 $\Delta\sigma_i$ 中任意两点之间的距离都很小时,由于 $f(x,\ y)$ 连续,所以在 $\Delta\sigma_i$ 内 $f(x,\ y)$ 几乎可以看成常数 $f(\xi_i,\ \eta_i)$,这样 $\Delta\Omega_i$ 与 $f(\xi_i,\ \eta_i)\Delta\sigma_i$ 就非常接近了,因此可以用平顶柱体的体积 $f(\xi_i,\ \eta_i)\Delta\sigma_i$ 作为 $\Delta\Omega_i$ 的体积 ΔV_i 的近似值,即

$$\Delta V_i \approx f(\xi_i,\ \eta_i)\Delta\sigma_i.$$

(3) 求和. 由(2),曲顶柱体 Ω 体积 V 的近似值为

$$V=\sum_{i=1}^{n}\Delta V_i \approx \sum_{i=1}^{n}f(\xi_i,\ \eta_i)\Delta\sigma_i.$$

(4) 取极限. 当区域 D 的分割越来越细,即所有小区域 $\Delta\sigma_i$ 的直径($\Delta\sigma_i$ 的直径是指 $\Delta\sigma_i$ 中任意两点之间距离的最大值)的最大值 $\|\Delta\sigma\|\to 0$ 时,和式 $\sum\limits_{i=1}^{n}f(\xi_i,\ \eta_i)\Delta\sigma_i$ 的极限就是曲顶柱体 Ω 的体积 V,即:

$$V=\lim_{\|\Delta\sigma\|\to 0}\sum_{i=1}^{n}f(\xi_i,\ \eta_i)\Delta\sigma_i. \qquad ①$$

除了几何上曲顶柱体,在工程技术、物理和经济学中有许多问题都可以归结为形如①式的和式极限.

定义 1 设 $z=f(x,\ y)$ 是有界闭区域 D 上的有界函数,将 D 任意分成 n 个小区域 $\Delta\sigma_1$, $\Delta\sigma_2$, $\cdots$, $\Delta\sigma_n$, $\Delta\sigma_i$ 的面积和直径分别表示为 $\Delta\sigma_i$ 和 $d_i(i=1,\ 2,\ \cdots,\ n)$. 在每个小区域 $\Delta\sigma_i$ 上任取一点 $P_i(\xi_i,\ \eta_i)$,作和式

$$\sum_{i=1}^{n}f(\xi_i,\ \eta_i)\Delta\sigma_i. \qquad ②$$

如果当 $\|\Delta\sigma\|=\max\{d_1,\ d_2,\ \cdots,\ d_n\}\to 0$ 时,不论 D 如何分法、点 $P_i(\xi_i,\ \eta_i)$ 如何取法,和式②有确定的极限值 I,则称函数 $f(x,\ y)$ 在有界闭区域 D 上可积,或 $f(x,\ y)$ 在 D 上的二

重积分存在，并称 I 为函数 $f(x, y)$ 在 D 上的**二重积分**，记作 $\iint\limits_D f(x, y)\,\mathrm{d}\sigma$，即

$$\iint\limits_D f(x, y)\,\mathrm{d}\sigma = \lim_{\|\Delta\sigma\| \to 0} \sum_{i=1}^{n} f(\xi_i, \eta_i)\Delta\sigma_i. \qquad ③$$

其中 $f(x, y)$ 称为**被积函数**，D 称为**积分区域**，$\mathrm{d}\sigma$ 称为**面积元素**，x 和 y 称为**积分变量**.

由于当二重积分 $\iint\limits_D f(x, y)\,\mathrm{d}\sigma$ 存在时，其值 I 与积分区域 D 的分割方式无关，所以在直角坐标系中经常用两组分别平行于 x 轴和 y 轴的直线来分割 D，这样得到的小区域 $\Delta\sigma_i$ 大都是小矩形(包含边界点的除外). 若小矩形的两边长记为 Δx_k 与 Δy_l，则小矩形面积为 $\Delta x_k \cdot \Delta y_l$. 因此，二重积分记号中的面积元素 $\mathrm{d}\sigma$ 可以写成 $\mathrm{d}x\mathrm{d}y$，这时

$$\iint\limits_D f(x, y)\,\mathrm{d}\sigma = \iint\limits_D f(x, y)\,\mathrm{d}x\mathrm{d}y.$$

根据定义，实例 1 中的曲顶柱体的体积可以表示为

$$V = \iint\limits_D f(x, y)\,\mathrm{d}\sigma.$$

二、二重积分的几何意义

当 $f(x, y) \geqslant 0$ 时，二重积分 $\iint\limits_D f(x, y)\,\mathrm{d}\sigma$ 的几何解释是在有界闭区域 D 上以曲面 $z = f(x, y)$ 为顶的曲顶柱体的体积. 而当 $f(x, y) \leqslant 0$ 时，曲顶柱体位于坐标平面 Oxy 的下方，此时二重积分 $\iint\limits_D f(x, y)\,\mathrm{d}\sigma$ 的值是负的，但其绝对值仍然是曲顶柱体的体积.

若规定位于平面 Oxy 上方的曲顶柱体体积的正值，并称其为正体积，而位于平面 Oxy 下方的曲顶柱体体积的负值，并称其为负体积. 根据下面的二重积分的性质 3，二重积分 $\iint\limits_D f(x, y)\,\mathrm{d}\sigma$ 就等于坐标平面 Oxy 上、下方各个曲顶柱体正、负体积的和.

三、可积性条件和二重积分的性质

类似于定积分，首先要解决二重积分中什么样的被积函数一定是可积的.

定理 1 如果 $f(x, y)$ 在有界闭区域 D 上连续，则 $f(x, y)$ 在 D 上是可积的.

定理 1 表明，连续是二重积分可积的充分条件.

设 $f(x, y)$、$g(x, y)$ 在有界闭区域 D 上可积，σ 为区域 D 的面积，则二重积分有以下性质：

性质 1 $\iint\limits_D [f(x,y) \pm g(x,y)]\mathrm{d}\sigma = \iint\limits_D f(x,y)\mathrm{d}\sigma \pm \iint\limits_D g(x,y)\mathrm{d}\sigma.$

性质 2 $\iint\limits_D k\cdot f(x,y)\mathrm{d}\sigma = k\cdot\iint\limits_D f(x,y)\mathrm{d}\sigma$,其中 k 为常数.

性质 1 和 2 说明二重积分运算具有线性性质.

性质 3(区域可加性) 若光滑曲线把区域 D 分成两个区域 D_1 和 D_2,则

$$\iint\limits_D f(x,y)\mathrm{d}\sigma = \iint\limits_{D_1} f(x,y)\mathrm{d}\sigma + \iint\limits_{D_2} f(x,y)\mathrm{d}\sigma.$$

性质 4 若 $f(x,y)=1$,则

$$\iint\limits_D \mathrm{d}\sigma = \sigma.$$

性质 5 若在区域 D 上有 $f(x,y)\leqslant g(x,y)$,则

$$\iint\limits_D f(x,y)\mathrm{d}\sigma \leqslant \iint\limits_D g(x,y)\mathrm{d}\sigma,$$

特别有

$$\left|\iint\limits_D f(x,y)\mathrm{d}\sigma\right| \leqslant \iint\limits_D \left|f(x,y)\right|\mathrm{d}\sigma.$$

性质 6(估值不等式) 若 M 和 m 分别是 $f(x,y)$ 在 D 上的最大值和最小值,则

$$m\sigma \leqslant \iint\limits_D f(x,y)\mathrm{d}\sigma \leqslant M\sigma.$$

性质 7(二重积分中值定理) 若函数 $f(x,y)$ 在有界闭区域 D 上连续,则在 D 上至少存在一点 (ξ,η),使得

$$\iint\limits_D f(x,y)\mathrm{d}\sigma = f(\xi,\eta)\sigma.$$

二重积分中值定理的几何解释是:在区域 D 上以曲面 $z=f(x,y)$ 为顶的曲顶柱体体积(正、负体积的和)等于以区域 D 为底而高为 $f(\xi,\eta)$ 的平顶柱体的体积. 因此 $\frac{1}{\sigma}\iint\limits_D f(x,y)\mathrm{d}\sigma$ 是二元函数 $f(x,y)$ 在区域 D 上的平均值.

例 1 比较二重积分 $\iint\limits_D \ln(x+y)\mathrm{d}\sigma$ 与 $\iint\limits_D [\ln(x+y)]^2\mathrm{d}\sigma$ 的大小,其中 D 是以点 $(1,0)$、$(1,1)$、

(2, 0) 为顶点的三角形区域.

解 如图 7-3 所示，区域 D 的斜边方程为 $x+y=2$，故当 $(x, y) \in D$ 时，有 $1 \leqslant x+y \leqslant 2$，因此

$$0 \leqslant \ln(x+y) \leqslant \ln 2 < 1.$$

于是 $[\ln(x+y)]^2 < \ln(x+y)$，从而有

$$\iint_D [\ln(x+y)]^2 \mathrm{d}\sigma \leqslant \iint_D \ln(x+y) \mathrm{d}\sigma.$$

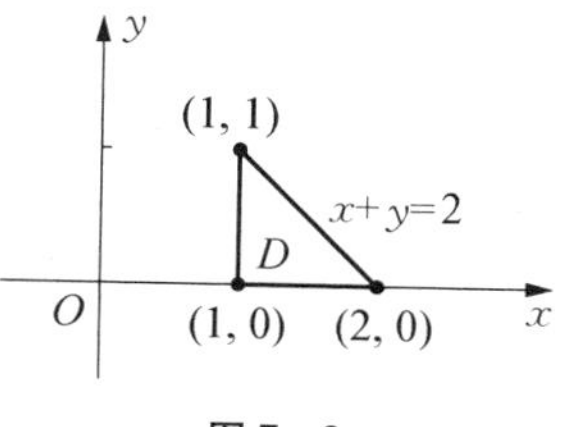

图 7-3

例 2 估计二重积分 $\iint_D \sin^2(x+y)\cos^2(xy)\mathrm{d}\sigma$ 的值，其中 $D=\{(x, y) \mid 0 \leqslant x \leqslant \pi, 0 \leqslant y \leqslant \pi\}$.

解 因为 $|\sin x| \leqslant 1$, $|\cos x| \leqslant 1$，于是 $0 \leqslant \sin^2(x+y)\cos^2(xy) \leqslant 1$，又区域 D 的面积为 π^2，所以

$$0 \leqslant \iint_D \sin^2(x+y)\cos^2(xy)\mathrm{d}\sigma \leqslant \iint_D \mathrm{d}\sigma = \pi^2.$$

本节学习要点

习题 7.1

1. 用二重积分表示 $\lim\limits_{n\to\infty}\sum\limits_{i=1}^{n}\sum\limits_{j=1}^{n}\dfrac{n}{(n+i)(n^2+j^2)}$.

2. 利用二重积分的性质估计下列二重积分的值：

(1) $I=\iint_D xy(x+y)\mathrm{d}\sigma$，其中 D 是矩形闭区域：$\{(x, y) \mid 0 \leqslant x \leqslant 1, 0 \leqslant y \leqslant 1\}$；

(2) $I=\iint_D (x^2+4y^2+9)\mathrm{d}\sigma$，其中 D 是圆形闭区域：$\{(x, y) \mid x^2+y^2 \leqslant 4\}$；

(3) $I=\iint_D (x+y+1)\mathrm{d}\sigma$，其中 D 是矩形闭区域：$\{(x, y) \mid 0 \leqslant x \leqslant 1, 0 \leqslant y \leqslant 2\}$.

3. 试比较二重积分 I_1 与 I_2 的大小：

$$I_1=\iint_{D_1}(x^2+y^2)\mathrm{d}\sigma，其中 D_1=\{(x, y) \mid 0 \leqslant x \leqslant 1, 0 \leqslant y \leqslant 1\}；$$

$$I_2=\iint_{D_2}(x^2+y^2)\mathrm{d}\sigma，其中 D_2=\{(x, y) \mid 1 \leqslant x \leqslant 2, 1 \leqslant y \leqslant 2\}.$$

4. 设平面区域 $D=\left\{(x, y) \,\middle|\, |x|+|y| \leqslant \dfrac{\pi}{2}\right\}$，$I_1=\iint_D \sqrt{x^2+y^2}\,\mathrm{d}x\mathrm{d}y$，$I_2=$

$\iint\limits_D \sin\sqrt{x^2+y^2}\,\mathrm{d}x\mathrm{d}y$, $I_3=\iint\limits_D (1-\cos\sqrt{x^2+y^2})\,\mathrm{d}x\mathrm{d}y$,试比较二重积分 I_1、I_2、I_3 的大小.

7.2 二重积分的计算

按照二重积分的定义计算二重积分,除少数比较简单的被积函数和积分区域外,对于绝大多数的被积函数和积分区域来说这种方法没有可操作性,因此,必须寻找一种便于计算的方法. 下面就来解决这个问题.

一、直角坐标系中二重积分的计算

在本章开头,我们就介绍过计算二重积分的方法,就是把二重积分化为定积分来计算.

那么怎样才能实现这个转化呢? 现就 $f(x, y)\geqslant 0$ 的情形从几何上看看如何实现这个转化.

设 $f(x, y)$ 在 D 上连续,由 7.1 节知道,$\iint\limits_D f(x, y)\,\mathrm{d}\sigma$ 的几何意义是 D 上以曲面 $z=f(x, y)$ 为顶的曲顶柱体 Ω 的体积. 下面来计算这个体积.

设区域 D(如图 7-4 所示),在 $[a, b]$ 上任意取一点 x,过点 $(x, 0, 0)$ 作垂直于 x 轴的平面(如图 7-5 所示),它截曲顶柱体 Ω 所得的截面(图 7-5 中阴影部分)是一个曲边梯形,该曲边梯形在坐标平面 Oyz 上的投影如图 7-6 所示,其面积为

$$A(x)=\int_{y_1(x)}^{y_2(x)} f(x, y)\,\mathrm{d}y.$$

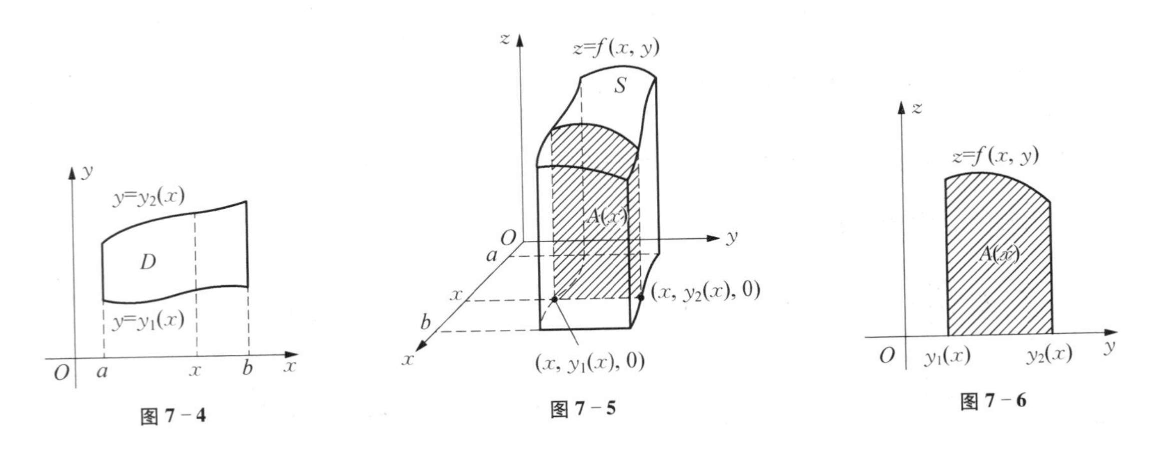

图 7-4　　图 7-5　　图 7-6

利用已知平行截面面积为 $A(x)$($x\in[a, b]$)的立体体积公式(见 5.8 节),得到所求曲顶柱体的体积为

$$V=\int_a^b A(x)\,\mathrm{d}x=\int_a^b\left[\int_{y_1(x)}^{y_2(x)}f(x,\ y)\,\mathrm{d}y\right]\mathrm{d}x. \qquad ①$$

公式①说明$f(x,\ y)$在如图7-4所示的区域D上的二重积分可以通过先y后x两次定积分来计算,第一次对y求定积分时,被积函数$f(x,\ y)$中的x看作$[a,\ b]$中的任一常数,其积分下限与上限分别是x的函数$y_1(x)$与$y_2(x)$. 然后,把第一次定积分所得的结果(一般为x的函数)再对x由a到b求定积分. 注意两次定积分的积分下限都必须是小于积分上限. 习惯上①式也写成

$$\iint_D f(x,\ y)\,\mathrm{d}\sigma=\int_a^b\left[\int_{y_1(x)}^{y_2(x)}f(x,\ y)\,\mathrm{d}y\right]\mathrm{d}x=\int_a^b\mathrm{d}x\int_{y_1(x)}^{y_2(x)}f(x,\ y)\,\mathrm{d}y. \qquad ②$$

如图7-4所示的区域称为**x-型区域**. 它是由直线$x=a$、$x=b$与$[a,\ b]$上的连续曲线$y=y_1(x)$及$y=y_2(x)$($y_1(x)\leqslant y_2(x)$)所围成的,可表示为

$$D=\{(x,\ y)\mid y_1(x)\leqslant y\leqslant y_2(x),\ a\leqslant x\leqslant b\}.$$

因此,连续函数$f(x,\ y)$在x-型区域D上的二重积分可用公式②进行计算,即化为计算两次定积分,这种"降维"方法一举解决了二重积分的计算问题.

如图7-7所示的区域称为**y-型区域**,它是由直线$y=c$、$y=d$与$[c,\ d]$上的连续曲线$x=x_1(y)$及$x=x_2(y)$($x_1(y)\leqslant x_2(y)$)所围成的,可表示为

$$D=\{(x,\ y)\mid x_1(y)\leqslant x\leqslant x_2(y),\ c\leqslant y\leqslant d\}.$$

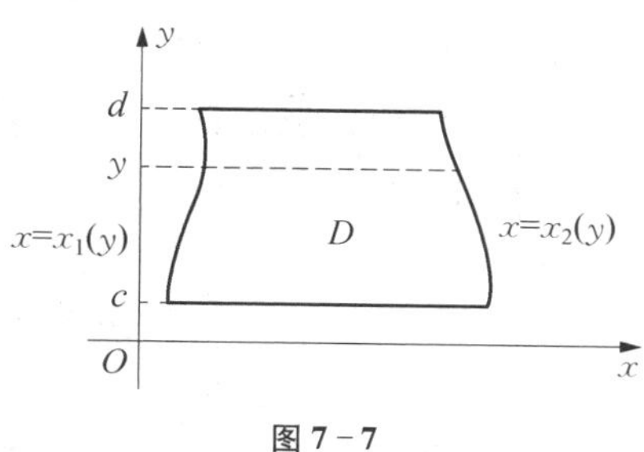

图7-7

类似地,对y-型区域,连续函数$f(x,\ y)$在D上的二重积分可以化为先x后y两次定积分进行计算

$$\iint_D f(x,\ y)\,\mathrm{d}\sigma=\int_c^d\left[\int_{x_1(y)}^{x_2(y)}f(x,\ y)\,\mathrm{d}x\right]\mathrm{d}y=\int_c^d\mathrm{d}y\int_{x_1(y)}^{x_2(y)}f(x,\ y)\,\mathrm{d}x. \qquad ③$$

即先把被积函数$f(x,\ y)$中的y看作常数,对x求定积分,其积分下限和上限分别为$x_1(y)$和$x_2(y)$. 然后再把第一次定积分所得的结果(一般是y的函数)再对y由c到d求定积分. 两个定积分的积分下限都必须小于积分上限.

注 公式②③不要求被积函数是非负的,对一般连续函数同样成立.

特别地,若积分区域D是矩形区域

$$D=\{(x,\ y)\mid a\leqslant x\leqslant b,\ c\leqslant y\leqslant d\},$$

则它既可看作x-型区域又可看作y-型区域,因而有

$$\iint_D f(x,\ y)\,\mathrm{d}\sigma=\int_a^b\mathrm{d}x\int_c^d f(x,\ y)\,\mathrm{d}y=\int_c^d\mathrm{d}y\int_a^b f(x,\ y)\,\mathrm{d}x. \qquad ④$$

又如果$f(x,\ y)=g(x)h(y)$,即被积函数关于两个自变量是**可分离的**,则④式就变成

$$\iint\limits_D f(x, y)\,d\sigma = \int_a^b dx\int_c^d g(x)h(y)\,dy = \int_c^d h(y)\,dy\int_a^b g(x)\,dx. \qquad ⑤$$

而⑤式右端是两个独立的定积分,计算非常方便.

通常称公式②③④右端的表达式为**二次积分**.

注 x-型(或 y-型)区域有如下几何特征:它的边界曲线与垂直于 x 轴(或垂直于 y 轴)的直线至多有两个交点.

若区域 D 既不是 x-型的又不是 y-型的区域,一般可以作辅助曲线把 D 分成有限个无公共内点的 x-型或者 y-型区域(如图 7-8 所示),区域 D 上的二重积分就等于各个部分区域上的积分之和,从而解决了一般区域上的二重积分的计算问题.

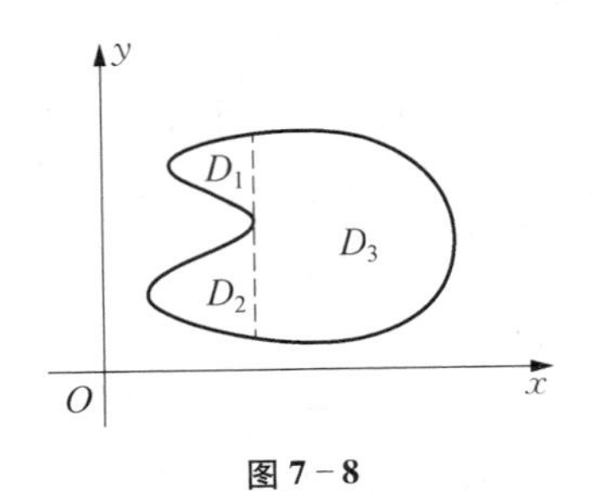

图 7-8

例 1 计算二重积分 $\iint\limits_D xy^2\,dxdy$,其中 D:(1) 是矩形区域:$\{(x, y) \mid 0 \leqslant x \leqslant 1, 1 \leqslant y \leqslant 3\}$;(2) 是由直线 $x = 2$、$y = x$ 及双曲线 $xy = 1$ 所围成的区域.

解 (1) 根据公式⑤,可得

$$\iint\limits_D xy^2\,dxdy = \int_0^1 x\,dx\int_1^3 y^2\,dy = \frac{1}{2}x^2\Big|_0^1 \cdot \frac{1}{3}y^3\Big|_1^3 = \frac{13}{3}.$$

(2) 区域 D 为图 7-9 所示的曲边三角形 ABC,它在 x 轴上的投影为区间[1, 2],积分区域 D 可看作 x-型区域

$$D = \left\{(x, y) \,\middle|\, \frac{1}{x} \leqslant y \leqslant x, 1 \leqslant x \leqslant 2\right\}.$$

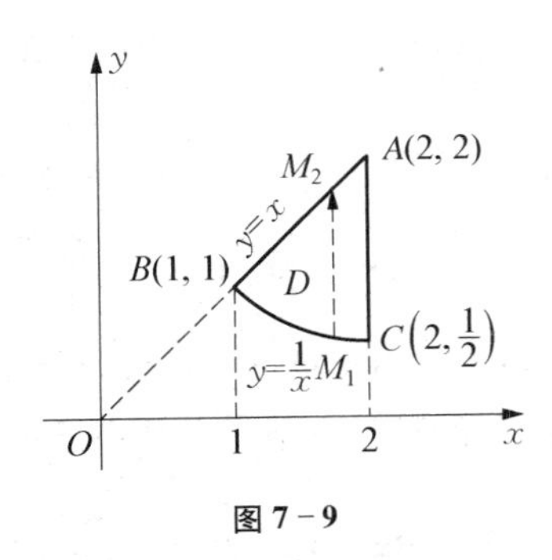

图 7-9

由公式②可以得到

$$\iint\limits_D xy^2\,dxdy = \int_1^2 dx\int_{\frac{1}{x}}^x xy^2\,dy = \int_1^2 \frac{1}{3}x[y^3]_{\frac{1}{x}}^x\,dx$$

$$= \frac{1}{3}\int_1^2\left(x^4 - \frac{1}{x^2}\right)dx = \frac{19}{10}.$$

思考 如果将(2)中积分区域 D 看作 y-型区域,如何计算?

例 2 计算二重积分 $\iint\limits_D (4 - x^2 - y^2)\,dxdy$,其中 $D = \left\{(x, y) \,\middle|\, 0 \leqslant x \leqslant \frac{3}{2}, 0 \leqslant y \leqslant 1\right\}$.

解 区域D的图形如图7－10所示.

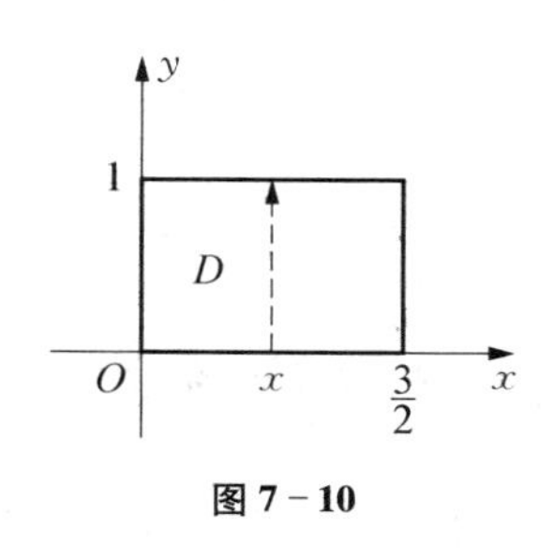

图7－10

若把区域看作x－型区域，由公式④得

$$\iint_D (4-x^2-y^2)\mathrm{d}x\mathrm{d}y = \int_0^{\frac{3}{2}}\mathrm{d}x\int_0^1 (4-x^2-y^2)\mathrm{d}y$$

$$= \int_0^{\frac{3}{2}}\mathrm{d}x\int_0^1 (4-x^2-y^2)\mathrm{d}y$$

$$= \int_0^{\frac{3}{2}}\left(\frac{11}{3}-x^2\right)\mathrm{d}x = \frac{35}{8}.$$

若将D看作y－型区域，由公式③得

$$\iint_D (4-x^2-y^2)\mathrm{d}\sigma\mathrm{d}x\mathrm{d}y = \int_0^1\mathrm{d}y\int_0^{\frac{3}{2}}(4-x^2-y^2)\mathrm{d}x = \frac{35}{8}.$$

例3 计算二重积分$\iint\limits_D (x^2+y^2)\mathrm{d}x\mathrm{d}y$，其中$D$是由直线$y=x$、$y=1$、$y=3$及$y=1+x$所围成的区域.

解法一 把区域D看作y－型区域，如图7－11(a)所示. 将D表示为$D=\{(x,\ y)\mid y-1\leqslant x\leqslant y,\ 1\leqslant y\leqslant 3\}$，则

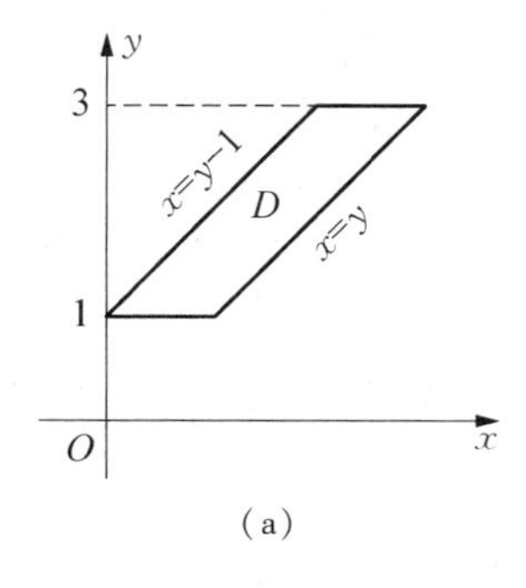

(a)

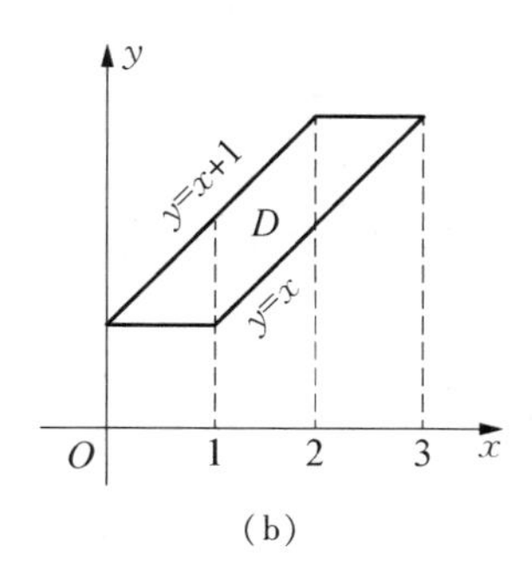

(b)

图7－11

$$\iint_D (x^2+y^2)\mathrm{d}x\mathrm{d}y = \int_1^3\mathrm{d}y\int_{y-1}^{y}(x^2+y^2)\mathrm{d}x = \int_1^3\left[\frac{x^3}{3}+xy^2\right]_{y-1}^{y}\mathrm{d}y$$

$$= \int_1^3\left(2y^2-y+\frac{1}{3}\right)\mathrm{d}y = 14.$$

解法二 把区域D看成x－型区域，如图7－11(b)所示，必须把D分成D_1、D_2和D_3三个区域，它们分别表示为

$$D_1=\{(x,y)\mid 1\leqslant y\leqslant 1+x,\ 0\leqslant x\leqslant 1\},$$

$$D_2=\{(x,y)\mid x\leqslant y\leqslant 1+x,\ 1\leqslant x\leqslant 2\},$$

$$D_3=\{(x,y)\mid x\leqslant y\leqslant 3,\ 2\leqslant x\leqslant 3\}.$$

这样,二重积分就化为

$$\iint_D(x^2+y^2)\mathrm{d}x\mathrm{d}y=\iint_{D_1}(x^2+y^2)\mathrm{d}x\mathrm{d}y+\iint_{D_2}(x^2+y^2)\mathrm{d}x\mathrm{d}y+\iint_{D_3}(x^2+y^2)\mathrm{d}x\mathrm{d}y$$

$$=\int_0^1\mathrm{d}x\int_1^{1+x}(x^2+y^2)\mathrm{d}y+\int_1^2\mathrm{d}x\int_x^{1+x}(x^2+y^2)\mathrm{d}y+\int_2^3\mathrm{d}x\int_x^3(x^2+y^2)\mathrm{d}y=14.$$

从上述两种解法的计算过程来看,这个二重积分采用先对 x 再对 y 的二次积分(即把 D 看成 y-型区域)比先对 y 再对 x 的二次积分(即把 D 看作 x-型区域)要简便.

例 4 计算二重积分 $\iint_D x^2\mathrm{e}^{-y^2}\mathrm{d}x\mathrm{d}y$,其中 D 是由直线 $x=0$、$y=1$ 及 $y=x$ 所围成的区域.

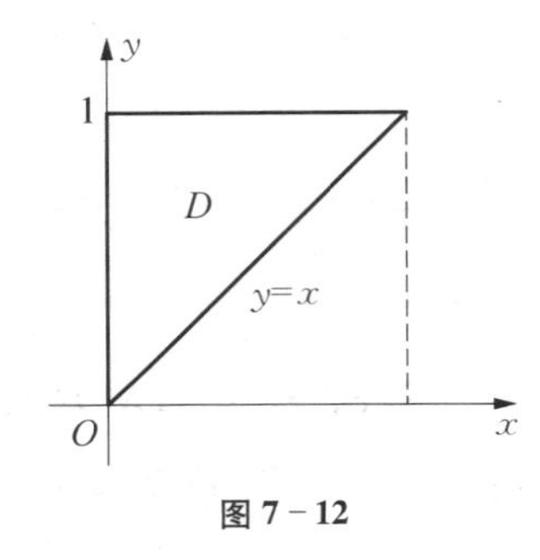

图 7-12

解 积分区域 D 如图 7-12 所示.

将 D 看作 y-型区域

$$D=\{(x,y)\mid 0\leqslant x\leqslant y,\ 0\leqslant y\leqslant 1\},$$

则有

$$\iint_D x^2\mathrm{e}^{-y^2}\mathrm{d}x\mathrm{d}y=\int_0^1\mathrm{d}y\int_0^y x^2\mathrm{e}^{-y^2}\mathrm{d}x=\frac{1}{3}\int_0^1 y^3\mathrm{e}^{-y^2}\mathrm{d}y=\frac{1}{6}\int_0^1 y^2\mathrm{e}^{-y^2}\mathrm{d}y^2$$

$$=\frac{-1}{6}\int_0^1 y^2\mathrm{d}\mathrm{e}^{-y^2}=-\frac{1}{6}\left[y^2\mathrm{e}^{-y^2}\right]_0^1+\frac{1}{6}\int_0^1\mathrm{e}^{-y^2}\mathrm{d}y^2=\frac{1}{6}-\frac{1}{3e}.$$

若把 D 看作 x-型区域 $D=\{(x,y)\mid x\leqslant y\leqslant 1,\ 0\leqslant x\leqslant 1\}$,

则

$$\iint_D x^2\mathrm{e}^{-y^2}\mathrm{d}x\mathrm{d}y=\int_0^1\mathrm{d}x\int_x^1 x^2\mathrm{e}^{-y^2}\mathrm{d}y=\int_0^1 x^2\left(\int_x^1\mathrm{e}^{-y^2}\mathrm{d}y\right)\mathrm{d}x.$$

由于 e^{-y^2} 的原函数不能用初等函数表示,此时就无法进行计算了.这是一个典型的计算二重积分必须要考虑积分次序的例子.

例 5 交换二次积分 $\int_0^1\mathrm{d}x\int_x^{\sqrt{x}}f(x,y)\mathrm{d}y$ 的积分次序.

解 若把这个二次积分看成是由二重积分 $\iint_D f(x,y)\mathrm{d}\sigma$ 转化的,则由二次积分的积分次序与积分限可知，积分区域 $D=\{(x,y)\mid x\leqslant y\leqslant\sqrt{x},\ 0\leqslant x\leqslant 1\}$，如图 7－13 所示，若把 D 看成 y－型区域，则

$$D=\{(x,y)\mid y^2\leqslant x\leqslant y,\ 0\leqslant y\leqslant 1\}.$$

由此得到先对 x 后对 y 的二次积分

$$\int_0^1 dx\int_x^{\sqrt{x}} f(x,y)dy=\iint_D f(x,y)dxdy=\int_0^1 dy\int_{y^2}^{y} f(x,y)dx.$$

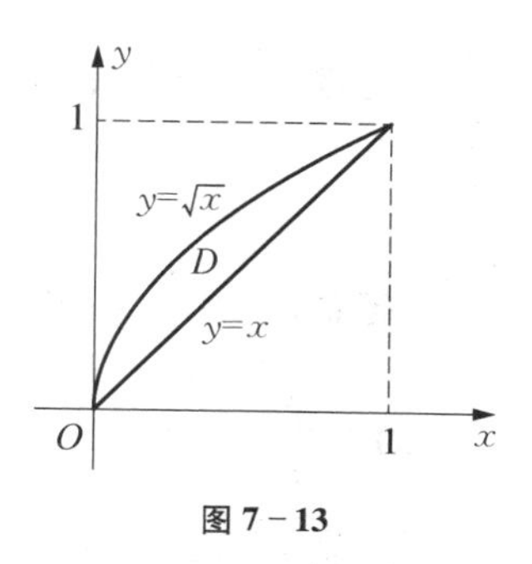

图 7－13

例 6 计算二次积分 $\int_0^1 dx\int_x^1 \frac{\sin y}{y}dy$.

解 因为 $\frac{\sin y}{y}$ 的原函数不是初等函数，故不能直接计算这个二次积分. 可采用交换积分次序的方法. 由二次积分的积分次序与积分限可知，积分区域 $D=\{(x,y)\mid x\leqslant y\leqslant 1,\ 0\leqslant x\leqslant 1\}$，如图 7－12 所示. 将其表示成 y－型区域

$$D=\{(x,y)\mid 0\leqslant x\leqslant y,\ 0\leqslant y\leqslant 1\},$$

从而有

$$\int_0^1 dx\int_x^1 \frac{\sin y}{y}dy=\int_0^1 dy\int_0^y \frac{\sin y}{y}dx=\int_0^1 \frac{\sin y}{y}\cdot[x]_0^y dy=\int_0^1 \sin y dy=\sin 1.$$

二、利用对称性和奇偶性计算二重积分

与定积分类似，积分区域的对称性和被积函数的奇偶性在计算二重积分时也十分有用. 下面作一个简单的介绍.

(1) 若积分区域 D 关于 x 轴对称，记 $D_1=\{(x,y)\mid (x,y)\in D,\ y\geqslant 0\}$，$D_1$ 为 D 在 x 轴上方的部分，则

当 $f(x,-y)=f(x,y)$ 时，有 $\iint_D f(x,y)d\sigma=2\iint_{D_1} f(x,y)d\sigma$；

当 $f(x,-y)=-f(x,y)$ 时，有 $\iint_D f(x,y)d\sigma=0$.

(2) 若积分区域 D 关于 y 轴对称，记 $D_2=\{(x,y)\mid (x,y)\in D,\ x\geqslant 0\}$，$D_2$ 为 D 在 y 轴右方的部分，则

当 $f(-x,y)=f(x,y)$ 时，有 $\iint_D f(x,y)d\sigma=2\iint_{D_2} f(x,y)d\sigma$；

当 $f(-x,y)=-f(x,y)$ 时，有 $\iint_D f(x,y)d\sigma=0$.

思考 如何用定积分在对称区间上偶(奇)函数积分的性质来解释以上这些结论?

例 7 计算二重积分 $\iint\limits_D y[1+x\sin(x^2+y^2)]\mathrm{d}x\mathrm{d}y$,其中 D 是由曲线 $y=4-x^2$ 和 $y=0$ 所围成.

解 $\iint\limits_D y[1+x\sin(x^2+y^2)]\mathrm{d}x\mathrm{d}y=\iint\limits_D y\mathrm{d}x\mathrm{d}y+\iint\limits_D xy\sin(x^2+y^2)\mathrm{d}x\mathrm{d}y$,

如图 7-14 所示,区域 D 关于 y 轴对称,记 $D_1=\{(x,y)\mid 0\leqslant y\leqslant 4-x^2,\ 0\leqslant x\leqslant 2\}$. 令 $f(x,y)=xy\sin(x^2+y^2)$,则有 $f(-x,y)=-f(x,y)$,所以

$$\iint\limits_D xy\sin(x^2+y^2)\mathrm{d}x\mathrm{d}y=0.$$

令 $g(x,y)=y$,则有 $g(-x,y)=g(x,y)$,所以

$$\iint\limits_D y\mathrm{d}x\mathrm{d}y=2\iint\limits_{D_1} y\mathrm{d}x\mathrm{d}y.$$

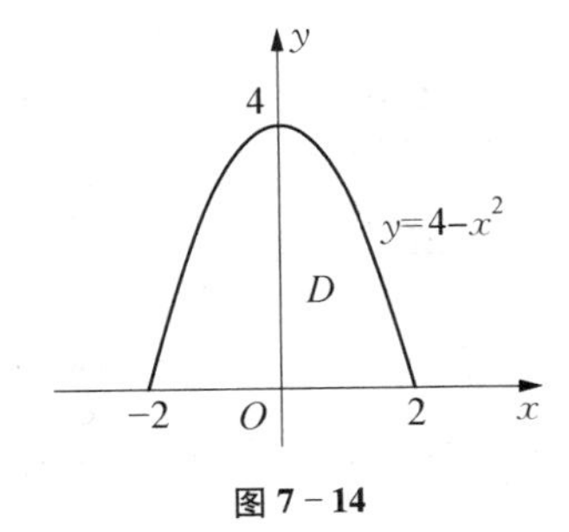

图 7-14

从而

$$\begin{aligned}\iint\limits_D y[1+x\sin(x^2+y^2)]\mathrm{d}x\mathrm{d}y&=2\iint\limits_{D_1} y\mathrm{d}x\mathrm{d}y+0=2\int_0^2\mathrm{d}x\int_0^{4-x^2}y\mathrm{d}y\\&=\int_0^2(16-8x^2+x^4)\mathrm{d}x=\left[16x-\frac{8}{3}x^3+\frac{1}{5}x^5\right]_0^2\\&=32-\frac{224}{15}=\frac{256}{15}.\end{aligned}$$

三、极坐标系中二重积分的计算

设 $f(x,y)$ 在平面区域 D 上连续,如图 7-15(a)所示,我们可以用极坐标中一族同心圆(方程为 $r=$常数)和一族始于极点的射线(方程为 $\theta=$常数)来分割积分区域 D,设它们把 D 分成 n 个小区域.

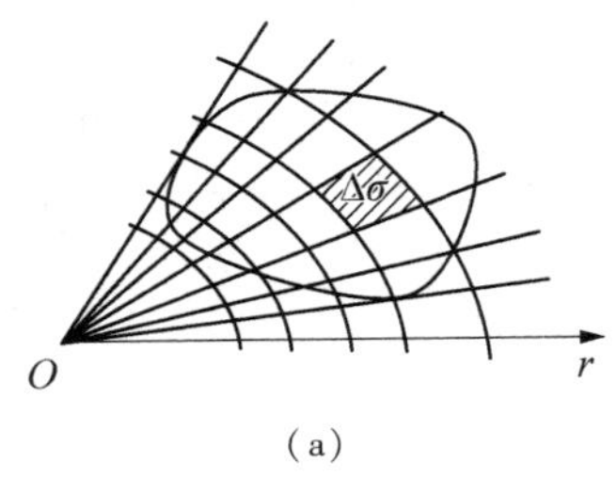

(a)

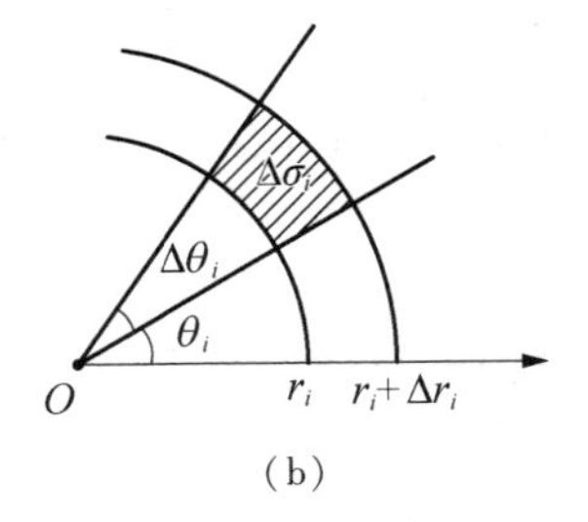

(b)

图 7-15

$$\Delta\sigma_1,\ \Delta\sigma_2,\ \cdots,\ \Delta\sigma_n,$$

如图 7－15(b)所示，$\Delta\sigma_i$ 的面积仍然记作 $\Delta\sigma_i$，则

$$\begin{aligned}\Delta\sigma_i &= \frac{1}{2}[(r_i+\Delta r_i)^2\Delta\theta_i - r_i^2\Delta\theta_i] = \left(r_i + \frac{1}{2}\Delta r_i\right)\Delta r_i\Delta\theta_i \\ &= r_i\Delta r_i\Delta\theta_i + \frac{1}{2}(\Delta r_i)^2\Delta\theta_i \approx r_i\Delta r_i\Delta\theta_i. \quad (i=1,\ 2,\ \cdots,\ n)\end{aligned}$$

根据微元法，就得到在极坐标下面积元素 $\mathrm{d}\sigma = r\mathrm{d}r\mathrm{d}\theta$，由极坐标与直角坐标之间的关系

$$\begin{cases} x = r\cos\theta, \\ y = r\sin\theta, \end{cases}$$

从而在直角坐标系中的二重积分可化为在极坐标系中的二重积分：

$$\iint\limits_D f(x,\ y)\mathrm{d}\sigma = \iint\limits_D f(r\cos\theta,\ r\sin\theta)r\mathrm{d}r\mathrm{d}\theta. \qquad ⑥$$

如同在直角坐标系中的二重积分可以化为二次积分一样，极坐标系中的二重积分也可以化为二次积分. 下面对积分区域分三种情形讨论.

(1) 如果积分区域 D 如图 7－16 所示，D 是由过极点的两条射线 $\theta=\alpha$、$\theta=\beta$ 和区间$[\alpha,\ \beta]$上的连续曲线 $r=r_1(\theta)$、$r=r_2(\theta)$ 所围成，极点在 D 的外部，则

$$D = \{(r,\ \theta)\mid r_1(\theta)\leqslant r\leqslant r_2(\theta),\ \alpha\leqslant\theta\leqslant\beta\}.$$

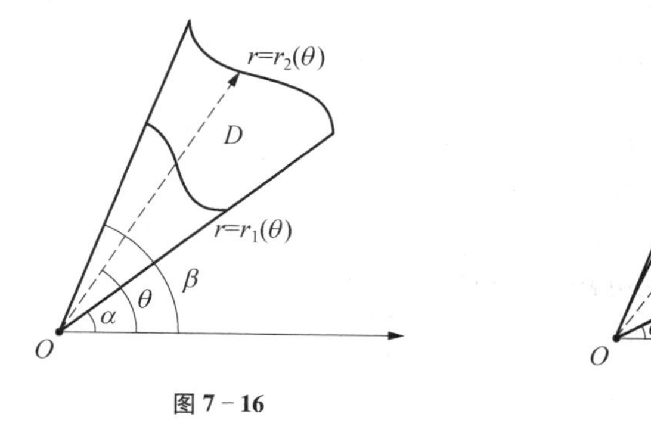

图 7－16

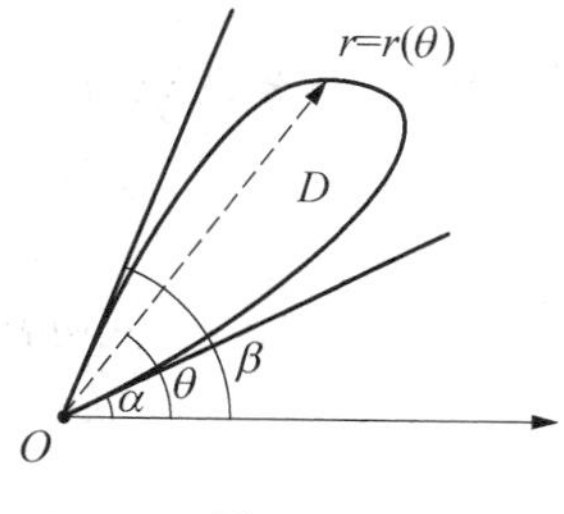

图 7－17

此时⑥式的右边的二重积分可化为先对 r 再对 θ 的二次积分

$$\iint\limits_D f(r\cos\theta,\ r\sin\theta)r\mathrm{d}r\mathrm{d}\theta = \int_\alpha^\beta \mathrm{d}\theta\int_{r_1(\theta)}^{r_2(\theta)} f(r\cos\theta,\ r\sin\theta)r\mathrm{d}r. \qquad ⑦$$

(2) 如果积分区域 D 如图 7－17 所示，D 是由区间$[\alpha,\ \beta]$上的连续曲线 $r=r(\theta)$ 所围成，极点 O 在区域 D 的边界上，则

$$D = \{(r,\ \theta)\mid 0\leqslant r\leqslant r(\theta),\ \alpha\leqslant\theta\leqslant\beta\},$$

于是⑥式的右边的二重积分可化为先对 r 后对 θ 的二次积分

$$\iint\limits_D f(r\cos\theta,\ r\sin\theta)r\mathrm{d}r\mathrm{d}\theta = \int_\alpha^\beta \mathrm{d}\theta\int_0^{r(\theta)} f(r\cos\theta,\ r\sin\theta)r\mathrm{d}r. \tag{⑧}$$

(3) 如果积分区域 D 如图 7-18 所示,D 是由区间 $[0,\ 2\pi]$ 上的连续曲线 $r=r(\theta)$ 所围成,极点 O 在区域 D 的内部,则

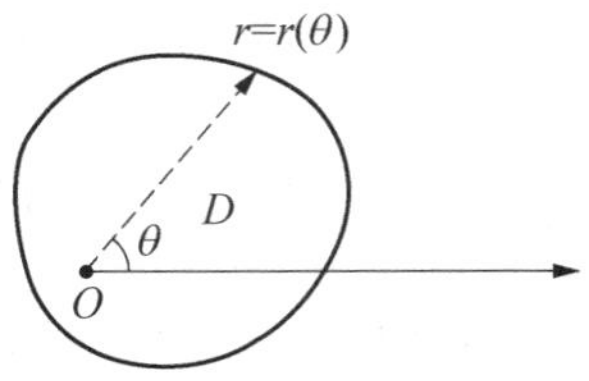

$$D=\{(r,\ \theta)\mid 0\leqslant r\leqslant r(\theta),\ 0\leqslant\theta\leqslant 2\pi\},$$

图 7-18

这时二重积分化为先对 r 后对 θ 的二次积分

$$\iint\limits_D f(r\cos\theta,\ r\sin\theta)r\mathrm{d}r\mathrm{d}\theta = \int_0^{2\pi} \mathrm{d}\theta\int_0^{r(\theta)} f(r\cos\theta,\ r\sin\theta)r\mathrm{d}r. \tag{⑨}$$

特别地,如果积分区域 D 是圆心在极点、半径为 a 的圆形区域,即

$$D=\{(r,\ \theta)\mid 0\leqslant r\leqslant a,\ 0\leqslant\theta\leqslant 2\pi\},$$

则二重积分化为先对 r 后对 θ 的二次积分

$$\iint\limits_D f(r\cos\theta,\ r\sin\theta)r\mathrm{d}r\mathrm{d}\theta = \int_0^{2\pi} \mathrm{d}\theta\int_0^{a} f(r\cos\theta,\ r\sin\theta)r\mathrm{d}r. \tag{⑩}$$

思考 积分区域或被积函数在何种情形下,用极坐标计算二重积分会比较容易?请结合下面例子考虑.

例 8 计算二重积分 $\iint\limits_D \sin\sqrt{x^2+y^2}\,\mathrm{d}\sigma$,其中 D 是环形区域:$\{(r,\ \theta)\mid \pi^2\leqslant x^2+y^2\leqslant 4\pi^2\}$.

解 在极坐标系中,积分区域为 $D=\{(r,\ \theta)\mid \pi\leqslant r\leqslant 2\pi,\ 0\leqslant\theta\leqslant 2\pi\}$,被积函数为 $\sin r$,于是

$$\begin{aligned}\iint\limits_D \sin\sqrt{x^2+y^2}\,\mathrm{d}\sigma &= \iint\limits_D \sin r\cdot r\mathrm{d}r\mathrm{d}\theta = \int_0^{2\pi}\mathrm{d}\theta\int_\pi^{2\pi} r\sin r\mathrm{d}r \\ &= \int_0^{2\pi}[-r\cos r+\sin r]_\pi^{2\pi}\mathrm{d}\theta \\ &= -\int_0^{2\pi}3\pi\mathrm{d}\theta = -6\pi^2.\end{aligned}$$

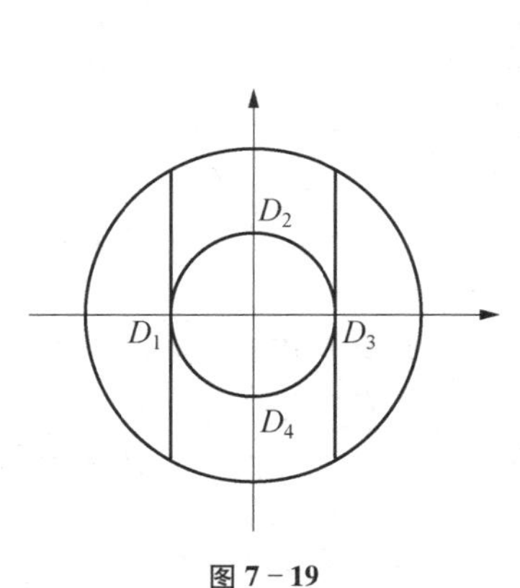

图 7-19

如果在直角坐标系中计算上述二重积分,则要把 D 分成如图 7-19 所示的四个小区域 D_1、D_2、D_3、D_4,且在每个小区域上将会遇到十分复杂的二次积分计算.

二重积分用来求立体的体积、平面图形的面积也是十分方便的.

例 9 求由球面 $x^2+y^2+z^2=a^2$ 与柱面 $x^2+y^2=ax$ 所围成的立体（包含点 $\left(\frac{a}{2},0,0\right)$ 的部分）的体积 V.（常数 $a>0$）

解 该立体可看作由四个卦限中的部分立体组成，图 7－20 显示的是在第一卦限部分的立体，该部分立体可看作是曲顶柱体，由对称性可得

$$V=4\iint_D\sqrt{a^2-x^2-y^2}\,\mathrm{d}\sigma,$$

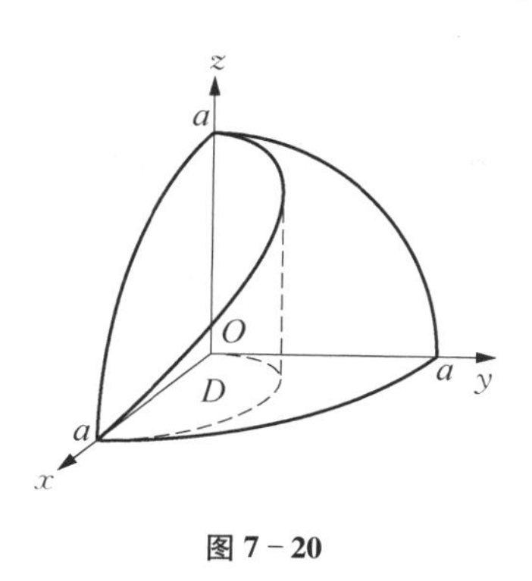

图 7－20

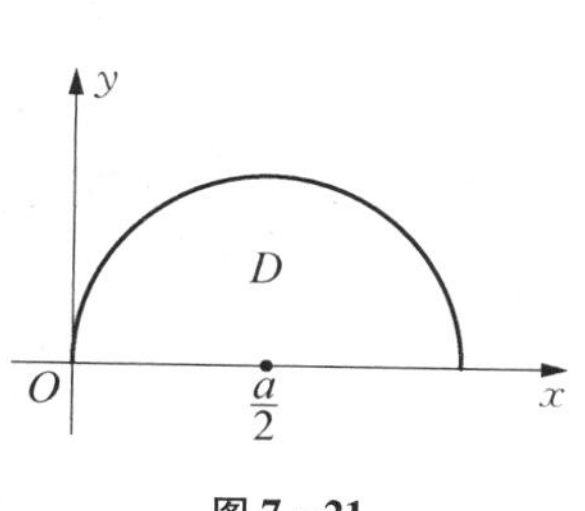

图 7－21

积分区域 D 是由半圆 $y=\sqrt{ax-x^2}$ 与 x 轴所围成的区域（图 7－21），而曲线 $y=\sqrt{ax-x^2}$ 在极坐标系中的方程为

$$r=a\cos\theta,\text{其中 }0\leqslant\theta\leqslant\frac{\pi}{2},$$

因极点 O 在区域 D 的边界上，由⑧式可得

$$\begin{aligned}V&=4\iint_D\sqrt{a^2-r^2}\,r\mathrm{d}r\mathrm{d}\theta=4\int_0^{\frac{\pi}{2}}\mathrm{d}\theta\int_0^{a\cos\theta}\sqrt{a^2-r^2}\,r\mathrm{d}r\\&=4\int_0^{\frac{\pi}{2}}\left[-\frac{1}{3}(a^2-r^2)^{\frac{3}{2}}\right]_0^{a\cos\theta}\mathrm{d}\theta=\frac{4}{3}a^3\int_0^{\frac{\pi}{2}}(1-\sin^3\theta)\,\mathrm{d}\theta\\&=\frac{2}{3}a^3\left(\pi-\frac{4}{3}\right).\end{aligned}$$

注 $\int_0^{\frac{\pi}{2}}\sin^3\theta\mathrm{d}\theta=\frac{2}{3}$（见 5.6 节例 11）.

例 10 求双纽线 $r^2=a^2\cos 2\theta$ 所围成的平面图形的面积.

解 如图 7－22 所示，利用图形的对称性，所求面积为

$$A = 4\iint\limits_{D} \mathrm{d}\sigma,$$

其中积分区域为

$$D = \left\{(r, \theta) \,\middle|\, 0 \leqslant r \leqslant a\sqrt{\cos 2\theta},\ 0 \leqslant \theta \leqslant \frac{\pi}{4}\right\},$$

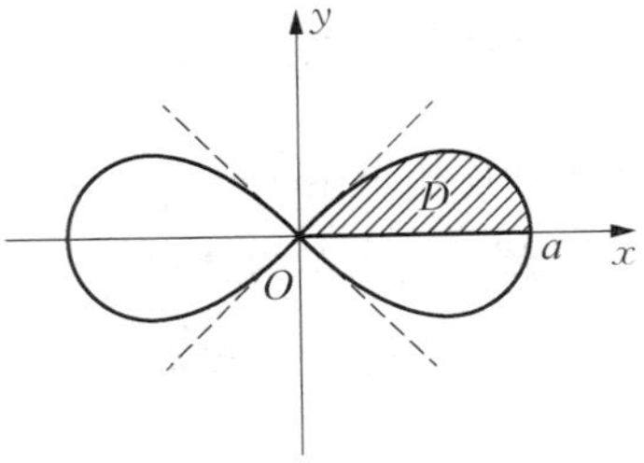

图 7 - 22

于是

$$A = 4\iint\limits_{D} \mathrm{d}\sigma = 4\int_0^{\frac{\pi}{4}} \mathrm{d}\theta \int_0^{a\sqrt{\cos 2\theta}} r\mathrm{d}r = 4\int_0^{\frac{\pi}{4}} \frac{a^2}{2}\cos 2\theta \mathrm{d}\theta = a^2 \sin 2\theta \Big|_0^{\frac{\pi}{4}} = a^2.$$

对于某些简单的无界区域上的二重积分,可以用类似于无穷区间广义积分的方法处理.

例 11 计算二重积分 $\iint\limits_{D_R} \mathrm{e}^{-(x^2+y^2)} \mathrm{d}\sigma$,其中 D_R 是圆域:$\{(x, y) \mid x^2 + y^2 \leqslant R^2\}$,并由此证明概率积分

$$J = \int_0^{+\infty} \mathrm{e}^{-x^2} \mathrm{d}x = \frac{\sqrt{\pi}}{2}. \tag{11}$$

解 在极坐标中积分区域 $D_R = \{(r, \theta) \mid 0 \leqslant r \leqslant R,\ 0 \leqslant \theta \leqslant 2\pi\}$,被积函数 $f(r, \theta) = \mathrm{e}^{-r^2}$. 于是

$$\iint\limits_{D_R} \mathrm{e}^{-(x^2+y^2)} \mathrm{d}\sigma = \int_0^{2\pi} \mathrm{d}\theta \int_0^R \mathrm{e}^{-r^2} r\mathrm{d}r = \int_0^{2\pi} \left[-\frac{1}{2}\mathrm{e}^{-r^2}\right]_0^R \mathrm{d}\theta \tag{12}$$

$$= \pi(1 - \mathrm{e}^{-R^2}).$$

设 $D = \{(r, \theta) \mid 0 \leqslant r < +\infty,\ 0 \leqslant \theta \leqslant 2\pi\}$① 是整个平面区域,则 $D = \lim\limits_{R \to +\infty} D_R$,于是

$$\iint\limits_{D} \mathrm{e}^{-(x^2+y^2)} \mathrm{d}\sigma = \lim_{R \to +\infty} \iint\limits_{D_R} \mathrm{e}^{-(x^2+y^2)} \mathrm{d}\sigma = \lim_{R \to +\infty} \pi(1 - \mathrm{e}^{-R^2}) = \pi.$$

令 $D_1 = \{(x, y) \mid 0 \leqslant x < +\infty,\ 0 \leqslant y < +\infty\}$② 为平面的第一象限,注意到被积函数 $\mathrm{e}^{-(x^2+y^2)}$ 是关于 x、y 的偶函数,于是

$$J^2 = \int_0^{+\infty} \mathrm{e}^{-x^2} \mathrm{d}x \cdot \int_0^{+\infty} \mathrm{e}^{-y^2} \mathrm{d}y = \int_0^{+\infty} \mathrm{d}x \cdot \int_0^{+\infty} \mathrm{e}^{-(x^2+y^2)} \mathrm{d}y$$

$$= \iint\limits_{D_1} \mathrm{e}^{-(x^2+y^2)} \mathrm{d}\sigma = \frac{1}{4}\iint\limits_{D} \mathrm{e}^{-(x^2+y^2)} \mathrm{d}\sigma = \frac{\pi}{4}.$$

---

① D 在直角坐标中表示为 $D = \{(x, y) \mid -\infty < x < +\infty,\ -\infty < y < +\infty\}$.

② D_1 在极坐标中表示为 $D_1 = \left\{(r, \theta) \,\middle|\, 0 \leqslant r < +\infty,\ 0 \leqslant \theta \leqslant \frac{\pi}{2}\right\}$.

即

$$J=\frac{\sqrt{\pi}}{2}.$$

注1 例11涉及到广义二重积分,这里避免讨论广义二重积分的概念和理论,而提供了一个处理此类问题的方法.

注2 在直角坐标系中,例11是无法求出结果的.

注3 求概率积分 J 是利用了第一象限这样的无界区域,该区域在直角坐标中可看作"方形"区域 $D_1=\{(x,y)\mid 0\leqslant x<+\infty,0\leqslant y<+\infty\}$,在极坐标中可看作"圆形"区域 $D_1=\left\{(r,\theta)\middle| 0\leqslant r<+\infty,0\leqslant\theta\leqslant\frac{\pi}{2}\right\}$.

例12 计算 $\iint\limits_D\frac{y^3}{(1+x^2+y^4)^2}\mathrm{d}x\mathrm{d}y$,其中 D 是无界闭区域 $\{(x,y)\mid 0\leqslant x<+\infty,0\leqslant y\leqslant\sqrt{x}\}$.

解
$$\begin{aligned}\iint\limits_D\frac{y^3}{(1+x^2+y^4)^2}\mathrm{d}x\mathrm{d}y&=\int_0^{+\infty}\mathrm{d}x\int_0^{\sqrt{x}}\frac{y^3}{(1+x^2+y^4)^2}\mathrm{d}y\\&=\int_0^{+\infty}\mathrm{d}x\int_0^{\sqrt{x}}\frac{1}{4}\frac{1}{(1+x^2+y^4)^2}\mathrm{d}(1+x^2+y^4)\\&=-\frac{1}{4}\int_0^{+\infty}\frac{1}{1+x^2+y^4}\bigg|_0^{\sqrt{x}}\mathrm{d}x=-\frac{1}{4}\int_0^{+\infty}\left(\frac{1}{1+2x^2}-\frac{1}{1+x^2}\right)\mathrm{d}x\\&=-\frac{1}{4}\left[\frac{1}{\sqrt{2}}\arctan\sqrt{2}x-\arctan x\right]_0^{+\infty}=\frac{2-\sqrt{2}}{16}\pi.\end{aligned}$$

接下来用一个例子介绍轮换对称性.

***例13** 计算 $\iint\limits_D\frac{x\sin(\pi\sqrt{x^2+y^2})}{x+y}\mathrm{d}x\mathrm{d}y$,其中 $D=\{(x,y)\mid 1\leqslant x^2+y^2\leqslant 4,x\geqslant 0,y\geqslant 0\}$.

解 如图7-23所示,区域 D 是关于直线 $y=x$ 对称,满足轮换对称性,即

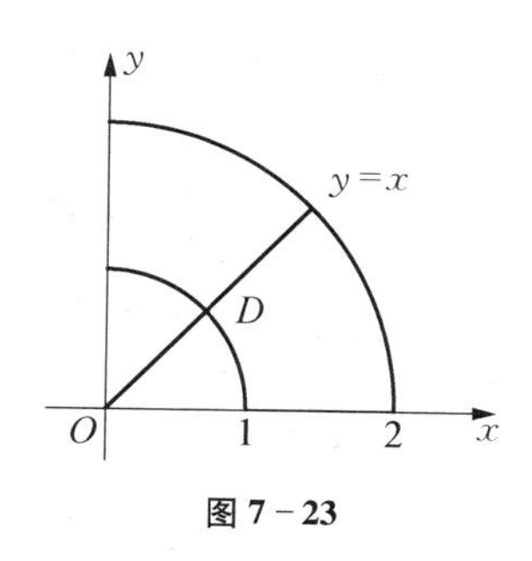

图7-23

$$\iint\limits_D\frac{x\sin(\pi\sqrt{x^2+y^2})}{x+y}\mathrm{d}x\mathrm{d}y=\iint\limits_D\frac{y\sin(\pi\sqrt{y^2+x^2})}{y+x}\mathrm{d}x\mathrm{d}y,$$

于是

$$\iint_D \frac{x\sin(\pi\sqrt{x^2+y^2})}{x+y}\mathrm{d}x\mathrm{d}y = \frac{1}{2}\iint_D \left[\frac{x\sin(\pi\sqrt{x^2+y^2})}{x+y} + \frac{y\sin(\pi\sqrt{x^2+y^2})}{x+y}\right]\mathrm{d}x\mathrm{d}y$$

$$= \frac{1}{2}\iint_D \sin(\pi\sqrt{x^2+y^2})\mathrm{d}x\mathrm{d}y = \frac{1}{2}\int_0^{\frac{\pi}{2}}\mathrm{d}\theta\int_1^2 \sin(\pi r)\cdot r\mathrm{d}r$$

$$= \frac{\pi}{4}\left(-\frac{1}{\pi}\right)\int_1^2 r\mathrm{d}\cos(\pi r) = -\frac{1}{4}\left[r\cos(\pi r) - \frac{1}{\pi}\sin(\pi r)\right]_1^2$$

$$= -\frac{3}{4}.$$

本节学习要点

习题 7.2

1. 将二重积分 $\iint_D f(x, y)\mathrm{d}\sigma$ 分别化为两种次序的二次积分,其中 D 为下列区域:

(1) 以点(0, 0)、(2, 0)、(1, 1)顶点的三角形区域;

(2) 由曲线 $y=x^2$ 和直线 $y=1$ 所围成的区域;

(3) 圆域 $\{(x, y) \mid x^2+(y-a)^2 \leqslant a^2\}$.

2. 画出下列二次积分所对应的二重积分的积分区域,并交换其积分次序:

(1) $\int_1^3 \mathrm{d}y\int_{-y}^{2y} f(x, y)\mathrm{d}x$;　　(2) $\int_1^{\mathrm{e}} \mathrm{d}x\int_0^{\ln x} f(x, y)\mathrm{d}y$.

3. 计算下列二重积分:

(1) $\iint_D x\ln y\mathrm{d}\sigma$,其中 $D=\{(x, y) \mid 0 \leqslant x \leqslant 4, 1 \leqslant y \leqslant \mathrm{e}\}$;

(2) $\iint_D (\cos^2 x+\sin^2 y)\mathrm{d}\sigma$,其中 $D=\left\{(x, y) \,\middle|\, 0 \leqslant x \leqslant \frac{\pi}{4}, 0 \leqslant y \leqslant \frac{\pi}{4}\right\}$;

(3) $\iint_D xy^2\mathrm{d}\sigma$,其中 D 是由抛物线 $y^2=2px$ 与直线 $x=\frac{p}{2}(p>0)$ 所围成的区域;

(4) $\iint_D x(x+y)\mathrm{d}x\mathrm{d}y$,其中 $D=\{(x, y) \mid x^2+y^2 \leqslant 2, y \geqslant x^2\}$;

(5) $\iint_D \sqrt{x}\mathrm{d}\sigma$,其中 $D=\{(x, y) \mid x^2+y^2 \leqslant x\}$;

(6) $\iint_D (x-y)\mathrm{d}\sigma$,其中 D 是由曲线 $y=2-x^2$ 与直线 $y=2x-1$ 所围成的区域.

4. 在极坐标系中计算下列二重积分:

(1) $\iint_D \frac{\sin\sqrt{x^2+y^2}}{\sqrt{x^2+y^2}}\mathrm{d}\sigma$,其中 $D=\left\{(x, y) \,\middle|\, \frac{\pi^2}{9} \leqslant x^2+y^2 \leqslant \pi^2\right\}$;

(2) $\iint\limits_D \sqrt{R^2 - x^2 - y^2}\,d\sigma$,其中 $D = \{(x, y) \mid x^2 + y^2 \leqslant Rx\}$.

5. 利用二重积分求下列平面图形的面积:

(1) 由抛物线 $y^2 = 2x + 1$、$y^2 = -4x + 4$ 所围成的平面图形;

(2) 由双纽线 $(x^2 + y^2)^2 = 2a^2(x^2 - y^2)$ 所围区域的内部、圆 $x^2 + y^2 = a^2$ 所围区域的外部所组成的平面图形.

6. 求由锥面 $z = \sqrt{x^2 + y^2}$ 以及旋转抛物面 $z = 6 - x^2 - y^2$ 所围成的立体的体积.

7. 求以圆域 $\{(x, y) \mid x^2 + y^2 \leqslant a^2\}$ 为底,以 $z = e^{-(x^2+y^2)}$ 为顶的曲顶柱体的体积.

8. 求由曲面 $z = 1 + x + y$ 及平面 $x + y = 1$、$z = 0$、$x = 0$、$y = 0$ 所围成的立体的体积.

9. 计算二重积分 $\iint\limits_D (x + y)^2\,dx\,dy$,其中 $D = \{(x, y) \mid x^2 + y^2 \leqslant 2y\}$.

10. 计算二重积分 $\iint\limits_D x\,dx\,dy$,其中 $D = \{(x, y) \mid x \leqslant y \leqslant \sqrt{2x - x^2}\}$.

11. 设 D 是由直线 $y = x - 2$ 和抛物线 $y^2 = x$ 所围成的有界区域,计算 $\iint\limits_D xy\,dx\,dy$.

12. 选择合适的积分次序计算 $\iint\limits_D x^2 e^{-y^2}\,dx\,dy$,其中 D 是以 $(0, 0)$、$(1, 1)$、$(0, 1)$ 为顶点的三角形区域.

13. 利用对称性计算 $I = \iint\limits_D (x^2 + xye^{x^2+y^2})\,dx\,dy$,其中 D 是下列区域:

(1) 圆域 $\{(x, y) \mid x^2 + y^2 \leqslant 1\}$;

(2) 由直线 $y = x$、$y = -1$、$x = 1$ 所围成的区域.

14. 计算二重积分 $\iint\limits_D \frac{1}{x^4 + y^2}\,dx\,dy$,其中 D 是无界区域 $\{(x, y) \mid x \geqslant 1,\ y \geqslant x^2\}$.

总练习题

1. 利用二重积分的几何意义计算下列二重积分:

(1) $\iint\limits_D \sqrt{R^2 - x^2 - y^2}\,dx\,dy$,其中 $D = \{(x, y) \mid x^2 + y^2 \leqslant R^2\}$;

(2) $\iint\limits_D (1 - x - y)\,dx\,dy$,其中 D 是由平面 $x + y = 1$、$x = 0$、$y = 0$ 所围成的有界闭区域.

2. 计算下列二重积分:

(1) $\iint\limits_D \operatorname{sgn}(y - x^2)\,dx\,dy$,其中符号函数 $\operatorname{sgn} x = \begin{cases} 1, & x > 0, \\ 0, & x = 0, \\ -1, & x < 0, \end{cases}$ $D = \{(x, y) \mid 0 \leqslant x \leqslant 1,$

$0 \leqslant y \leqslant 1\}$;

(2) $\iint\limits_D (|x-y|+2)\,dxdy$,其中 D 是圆域 $\{(x, y) \mid x^2+y^2 \leqslant 1\}$ 在第一象限的部分.

3. 计算 $\iint\limits_D (x-y)^2\,dxdy$,其中 D 是由直线 $y=x$、圆 $x^2+y^2=2y$ 以及 y 轴所围成的有界区域.

4. 计算 $\iint\limits_D \frac{dxdy}{(1+x^2+y^2)^2}$,其中 D 为双纽线在右半平面所围的区域 $\{(x, y) \mid (x^2+y^2)^2 \leqslant x^2-y^2, x \geqslant 0\}$.

5. 计算 $\iint\limits_D |x^2+y^2-1|\,dxdy$,其中 $D=\{(x, y) \mid x^2+y^2 \leqslant 4\}$.

6. 计算下列二重积分或二次积分:

(1) $\int_0^{\pi/6} dy \int_y^{\pi/6} \frac{\cos x}{x} dx$;

(2) $\iint\limits_D \arctan \frac{y}{x}\,dxdy$,其中 D 是由圆 $x^2+y^2=4$、$x^2+y^2=1$ 及直线 $y=x$、$y=0$ 在第一象限所围成的有界闭区域;

(3) $\iint\limits_D x^2\,dxdy$,其中 D 是由直线 $x=3y$、$y=3x$、$x+y=8$ 所围成的有界闭区域;

(4) $\iint\limits_D \frac{x^2-xy-y^2}{x^2+y^2}\,dxdy$,其中 D 是由直线 $y=1$、$y=x$、$y=-x$ 所围成的有界闭区域.

7. 设 $f(x, y)$ 具有二阶连续偏导数,且 $\iint\limits_D f(x, y)\,dxdy=a$,其中 $D=\{(x, y) \mid 0 \leqslant x \leqslant 1, 0 \leqslant y \leqslant 1\}$;假设对任意的 $0 \leqslant x \leqslant 1$, $0 \leqslant y \leqslant 1$ 有 $f(1, y)=f(x, 1)=0$,计算 $\iint\limits_D xyf_{xy}(x, y)\,dxdy$.

8. 交换二次积分 $\int_0^1 dy \int_{\sqrt{1-y^2}}^{y+1} f(x, y)\,dx$ 的积分次序.

9. 计算 $\iint\limits_D \frac{1}{(x^2+y^2)^{\frac{3}{2}}}\,dxdy$,其中 D 是无界区域 $\{(x, y) \mid x^2+y^2 \geqslant 1, y \geqslant 0\}$.

第8章 无穷级数

由泰勒公式知道，一个函数在一定条件下可以用多项式来逼近，多项式的次数越高逼近的精确程度也就越高，但是要用多项式来表示一个函数是做不到的. 这就启发我们思考这样一个问题：是否可以在满足某些条件时，用无限多项幂函数的和来精确表示一个函数？另外，有些常见的函数值，如 e、sin 13°、ln 3 等，因为是无理数，所以是无法计算出其精确值的，如果能将这类值表示成无限多个有理数的和，那就可以比较容易计算出它们的近似值了. 这种"无限项"求和的问题涉及到微积分中的又一个重要的内容——无穷级数.

8.1 数项级数的概念和性质

一、无穷级数的概念

定义 1 对给定的数列 $u_1, u_2, \cdots, u_n, \cdots$，将其各项依次用加号连结起来，得

$$u_1 + u_2 + \cdots + u_n + \cdots \qquad ①$$

称①为**常数项无穷级数**，简称**数项级数**或**级数**. 其中 u_n 称为级数①的**一般项**（或**通项**）. 级数①也可写成 $\sum\limits_{n=1}^{\infty} u_n$，即

$$\sum_{n=1}^{\infty} u_n = u_1 + u_2 + \cdots + u_n + \cdots.$$

这里无穷多个数相加只是形式上的，因为无限项相加与有限项相加本质上是有差别的. 有限相加的和总是存在的，而无限相加是否一定有"和"还不知道，即使有和，怎样求和，这些就构成了无穷级数的两个基本问题.

那么如何定义无限项的和呢？还是先从有限项着手. 考虑级数 $\sum\limits_{n=1}^{\infty} u_n$ 前面有限项的和

$$S_1 = u_1,\ S_2 = u_1 + u_2,\ \cdots,\ S_n = u_1 + u_2 + \cdots + u_n,\ \cdots$$

称数列 $\{S_n\}$ 为级数 $\sum\limits_{n=1}^{\infty} u_n$ 的**部分和数列**，称第 n 项

$$S_n = u_1 + u_2 + \cdots + u_n$$

为级数 $\sum_{n=1}^{\infty} u_n$ 的**前 n 项部分和**.

定义 2 如果级数 $\sum_{n=1}^{\infty} u_n$ 的部分和数列 $\{S_n\}$ 有极限 S,即 $\lim_{n\to\infty} S_n = S$,则称级数 $\sum_{n=1}^{\infty} u_n$ **收敛**,并称 S 为级数 $\sum_{n=1}^{\infty} u_n$ 的**和**,记作

$$S = u_1 + u_2 + \cdots + u_n + \cdots = \sum_{n=1}^{\infty} u_n.$$

如果 $\{S_n\}$ 没有极限,则称级数 $\sum_{n=1}^{\infty} u_n$ 发散.

由定义可知,发散级数是没有和的;其次,级数 $\sum_{n=1}^{\infty} u_n$ 是否有和(即是否收敛)与部分和数列 $\{S_n\}$ 是否收敛是等价的.

例 1 讨论级数 $\sum_{n=1}^{\infty} \frac{1}{n(n+1)} = \frac{1}{1\cdot 2} + \frac{1}{2\cdot 3} + \frac{1}{3\cdot 4} + \cdots + \frac{1}{n\cdot(n+1)} + \cdots$ 的收敛性. 如果级数收敛,求其和.

解 由于对任意的 n 有 $\frac{1}{n\cdot(n+1)} = \frac{1}{n} - \frac{1}{n+1}$,所以

$$\begin{aligned} S_n &= \frac{1}{1\cdot 2} + \frac{1}{2\cdot 3} + \frac{1}{3\cdot 4} + \cdots + \frac{1}{n\cdot(n+1)} \\ &= \left(1 - \frac{1}{2}\right) + \left(\frac{1}{2} - \frac{1}{3}\right) + \cdots + \left(\frac{1}{n} - \frac{1}{n+1}\right) = 1 - \frac{1}{n+1}, \end{aligned}$$

从而 $\lim_{n\to\infty} S_n = 1$. 因此级数 $\sum_{n=1}^{\infty} \frac{1}{n(n+1)}$ 收敛,其和为 1.

例 2 证明级数 $1 + 2 + 3 + \cdots + n + \cdots = \sum_{n=1}^{\infty} n$ 发散.

证 因为级数前 n 项部分和

$$S_n = 1 + 2 + 3 + \cdots + n = \frac{1}{2}n(n+1),$$

所以 $\lim_{n\to\infty} S_n = \infty$,从而级数 $\sum_{n=1}^{\infty} n$ 发散.

例3 证明几何级数 $a+aq+aq^2+\cdots+aq^{n-1}+\cdots$，其中 $a\neq 0$，当 $|q|<1$ 时收敛，当 $|q|\geqslant 1$ 时发散.

证 $|q|\neq 1$ 时，级数的前 n 项部分和为

$$S_n=a+aq+aq^2+\cdots+aq^{n-1}=\frac{a(1-q^n)}{1-q},$$

所以，当 $|q|<1$ 时，有

$$\lim_{n\to\infty}S_n=\lim_{n\to\infty}\frac{a(1-q^n)}{1-q}=\frac{a}{1-q},$$

此时级数收敛，其和为 $S=\dfrac{a}{1-q}$；

当 $|q|>1$ 时，有

$$\lim_{n\to\infty}S_n=\lim_{n\to\infty}\frac{a(1-q^n)}{1-q}=\infty,$$

此时级数发散.

当 $q=1$ 时，级数为

$$a+a+a+\cdots+a+\cdots$$

于是 $S_n=na$，$\lim\limits_{n\to\infty}S_n=\infty$，所以级数发散.

当 $q=-1$ 时，级数为

$$a+(-a)+a+(-a)+\cdots+a+(-a)+\cdots,$$

于是 $S_{2n}=0$，$S_{2n+1}=a$，因此 $\{S_n\}$ 没有极限，所以级数也发散.

综上所述，当 $|q|<1$ 时，几何级数 $\sum\limits_{n=1}^{\infty}aq^{n-1}$ 收敛且其和为 $\dfrac{a}{1-q}$；当 $|q|\geqslant 1$ 时，几何级数 $\sum\limits_{n=1}^{\infty}aq^{n}$ 发散.

二、收敛级数的性质

由级数与其部分和数列的关系，可以根据数列极限的性质得到收敛级数的一些性质，并且利用这些性质可以判断级数的收敛性.

定理1（级数收敛的必要条件） 如果级数 $\sum\limits_{n=1}^{\infty}u_n$ 收敛，则 $\lim\limits_{n\to\infty}u_n=0$，即收敛级数的一般项组成的数列收敛于0.

证 设级数 $\sum_{n=1}^{\infty} u_n$ 的和为 S，则其部分和数列 $\{S_n\}$ 也收敛于 S. 由于 $u_n = S_n - S_{n-1}$，所以

$$\lim_{n\to\infty} u_n = \lim_{n\to\infty} S_n - \lim_{n\to\infty} S_{n-1} = 0.$$

定理1说明级数 $\sum_{n=1}^{\infty} u_n$ 的一般项 u_n 组成的数列收敛于0是该级数收敛的必要条件，也就是说，如果 $\lim_{n\to\infty} u_n \neq 0$，则级数 $\sum_{n=1}^{\infty} u_n$ 一定发散. 前面的例2也可以用级数收敛的必要条件来证明.

例4 讨论级数 $\sum_{n=1}^{\infty} \frac{n}{2n+1}$ 的收敛性.

解 因为

$$\lim_{n\to\infty} u_n = \lim_{n\to\infty} \frac{n}{2n+1} = \frac{1}{2} \neq 0,$$

所以级数 $\sum_{n=1}^{\infty} \frac{n}{2n+1}$ 发散.

思考 已知 $\lim_{n\to\infty} u_n = 0$ 是级数 $\sum_{n=1}^{\infty} u_n$ 收敛的必要条件，问 $\lim_{n\to\infty} u_n = 0$ 是级数 $\sum_{n=1}^{\infty} u_n$ 收敛的充分条件吗？即：由 $\lim_{n\to\infty} u_n = 0$ 能得出级数 $\sum_{n=1}^{\infty} u_n$ 收敛吗？

定理2 设级数 $\sum_{n=1}^{\infty} u_n$ 与 $\sum_{n=1}^{\infty} v_n$ 都收敛，其和分别为 S 与 T，则级数 $\sum_{n=1}^{\infty} (u_n \pm v_n)$ 也收敛，且其和为 $S \pm T$，即 $\sum_{n=1}^{\infty} (u_n \pm v_n) = \sum_{n=1}^{\infty} u_n \pm \sum_{n=1}^{\infty} v_n$.

证 设 $\sum_{n=1}^{\infty} u_n$ 与 $\sum_{n=1}^{\infty} v_n$ 的部分和数列分别为 $\{S_n\}$ 与 $\{T_n\}$，则 $\lim_{n\to\infty} S_n = S$，$\lim_{n\to\infty} T_n = T$. 于是 $\sum_{n=1}^{\infty} (u_n \pm v_n)$ 的部分和为

$$W_n = (u_1 \pm v_1) + (u_2 \pm v_2) + \cdots + (u_n \pm v_n) = S_n \pm T_n,$$

因此

$$\lim_{n\to\infty} W_n = \lim_{n\to\infty} S_n \pm \lim_{n\to\infty} T_n = S \pm T.$$

即两个收敛级数可以逐项相加、逐项相减.

思考 如果级数 $\sum_{n=1}^{\infty} (u_n \pm v_n)$ 收敛，能推出级数 $\sum_{n=1}^{\infty} u_n$ 与 $\sum_{n=1}^{\infty} v_n$ 都收敛吗？

定理3 如果级数 $\sum_{n=1}^{\infty} u_n$ 收敛,其和为 S, k 是任一常数,则级数 $\sum_{n=1}^{\infty} ku_n$ 也收敛,且其和为 kS,即

$$\sum_{n=1}^{\infty} ku_n = k\sum_{n=1}^{\infty} u_n.$$

证明留作习题.

推论 级数 $\sum_{n=1}^{\infty} u_n$ 与 $\sum_{n=1}^{\infty} ku_n$(k 是不为 0 的常数)有相同的收敛性.

定理4 增加、去掉或改变级数的有限项不改变该级数的收敛性.
定理证明略.

根据定理4,如果级数 $\sum_{n=1}^{\infty} u_n$ 收敛,其和为 S,则级数

$$u_{n+1} + u_{n+2} + u_{n+3} + \cdots$$

也收敛,其和为

$$R_n = S - S_n,$$

称 R_n 为收敛级数 $\sum_{n=1}^{\infty} u_n$ 的第 n 项后的**余项**,R_n 表示以部分和 S_n 近似代替 S 时产生的误差. 因发散级数没有和,因此也没有余项的概念.

定理5 如果级数 $\sum_{n=1}^{\infty} u_n$ 收敛,则对该级数的项任意加括号后得到的级数

$$(u_1 + u_2 + \cdots + u_{n_1}) + (u_{n_1+1} + u_{n_1+2} + \cdots + u_{n_2}) + \cdots + (u_{n_{k-1}+1} + \cdots + u_{n_k}) + \cdots \quad ②$$

仍然收敛,且和不变.

推论 如果对级数加括号后得到的级数发散,那么该级数一定发散.

思考 对级数加括号后得到的级数收敛,能得出原级数收敛吗?请考察数列 $\{(-1)^{n-1}\}$.

例5 讨论**调和级数**

$$1 + \frac{1}{2} + \frac{1}{3} + \cdots + \frac{1}{n} + \cdots \quad ③$$

的收敛性.

解 先用下列方式对级数③加括号,括号中的项数依次为 $2, 2^2, \cdots, 2^l, \cdots$,得

$$1+\frac{1}{2}+\left(\frac{1}{3}+\frac{1}{4}\right)+\left(\frac{1}{5}+\cdots+\frac{1}{8}\right)+\cdots+\left(\frac{1}{2^l+1}+\cdots+\frac{1}{2^{l+1}}\right)+\cdots,$$

加括号后的级数用 $\sum\limits_{l=1}^{\infty} v_l$ 表示,下证每项 v_l 都大于 $\frac{1}{2}$:

$$v_1=1,\ v_2=\frac{1}{2},\ v_3=\frac{1}{3}+\frac{1}{4}>\frac{1}{2},\ v_4=\frac{1}{5}+\cdots+\frac{1}{8}>\frac{1}{2},\ \cdots,$$

$$v_l=\frac{1}{2^{l-2}+1}+\cdots+\frac{1}{2^{l-1}}>2^{l-2}\frac{1}{2^{l-1}}=\frac{1}{2}(l>2),\ \cdots$$

于是 $\lim\limits_{l\to\infty} v_l\neq 0$,故级数 $\sum\limits_{l=1}^{\infty} v_l$ 发散. 根据定理 5 的推论,调和级数 ③ 也发散.

虽然级数③的一般项 $\frac{1}{n}\to 0(n\to\infty)$,但不能由此得出调和级数是收敛的.

调和级数的部分和数列是趋于无穷大的,但这个过程极其缓慢,例如其前 100 万项的和也仅仅约为 14.357. 但是只要项数足够多,其部分和可以大于任何一个指定的数,不管这个指定的数有多大.

本节学习要点

习题 8.1

1. 写出下列级数的前 5 项部分和 S_5:

(1) $\sum\limits_{n=1}^{\infty}\frac{1+n}{1+n^2}$;　　(2) $\sum\limits_{n=1}^{\infty}\frac{(-1)^{n-1}}{5^n}$;

(3) $\sum\limits_{n=1}^{\infty}\frac{1\cdot 3\cdot\cdots\cdot(2n-1)}{2\cdot 4\cdot\cdots\cdot(2n)}$;　　(4) $\sum\limits_{n=1}^{\infty}\frac{n!}{n^n}$.

2. 写出下列级数的一般项 u_n:

(1) $2-1+\frac{4}{5}-\frac{5}{7}+\frac{6}{9}-\cdots$;　　(2) $\frac{a^2}{3}-\frac{a^3}{5}+\frac{a^4}{7}-\frac{a^5}{9}+\cdots$;

(3) $\frac{\sqrt{x}}{2}+\frac{x}{2\cdot 4}+\frac{x\sqrt{x}}{2\cdot 4\cdot 6}+\frac{x^2}{2\cdot 4\cdot 6\cdot 8}+\cdots$.

3. 根据级数的定义判别下列级数的收敛性,如果级数收敛,求其和:

(1) $\sum\limits_{n=1}^{\infty}\ln\frac{n}{n+1}$;　　(2) $\sum\limits_{n=1}^{\infty}\frac{1}{(2n-1)(2n+1)}$;

(3) $\sum\limits_{n=1}^{\infty}(\sqrt{n+1}-\sqrt{n})$;　　(4) $\sum\limits_{n=2}^{\infty}\left(\frac{x^n}{5^n}+\frac{2^n}{x^{n+1}}\right)$, $2<|x|<5$.

4. 回答下列问题:

(1) 如果 $\sum_{n=1}^{\infty} u_n$ 收敛，$\sum_{n=1}^{\infty} v_n$ 发散，判断 $\sum_{n=1}^{\infty} (u_n + v_n)$ 的收敛性并给出证明.

(2) 如果 $\sum_{n=1}^{\infty} u_n$ 与 $\sum_{n=1}^{\infty} v_n$ 都是发散的级数，问 $\sum_{n=1}^{\infty} (u_n + v_n)$ 是否一定发散？如果是，请给出证明，如果不是，请举出反例.

(3) 如果 $\sum_{n=1}^{\infty} (u_n + v_n)$ 收敛，问 $\sum_{n=1}^{\infty} u_n$、$\sum_{n=1}^{\infty} v_n$ 是否一定收敛？如果是，请给出证明，如果不是，请举出反例.

5. 判断下列级数的收敛性：

(1) $\sum_{n=1}^{\infty} (-1)^{n-1} \dfrac{n}{n+1}$；　　(2) $\sum_{n=1}^{\infty} \dfrac{1}{10n}$；

(3) $\sum_{n=1}^{\infty} \dfrac{n(n+1)+2^n}{n(n+1)\cdot 2^n}$；　　(4) $\sum_{n=1}^{\infty} \ln^n 2$；

(5) $\sum_{n=1}^{\infty} \left(\dfrac{1}{2^n} + \dfrac{1}{2n}\right)$；　　(6) $\sum_{n=1}^{\infty} \dfrac{n^n}{(1+n)^n}$.

6. 求实数 r，使得 $1 + e^r + e^{2r} + e^{3r} + \cdots = 9$.

7. 将下列无限循环小数写成分数：

(1) $0.77777\cdots$；　　(2) $4.91919191\cdots$.

8. 设 S_n 为级数 $\sum_{n=1}^{\infty} u_n$ 的前 n 项部分和，证明：$\sum_{n=1}^{\infty} u_n$ 收敛的充分必要条件是 $\lim\limits_{n\to\infty} S_{2n}$ 与 $\lim\limits_{n\to\infty} S_{2n+1}$ 都收敛，且 $\lim\limits_{n\to\infty} S_{2n} = \lim\limits_{n\to\infty} S_{2n+1}$. $\sum_{n=1}^{\infty} u_n$ 收敛时，级数的和 $\sum_{n=1}^{\infty} u_n = \lim\limits_{n\to\infty} S_{2n} = \lim\limits_{n\to\infty} S_{2n+1}$.

8.2　正项级数

一、正项级数的收敛准则

如果级数 $\sum_{n=1}^{\infty} u_n$ 的每一项都是非负实数(即 $u_n \geqslant 0$, $n = 1, 2, \cdots$)，则称该级数为**正项级数**. 容易看出正项级数的部分和数列是单调增加数列，因此有下面的定理.

定理 1（正项级数收敛准则）　正项级数 $\sum_{n=1}^{\infty} u_n$ 收敛的充分必要条件是其部分和数列 $\{S_n\}$ 有界.

证　因为正项级数 $\sum_{n=1}^{\infty} u_n$ 的部分和数列 $\{S_n\}$ 满足 $S_{n+1} = S_n + u_{n+1} \geqslant S_n$，所以是 $\{S_n\}$ 是单

调增加数列.

必要性 如果 $\sum_{n=1}^{\infty} u_n$ 收敛,则 $\{S_n\}$ 也收敛,从而 $\{S_n\}$ 有界.

充分性 如果 $\{S_n\}$ 有界,由于 $\{S_n\}$ 单调增加,则根据数列单调有界准则,知 $\{S_n\}$ 收敛,也就是 $\sum_{n=1}^{\infty} u_n$ 收敛.

例 1 证明 p-级数

$$\sum_{n=1}^{\infty} \frac{1}{n^p} = 1 + \frac{1}{2^p} + \frac{1}{3^p} + \cdots + \frac{1}{n^p} + \cdots$$

当 $p \leqslant 1$ 时发散,当 $p > 1$ 时收敛.

证 当 $p \leqslant 1$ 时,

$$S_n = 1 + \frac{1}{2^p} + \frac{1}{3^p} + \cdots + \frac{1}{n^p} \geqslant 1 + \frac{1}{2} + \frac{1}{3} + \cdots + \frac{1}{n},$$

由 $\sum_{n=1}^{\infty} \frac{1}{n}$ 发散,根据定理 1 知,其部分和数列 $\left\{1 + \frac{1}{2} + \frac{1}{3} + \cdots + \frac{1}{n}\right\}$ 无界,于是 $\{S_n\}$ 无界,因此又由定理 1 知 p - 级数发散.

当 $p > 1$ 时,考虑 $n - 1 < x \leqslant n$, $n = 2, 3, \cdots$,则 $x^p \leqslant n^p$,或 $\frac{1}{n^p} \leqslant \frac{1}{x^p}$,于是

$$\frac{1}{n^p} = \int_{n-1}^{n} \frac{\mathrm{d}x}{n^p} \leqslant \int_{n-1}^{n} \frac{\mathrm{d}x}{x^p},\ n = 2, 3, \cdots,$$

从而

$$\begin{aligned} S_n &= 1 + \frac{1}{2^p} + \frac{1}{3^p} + \cdots + \frac{1}{n^p} \leqslant 1 + \int_{1}^{2} \frac{\mathrm{d}x}{x^p} + \int_{2}^{3} \frac{\mathrm{d}x}{x^p} + \cdots + \int_{n-1}^{n} \frac{\mathrm{d}x}{x^p} \\ &= 1 + \int_{1}^{n} \frac{\mathrm{d}x}{x^p} = 1 + \frac{1}{p-1}\left(1 - \frac{1}{n^{p-1}}\right) < 1 + \frac{1}{p-1}. \end{aligned}$$

即 $\{S_n\}$ 有上界,因此由定理 1 知当 $p > 1$ 时,p - 级数收敛.

二、正项级数收敛性的判别法

有了正项级数的收敛准则及几何级数、p -级数的收敛性之后就可以使用比较判别法判别正项级数的收敛性.

定理 2(比较判别法) 设级数 $\sum_{n=1}^{\infty} u_n$ 和 $\sum_{n=1}^{\infty} v_n$ 都是正项级数,且 $u_n \leqslant v_n (n = 1, 2, \cdots)$.

(1) 若 $\sum_{n=1}^{\infty} v_n$ 收敛,则 $\sum_{n=1}^{\infty} u_n$ 也收敛;　(2) 若 $\sum_{n=1}^{\infty} u_n$ 发散,则 $\sum_{n=1}^{\infty} v_n$ 也发散.

证　设 $\sum_{n=1}^{\infty} u_n$ 的部分和数列为 $\{S_n\}$, $\sum_{n=1}^{\infty} v_n$ 的部分和数列为 $\{T_n\}$,由于 $0 \leqslant u_n \leqslant v_n(n=1, 2, \cdots)$,因此

$$0 \leqslant S_n \leqslant T_n. \quad ①$$

(1) 若 $\sum_{n=1}^{\infty} v_n$ 收敛,则其部分和数列 $\{T_n\}$ 有上界 M,从而由①式知, $\{S_n\}$ 也有上界 M,根据定理 1 知, $\sum_{n=1}^{\infty} u_n$ 收敛.

(2) 若 $\sum_{n=1}^{\infty} u_n$ 发散,使用反证法:假设 $\sum_{n=1}^{\infty} v_n$ 收敛,由 $u_n \leqslant v_n$,则根据(1) 的结论,得 $\sum_{n=1}^{\infty} u_n$ 收敛. 这与 $\sum_{n=1}^{\infty} u_n$ 发散的条件相矛盾,故 $\sum_{n=1}^{\infty} v_n$ 发散.

思考　如果将定理 2 的条件"$u_n \leqslant v_n(n=1, 2, \cdots)$"改为"存在 $N \in \mathbf{N}_+$ 及常数 $k > 0$,使得当 $n > N$ 时,有 $u_n \leqslant kv_n$",定理 2 的结论是否仍然成立? 请参考上一节定理 3 和定理 4 做出回答.

例 2　判别下列正项级数的收敛性:

(1) $\sum_{n=1}^{\infty} \frac{1}{\sqrt{n(n+1)}}$;　(2) $\sum_{n=1}^{\infty} \frac{1}{\sqrt{n(n^2+1)}}$.

解　(1) 因为 $\frac{1}{\sqrt{n(n+1)}} > \frac{1}{n+1}$,而级数 $\sum_{n=1}^{\infty} \frac{1}{n+1}$ 发散,根据比较判别法,级数 $\sum_{n=1}^{\infty} \frac{1}{\sqrt{n(n+1)}}$ 发散.

(2) 因为 $\frac{1}{\sqrt{n(n^2+1)}} < \frac{1}{n^{\frac{3}{2}}}$,而 $\sum_{n=1}^{\infty} \frac{1}{n^{\frac{3}{2}}}$ 是 $p = \frac{3}{2} > 1$ 的 $p-$级数,故收敛,所以根据比较判别法 $\sum_{n=1}^{\infty} \frac{1}{\sqrt{n(n^2+1)}}$ 收敛.

定理 2′(比较判别法的极限形式)　设 $\sum_{n=1}^{\infty} u_n$ 与 $\sum_{n=1}^{\infty} v_n$ 都是正项级数,如果 $\lim_{n \to \infty} \frac{u_n}{v_n} = l$,则

(1) 当 $0 < l < +\infty$ 时, $\sum_{n=1}^{\infty} u_n$ 与 $\sum_{n=1}^{\infty} v_n$ 同时收敛或同时发散;

(2) 当 $l = 0$ 时,若 $\sum_{n=1}^{\infty} v_n$ 收敛,则 $\sum_{n=1}^{\infty} u_n$ 也收敛;

(3) 当 $l=+\infty$ 时,若 $\sum_{n=1}^{\infty} v_n$ 发散,则 $\sum_{n=1}^{\infty} u_n$ 也发散.

证 (1) 因为 $\lim_{n\to\infty}\frac{u_n}{v_n}=l>0$,所以对 $\varepsilon=\frac{l}{2}>0$,存在 $N\in\mathbf{N}_+$,使当 $n>N$ 时,有

$$\left|\frac{u_n}{v_n}-l\right|<\frac{l}{2},\text{即}\frac{l}{2}v_n<u_n<\frac{3l}{2}v_n,$$

由定理 2 知 $\sum_{n=1}^{\infty} u_n$ 与 $\sum_{n=1}^{\infty} v_n$ 同时收敛或者同时发散.

(2) 因为 $\lim_{n\to\infty}\frac{u_n}{v_n}=0$,所以对 $\varepsilon=1$,存在 $N\in\mathbf{N}_+$,当 $n>N$ 时,有

$$\left|\frac{u_n}{v_n}\right|=\frac{u_n}{v_n}<1,\text{即 } u_n<v_n,$$

由定理 2 知当 $\sum_{n=1}^{\infty} v_n$ 收敛时,$\sum_{n=1}^{\infty} u_n$ 也收敛.

(3) 因为 $\lim_{n\to\infty}\frac{u_n}{v_n}=+\infty$,所以对 $M=1$,存在 $N\in\mathbf{N}_+$,当 $n>N$ 时,有

$$\frac{u_n}{v_n}>1,\text{即 } u_n>v_n,$$

由定理 2 知当 $\sum_{n=1}^{\infty} v_n$ 发散时,$\sum_{n=1}^{\infty} u_n$ 也发散.

例 3 讨论下列级数的收敛性:

(1) $\sum_{n=1}^{\infty}\sqrt{n+1}\ln\left(1+\frac{1}{n^2}\right)$;　　(2) $\sum_{n=1}^{\infty}\sin\frac{\pi}{n}$;

(3) $\sum_{n=1}^{\infty}\left(1-\cos\frac{1}{n}\right)$.

解 (1) 因为 $\ln\left(1+\frac{1}{n^2}\right)\sim\frac{1}{n^2}(n\to\infty)$,所以

$$\lim_{n\to\infty}\frac{\sqrt{n+1}\ln\left(1+\frac{1}{n^2}\right)}{\frac{1}{n^{\frac{3}{2}}}}=\lim_{n\to\infty}\frac{\frac{\sqrt{n+1}}{n^2}}{\frac{1}{n^{\frac{3}{2}}}}=1,$$

由比较判别法的极限形式及 $\sum_{n=1}^{\infty}\frac{1}{n^{\frac{3}{2}}}$ 收敛,知级数 $\sum_{n=1}^{\infty}\sqrt{n+1}\ln\left(1+\frac{1}{n^2}\right)$ 收敛.

(2) 因为 $\lim\limits_{n\to\infty}\dfrac{\sin\dfrac{\pi}{n}}{\dfrac{1}{n}}=\pi$,由比较判别法的极限形式及 $\sum\limits_{n=1}^{\infty}\dfrac{1}{n}$ 发散,知级数 $\sum\limits_{n=1}^{\infty}\sin\dfrac{\pi}{n}$ 发散.

(3) 因为 $1-\cos\dfrac{1}{n}\sim\dfrac{1}{2}\dfrac{1}{n^2}(n\to\infty)$,所以

$$\lim_{n\to\infty}\frac{1-\cos\dfrac{1}{n}}{\dfrac{1}{n^2}}=\lim_{n\to\infty}\frac{\dfrac{1}{2n^2}}{\dfrac{1}{n^2}}=\frac{1}{2}.$$

由比较判别法极限形式及 $\sum\limits_{n=1}^{\infty}\dfrac{1}{n^2}$ 收敛,知级数 $\sum\limits_{n=1}^{\infty}\left(1-\cos\dfrac{1}{n}\right)$ 收敛.

思考 使用比较判别法判别正项级数收敛的关键点在哪里?

定理3(比式判别法) 设 $\sum\limits_{n=1}^{\infty}u_n$ 为正项级数,如果 $\lim\limits_{n\to\infty}\dfrac{u_{n+1}}{u_n}=\rho$,则

(1) 当 $\rho<1$ 时,级数收敛;

(2) 当 $\rho>1$(或 $\rho=+\infty$)时,级数发散.

证 (1) 当 $\rho<1$ 时,由于 $\lim\limits_{n\to\infty}\dfrac{u_{n+1}}{u_n}=\rho$,故对 $\varepsilon=\dfrac{1-\rho}{2}>0$,存在 $N\in\mathbf{N}_+$,当 $n>N$ 时,有

$$\frac{u_{n+1}}{u_n}<\rho+\varepsilon=\frac{1+\rho}{2}.$$

记 $q=\dfrac{1+\rho}{2}$,于是 $q<1$,由此可以得到 $u_{n+1}<qu_n$,即

$$u_{N+2}<qu_{N+1},\ u_{N+3}<qu_{N+2}<q^2u_{N+1},\ \cdots,\ u_{N+k}<q^ku_{N+1},\ \cdots$$

由几何级数 $\sum\limits_{k=1}^{\infty}u_{N+1}q^k$ 收敛,所以根据比较判别法及级数的性质知 $\sum\limits_{n=1}^{\infty}u_n$ 收敛.

(2) 当 $\lim\limits_{n\to\infty}\dfrac{u_{n+1}}{u_n}=\rho>1$ 或 $\lim\limits_{n\to\infty}\dfrac{u_{n+1}}{u_n}=+\infty$ 时,根据极限的保号性知,存在 $N\in\mathbf{N}_+$,当 $n>N$ 时,有

$$\frac{u_{n+1}}{u_n}>1\ 或\ u_{n+1}>u_n>0,$$

即级数的一般项 u_n 严格递增,因此当 $n\to\infty$ 时,u_n 不会趋于0,于是 $\sum\limits_{n=1}^{\infty}u_n$ 发散.

比式判别法也称为**达朗贝尔(D'Alembert)判别法**.

注 当 $\rho=1$ 时,用比式判别法无法确定正项级数 $\sum_{n=1}^{\infty}u_n$ 的收敛性. 但是如果存在 N,当 $n>N$ 时,有 $\frac{u_{n+1}}{u_n}\geqslant 1$,则正项级数 $\sum_{n=1}^{\infty}u_n$ 发散(请读者自证).

比式判别法的方便之处在于只用到了被判别级数的一般项的自身性质. 从定理证明过程看到,比式判别法的实质是将被判别级数的一般项与几何级数的一般项进行比较,而几何级数的一般项收敛于 0 的速度相当快,故当被判别的级数的一般项收敛于 0 的速度较慢时,比式判别法就会失效. 如 p-级数 $\sum_{n=1}^{\infty}\frac{1}{n^p}$ 对任何 $p>0$ 都有 $\lim_{n\to\infty}\frac{u_{n+1}}{u_n}=\lim_{n\to\infty}\left(\frac{n}{n+1}\right)^p=1$.

例 4 判别下列级数的收敛性:

(1) $\sum_{n=1}^{\infty}\frac{1}{n!}$;　　(2) $\sum_{n=1}^{\infty}\frac{n!}{10^n}$;　　(3) $\sum_{n=1}^{\infty}\frac{(n!)^2}{(2n)!}$.

解 (1) 因为 $\lim_{n\to\infty}\frac{u_{n+1}}{u_n}=\lim_{n\to\infty}\frac{\frac{1}{(n+1)!}}{\frac{1}{n!}}=\lim_{n\to\infty}\frac{1}{n+1}=0<1$, 由定理 3 知,级数 $\sum_{n=1}^{\infty}\frac{1}{n!}$ 收敛.

(2) 因为 $\lim_{n\to\infty}\frac{u_{n+1}}{u_n}=\lim_{n\to\infty}\frac{\frac{(n+1)!}{10^{n+1}}}{\frac{n!}{10^n}}=\lim_{n\to\infty}\frac{n+1}{10}=+\infty$, 由定理 3 知,级数 $\sum_{n=1}^{\infty}\frac{n!}{10^n}$ 发散.

(3) 因为 $\lim_{n\to\infty}\frac{u_{n+1}}{u_n}=\lim_{n\to\infty}\frac{\frac{[(n+1)!]^2}{[2(n+1)]!}}{\frac{(n!)^2}{(2n)!}}=\lim_{n\to\infty}\frac{(n+1)^2}{(2n+1)(2n+2)}=\frac{1}{4}<1$, 由定理 3 知,级数 $\sum_{n=1}^{\infty}\frac{(n!)^2}{(2n)!}$ 收敛.

定理 4(根式判别法) 设 $\sum_{n=1}^{\infty}u_n$ 是正项级数,如果 $\lim_{n\to\infty}\sqrt[n]{u_n}=\rho$, 则

(1) 当 $\rho<1$ 时,级数收敛;

(2) 当 $\rho>1$(或 $\rho=+\infty$)时,级数发散.

证 (1) 当 $\lim_{n\to\infty}\sqrt[n]{u_n}=\rho<1$ 时,故对 $\varepsilon=\frac{1-\rho}{2}>0$,存在 $N\in\mathbf{N}_+$,当 $n>N$ 时,有

$$\sqrt[n]{u_n}<\rho+\varepsilon=\frac{1+\rho}{2}<1,或\ u_n<\left(\frac{1+\rho}{2}\right)^n,$$

由几何级数 $\sum_{n=N+1}^{\infty}\left(\frac{1+\rho}{2}\right)^n$ 收敛,所以由比较判别法知级数 $\sum_{n=1}^{\infty}u_n$ 也收敛.

(2) 当 $\lim_{n\to\infty}\sqrt[n]{u_n}=\rho>1$ 或 $\lim_{n\to\infty}\sqrt[n]{u_n}=+\infty$ 时,根据极限的保号性知,存在 $N\in\mathbf{N}_+$,当 $n>N$ 时,有

$$\sqrt[n]{u_n}>1 \text{ 即 } u_n>1,$$

因此当 $n\to\infty$ 时,u_n 不可能趋于0,于是 $\sum_{n=1}^{\infty}u_n$ 发散.

根式判别法也称为**柯西判别法**.

与比式判别法一样,当 $\rho=1$ 时,根式判别法也无法判别级数的收敛性. 但是如果存在 N,当 $n>N$ 时,有 $\sqrt[n]{u_n}\geqslant 1$,则级数 $\sum_{n=1}^{\infty}u_n$ 发散.

例5 判别下列级数的收敛性:

(1) $\sum_{n=1}^{\infty}\frac{1}{(\ln n)^n}$; (2) $\sum_{n=1}^{\infty}\left(\frac{n}{2n+1}\right)^n$.

解 (1) 因为 $\lim_{n\to\infty}\sqrt[n]{u_n}=\lim_{n\to\infty}\sqrt[n]{\frac{1}{(\ln n)^n}}=\lim_{n\to\infty}\frac{1}{\ln n}=0<1$,所以级数 $\sum_{n=1}^{\infty}\frac{1}{(\ln n)^n}$ 收敛.

(2) 因为 $\lim_{n\to\infty}\sqrt[n]{u_n}=\lim_{n\to\infty}\sqrt[n]{\left(\frac{n}{2n+1}\right)^n}=\lim_{n\to\infty}\frac{n}{2n+1}=\frac{1}{2}<1$,所以级数 $\sum_{n=1}^{\infty}\left(\frac{n}{2n+1}\right)^n$ 收敛.

本节学习要点

思考 试分析例4与例5的解题过程,总结出适用比式判别法和根式判别法的级数的类型.

注 发散的级数在通常情况下,其一般项也可以趋于0. 但从定理3和定理4的证明过程可知,如果用比式或根式判别法时得出 $\rho>1$ 或 $\rho=+\infty$,该级数的一般项一定不趋于0,此时可判定该级数发散.

习题 8.2

1. 用比较判别法判别下列级数的收敛性:

(1) $\sum_{n=1}^{\infty}\sin\frac{\pi}{n^2}$; (2) $\sum_{n=1}^{\infty}\frac{1}{\sqrt[3]{n^2+a^2}}$;

(3) $\sum_{n=1}^{\infty}(2^n-1)\sin\frac{\pi}{3^n}$;

(4) $\sum_{n=1}^{\infty}\frac{1}{1+a^n}$,其中常数 $a>0$;

(5) $\sum_{n=1}^{\infty}\frac{\sqrt{n+2}-\sqrt{n}}{n^k+2}$,其中 k 是常数;

(6) $\sum_{n=1}^{\infty}\frac{3n+1}{(n+1)(n+2)(n+3)}$;

(7) $\sum_{n=1}^{\infty}n\arctan\frac{\pi}{2^n}$.

2. 用比式判别法或根式判别法判别下列级数的收敛性:

(1) $\sum_{n=1}^{\infty}\frac{2^n}{n!}$;

(2) $\sum_{n=1}^{\infty}\left(\frac{n}{2n+1}\right)^{2n}$;

(3) $\sum_{n=1}^{\infty}\frac{3^n\cdot n!}{n^n}$;

(4) $\sum_{n=1}^{\infty}\frac{(10+n)!}{(2n+1)!}$;

(5) $\sum_{n=1}^{\infty}\frac{1}{3^n}\cdot\frac{n^2+1}{3n^2-2}$;

(6) $\sum_{n=1}^{\infty}\frac{1\cdot3\cdot5\cdot(2n-1)}{5^n\cdot n!}$;

(7) $\sum_{n=1}^{\infty}\frac{n}{\ln^n n}$.

3. 判别下列级数的收敛性:

(1) $\sum_{n=1}^{\infty}\sqrt{\frac{n+1}{n}}$;

(2) $\sum_{n=1}^{\infty}\frac{1\cdot3\cdot5\cdot\cdots\cdot(2n-1)}{2\cdot5\cdot8\cdot\cdots\cdot(3n-1)}$;

(3) $\sum_{n=1}^{\infty}\frac{n^{10}}{\left(2+\frac{1}{n}\right)^n}$;

(4) $\sum_{n=1}^{\infty}\frac{1}{1+\alpha n^2}$,其中常数 $\alpha>0$;

(5) $\sum_{n=1}^{\infty}\frac{1}{3^n-n}$;

(6) $\sum_{n=1}^{\infty}\frac{a^n}{n^p}$,其中常数 $a>0,\ p>0$;

(7) $\sum_{n=1}^{\infty}\frac{\ln n}{n^{3/2}}$;

(8) $\sum_{n=1}^{\infty}\frac{\ln n}{n}$;

(9) $\sum_{n=2}^{\infty}\frac{1}{(\ln n)^{\ln n}}$;

(10) $\sum_{n=1}^{\infty}\left[\frac{1}{n}-\ln\left(1+\frac{1}{n}\right)\right]$.

4. 设对任意的 n,有 $a_n\geqslant0$ 且 $\{na_n\}$ 有界,证明级数 $\sum_{n=1}^{\infty}a_n^2$ 收敛.

5. 利用级数收敛的必要条件证明:

(1) $\lim_{n\to\infty}\frac{n^n}{(n!)^2}=0$;

(2) $\lim_{n\to\infty}\frac{(2n)!}{a^{n!}}=0$,其中常数 $a>1$.

6. 设 $\sum_{n=1}^{\infty}u_n$ 与 $\sum_{n=1}^{\infty}v_n$ 为正项级数,判断下列说法是否正确,若正确,请给出理由;若不正确,请举出反例:

(1) 如果 $\sum_{n=1}^{\infty} u_n^2$ 与 $\sum_{n=1}^{\infty} v_n^2$ 都收敛，则 $\sum_{n=1}^{\infty} (u_n + v_n)^2$ 收敛；

(2) 如果 $\sum_{n=1}^{\infty} u_n$ 与 $\sum_{n=1}^{\infty} v_n$ 都收敛，则 $\sum_{n=1}^{\infty} u_n v_n$ 收敛；

(3) 如果 $\sum_{n=1}^{\infty} u_n$ 收敛，$\sum_{n=1}^{\infty} v_n$ 发散，则 $\sum_{n=1}^{\infty} u_n v_n$ 发散；

(4) 如果 $\sum_{n=1}^{\infty} u_n v_n$ 收敛，则 $\sum_{n=1}^{\infty} u_n^2$ 与 $\sum_{n=1}^{\infty} v_n^2$ 都收敛；

(5) 如果 $\sum_{n=1}^{\infty} u_n$ 收敛，则 $\sum_{n=1}^{\infty} u_n^2$ 也收敛.

7. 设 $\sum_{n=1}^{\infty} u_n$ 为正项级数，如果存在 $N \in \mathbf{N}_+$，使当 $n > N$ 时，有 $\frac{u_{n+1}}{u_n} > 1$，证明级数 $\sum_{n=1}^{\infty} u_n$ 发散.

8.3　一般项级数

本节要讨论的是级数各项的符号并不完全相同的常数项级数，对于仅有有限多个负数项或有限多个正数项的级数依据 8.1 节定理 4 都可以归到正项级数来讨论. 故本节讨论的级数是指含有无穷多个正数项和无穷多个负数项的级数，称这样的级数为**一般项级数**.

一、交错级数

在一般项级数中有一类是正负项交替出现的级数，即形如

$$\sum_{n=1}^{\infty} (-1)^{n-1} u_n = u_1 - u_2 + u_3 - \cdots + (-1)^{n-1} u_n + \cdots \tag{①}$$

或

$$\sum_{n=1}^{\infty} (-1)^n u_n = -u_1 + u_2 - u_3 + \cdots + (-1)^n u_n + \cdots \tag{②}$$

其中 $u_n > 0$，$n = 1, 2, \cdots$. 这类级数称为**交错级数**. 级数②可以看成级数①的各项乘以 -1 所得，因此只要讨论级数①的收敛性即可.

定理 1（莱布尼茨判别法）　如果交错级数①满足 $u_n \geqslant u_{n+1} (n = 1, 2, \cdots)$ 且 $\lim\limits_{n \to \infty} u_n = 0$，则交错级数①收敛，且其和 S 满足 $0 \leqslant S \leqslant u_1$，级数①的余项 R_n 满足 $|R_n| \leqslant u_{n+1}$.

证　交错级数①的前 $2n$ 项部分和为

$$S_{2n} = u_1 - u_2 + u_3 - u_4 + \cdots + u_{2n-1} - u_{2n}$$
$$= (u_1 - u_2) + (u_3 - u_4) + \cdots + (u_{2n-1} - u_{2n}),$$

根据定理条件知括号内每一项都是非负的，所以 $S_{2n} \geqslant 0$，且 $\{S_{2n}\}$ 是单调增加数列；另一方面

$$S_{2n} = u_1 - (u_2 - u_3) - (u_4 - u_5) - \cdots - (u_{2n-2} - u_{2n-1}) - u_{2n},$$

同样根据定理条件可知 $S_{2n} \leqslant u_1$，即 $\{S_{2n}\}$ 有界. 由数列的单调有界准则，得 $\{S_{2n}\}$ 有极限 S，即

$$\lim_{n\to\infty} S_{2n} = S \text{ 且 } 0 \leqslant S \leqslant u_1.$$

由于

$$S_{2n+1} = S_{2n} + u_{2n+1},$$

根据条件 $\lim\limits_{n\to\infty} u_n = 0$，得

$$\lim_{n\to\infty} S_{2n+1} = \lim_{n\to\infty} S_{2n} + \lim_{n\to\infty} u_{2n+1} = S.$$

因此 $\lim\limits_{n\to\infty} S_n = S$，从而级数①收敛，且其和 $S \leqslant u_1$.

易见，级数①的余项 R_n 可以写成

$$R_n = \pm(u_{n+1} - u_{n+2} + u_{n+3} - \cdots), \quad |R_n| = u_{n+1} - u_{n+2} + u_{n+3} - \cdots,$$

故 $|R_n|$ 是交错级数，并且满足莱布尼茨判别法的条件，因此 $|R_n| \leqslant u_{n+1}$.

例 1 判别级数 $\sum\limits_{n=1}^{\infty}(-1)^{n-1}\dfrac{1}{n^p}$ 的收敛性，其中常数 $p > 0$.

解 这是一个交错级数，满足

$$u_n = \frac{1}{n^p} > \frac{1}{(n+1)^p} = u_{n+1}\text{；且} \lim_{n\to\infty} u_n = \lim_{n\to\infty}\frac{1}{n^p} = 0.$$

所以根据莱布尼茨判别法知该级数收敛，其和 $S \leqslant 1$.

例 2 讨论级数 $\sum\limits_{n=1}^{\infty}(-1)^{n-1}\dfrac{\sqrt{n}}{n+1}$ 的收敛性.

解 这是一个交错级数，易见 $\lim\limits_{n\to\infty}\dfrac{\sqrt{n}}{n+1} = 0$，为判定 $u_n = \dfrac{\sqrt{n}}{n+1}$ 的单调性，令 $f(x) = \dfrac{\sqrt{x}}{x+1}$，由于

$$f'(x) = \frac{\sqrt{x}}{(x+1)^2} = \frac{1-x}{2\sqrt{x}(x+1)^2} < 0(x > 1),$$

所以当 $n \geqslant 2$ 时,有 $u_{n+1} < u_n$,因此根据莱布尼茨判别法知该级数收敛.

二、绝对收敛和条件收敛

现在来讨论一般项级数

$$\sum_{n=1}^{\infty} u_n = u_1 + u_2 + \cdots + u_n + \cdots. \quad ③$$

称由级数③各项的绝对值构成的正项级数

$$\sum_{n=1}^{\infty} |u_n| = |u_1| + |u_2| + \cdots + |u_n| + \cdots \quad ④$$

为对应于级数④的**绝对值级数**. 级数③和④的收敛性有下列关系.

定理2 如果级数 $\sum_{n=1}^{\infty} |u_n|$ 收敛,则级数 $\sum_{n=1}^{\infty} u_n$ 也收敛.

证 因为

$$u_n = |u_n| - (|u_n| - u_n), \quad ⑤$$

$$0 \leqslant |u_n| - u_n \leqslant 2|u_n|, \quad ⑥$$

由于正项级数 $\sum_{n=1}^{\infty} |u_n|$ 收敛,故由⑥式和比较判别法知正项级数 $\sum_{n=1}^{\infty} (|u_n| - u_n)$ 收敛,从而由⑤式和级数的性质知级数 $\sum_{n=1}^{\infty} u_n$ 收敛.

注 由级数 $\sum_{n=1}^{\infty} u_n$ 收敛不能得出级数 $\sum_{n=1}^{\infty} |u_n|$ 收敛,如交错级数 $\sum_{n=1}^{\infty} (-1)^{n-1}\frac{1}{n}$ 收敛,而 $\sum_{n=1}^{\infty} \left|(-1)^{n-1}\frac{1}{n}\right| = \sum_{n=1}^{\infty} \frac{1}{n}$ 发散.

定义1 如果级数 $\sum_{n=1}^{\infty} u_n$ 收敛,而且级数 $\sum_{n=1}^{\infty} |u_n|$ 收敛,则称级数 $\sum_{n=1}^{\infty} u_n$ **绝对收敛**;如果级数 $\sum_{n=1}^{\infty} u_n$ 收敛,而级数 $\sum_{n=1}^{\infty} |u_n|$ 发散,则称级数 $\sum_{n=1}^{\infty} u_n$ **条件收敛**.

定理2告诉我们:**绝对收敛级数一定是收敛级数**.

由于 $\sum_{n=1}^{\infty} |u_n|$ 是正项级数,就可以用有关正项级数的判别法来判别 $\sum_{n=1}^{\infty} |u_n|$ 的收敛性.

例3 讨论下列级数的收敛性,若收敛,请指出是绝对收敛还是条件收敛:

(1) $\sum\limits_{n=1}^{\infty}\dfrac{\sin nx}{n^2}$;　　(2) $\sum\limits_{n=1}^{\infty}(-1)^{n-1}\dfrac{1}{\sqrt{n}}$;

(3) $\sum\limits_{n=1}^{\infty}(-1)^n a^n\left(1+\dfrac{1}{n}\right)^{-n^2}$,其中常数 $a>1$.

解 (1) 由于 $\left|\dfrac{\sin nx}{n^2}\right|\leqslant\dfrac{1}{n^2}$,而级数 $\sum\limits_{n=1}^{\infty}\dfrac{1}{n^2}$ 收敛,所以级数 $\sum\limits_{n=1}^{\infty}\dfrac{\sin nx}{n^2}$ 绝对收敛.

(2) 由于 $\left|(-1)^{n-1}\dfrac{1}{\sqrt{n}}\right|=\dfrac{1}{\sqrt{n}}$,而级数 $\sum\limits_{n=1}^{\infty}\dfrac{1}{\sqrt{n}}$ 发散,又由例 1 知 $\sum\limits_{n=1}^{\infty}\dfrac{(-1)^{n-1}}{\sqrt{n}}$ 收敛,所以级数 $\sum\limits_{n=1}^{\infty}(-1)^{n-1}\dfrac{1}{\sqrt{n}}$ 条件收敛.

(3) 由于 $|u_n|=a^n\left(1+\dfrac{1}{n}\right)^{-n^2}$,而 $\lim\limits_{n\to\infty}\sqrt[n]{|u_n|}=\lim\limits_{n\to\infty}a\left(1+\dfrac{1}{n}\right)^{-n}=\dfrac{a}{\mathrm{e}}\begin{cases}\geqslant 1, & a\geqslant \mathrm{e},\\ <1, & 1<a<\mathrm{e},\end{cases}$

所以当 $1<a<\mathrm{e}$ 时,级数 $\sum\limits_{n=1}^{\infty}(-1)^n a^n\left(1+\dfrac{1}{n}\right)^{-n^2}$ 绝对收敛;当 $a>\mathrm{e}$ 时,由于 $\lim\limits_{n\to\infty}|u_n|\neq 0$,级数 $\sum\limits_{n=1}^{\infty}(-1)^n\dfrac{1}{a^n}\left(1+\dfrac{1}{n}\right)^{n^2}$ 发散;当 $a=\mathrm{e}$ 时,由于 $\left\{\left(1+\dfrac{1}{n}\right)^n\right\}$ 是严格单调增加趋于 e,从而 $|u_n|=\mathrm{e}^n\left(1+\dfrac{1}{n}\right)^{-n^2}=\left[\mathrm{e}\left(1+\dfrac{1}{n}\right)^{-n}\right]^n>1$,即 $\lim\limits_{n\to\infty}u_n\neq 0$,故级数 $\sum\limits_{n=1}^{\infty}(-1)^n\dfrac{1}{a^n}\left(1+\dfrac{1}{n}\right)^{n^2}$ 发散.

本节学习要点

习题 8.3

1. 证明:如果 $\sum\limits_{n=1}^{\infty}u_n$ 与 $\sum\limits_{n=1}^{\infty}v_n$ 绝对收敛,则 $\sum\limits_{n=1}^{\infty}(u_n+v_n)$ 也绝对收敛.

2. 判别下列级数的收敛性,如果收敛,请指出是绝对收敛还是条件收敛:

(1) $\sum\limits_{n=1}^{\infty}(-1)^{n-1}\dfrac{2+(-1)^n}{2^n}$;　　(2) $\sum\limits_{n=1}^{\infty}\dfrac{(-1)^n}{\ln(n+1)}$;

(3) $\sum\limits_{n=1}^{\infty}\dfrac{\cos n\pi}{\sqrt{n}}$;　　(4) $\sum\limits_{n=1}^{\infty}\dfrac{(-1)^n\ln(n+1)}{n+1}$;

(5) $\sum\limits_{n=1}^{\infty}\left[\dfrac{(-1)^{n-1}}{\sqrt{n}}-\sin\dfrac{1}{n}\right]$;　　(6) $\sum\limits_{n=1}^{\infty}(-1)^{n-1}(\sqrt[n]{2}-1)$;

(7) $\sum\limits_{n=2}^{\infty}\dfrac{(-1)^n}{\sqrt{n}+(-1)^n}$;　　(8) $\sum\limits_{n=1}^{\infty}\dfrac{(-1)^n}{n-\ln n}$;

(9) $\sum\limits_{n=1}^{\infty}\dfrac{a^n}{n^p}$,其中 a 与 p 为常数,且 $p>0$;

(10) $\frac{1}{2}-\frac{1}{3}+\frac{1}{2^2}-\frac{1}{3^2}+\cdots+\frac{1}{2^n}-\frac{1}{3^n}+\cdots$.

3. 设 $\sum_{n=1}^{\infty}u_n$ 与 $\sum_{n=1}^{\infty}v_n$ 是一般项级数,判断下列说法是否正确,如果正确,请给出理由;如果错误,请举出反例:

(1) 如果 $0\leqslant u_n\leqslant|v_n|$, $\sum_{n=1}^{\infty}v_n$ 收敛,则 $\sum_{n=1}^{\infty}u_n$ 收敛.

(2) 如果 $u_n\leqslant v_n$, $\sum_{n=1}^{\infty}v_n$ 收敛,则 $\sum_{n=1}^{\infty}u_n$ 收敛.

(3) 如果 $\sum_{n=1}^{\infty}u_n$ 与 $\sum_{n=1}^{\infty}v_n$ 都发散,则 $\sum_{n=1}^{\infty}(|u_n|+|v_n|)$ 发散.

8.4 幂级数

本节要讨论的级数的一般项是一个最简单的函数——幂函数. 这类级数称为幂级数.

一、函数项级数的概念

设 $u_n(x)$, $n=1,2,\cdots$ 是定义在区间 I 上的一列函数,则称表达式

$$\sum_{n=1}^{\infty}u_n(x)=u_1(x)+u_2(x)+\cdots+u_n(x)+\cdots \quad ①$$

为定义在 I 上的**函数项级数**.

对于 I 中的每个值 x_0,函数项级数①就成了数项级数

$$\sum_{n=1}^{\infty}u_n(x_0)=u_1(x_0)+u_2(x_0)+\cdots+u_n(x_0)+\cdots. \quad ②$$

如果级数②收敛,就称函数项级数①在点 x_0 收敛,点 x_0 称为①的**收敛点**. 如果函数②发散,就称函数项级数①在点 x_0 **发散**.

函数项级数①的收敛点全体称为①的**收敛域**,记作 D.

对于函数项级数①的收敛域中的任一点 x,都有一个确定的和 $S(x)$ 与之对应,这样就构成了定义在收敛域 D 上的函数 $S(x)$,称 $S(x)$ 为函数项级数①的**和函数**.

记 $S_n(x)$ 为函数项级数①的前 n 项部分和,则有

$$S(x)=\lim_{n\to\infty}S_n(x),\ x\in D.$$

记 $R_n(x)=S(x)-S_n(x)$ 为函数项级数 ① 的余项,则有

$$\lim_{n\to\infty}R_n(x)=0,\ x\in D.$$

例 1 对定义在$(-\infty,+\infty)$上的函数项级数 $\sum_{n=0}^{\infty}x^n$,根据几何级数的收敛性有:当$|x|<1$时,级数收敛,和为$\frac{1}{1-x}$;当$|x|\geqslant 1$时,级数发散.

所以几何级数 $\sum_{n=1}^{\infty}x^n$ 的收敛域是$(-1,1)$,和函数$S(x)=\frac{1}{1-x}$,即

$$\frac{1}{1-x}=1+x+x^2+\cdots+x^{n-1}+\cdots,\ |x|<1.$$

二、幂级数及其收敛半径

在函数项级数中,其各项都是幂函数的函数项级数是最简单和最重要的一类,称这类函数项级数为**幂级数**,它的一般形式可以写成

$$\sum_{n=0}^{\infty}a_n(x-x_0)^n=a_0+a_1(x-x_0)+a_2(x-x_0)^2+\cdots+a_n(x-x_0)^n+\cdots, \tag{③}$$

其中 x_0 和 $a_0,a_1,\cdots,a_n,\cdots$都是常数,称 $a_0,a_1,\cdots,a_n,\cdots$为幂级数的**系数**. 如果作变换 $t=x-x_0$,级数 ③ 就化为

$$\sum_{n=0}^{\infty}a_nt^n=a_0+a_1t+a_2t^2+\cdots+a_nt^n+\cdots.$$

下面主要就幂级数

$$\sum_{n=0}^{\infty}a_nx^n=a_0+a_1x+a_2x^2+\cdots+a_nx^n+\cdots \tag{④}$$

展开讨论.

对于幂级数,首先要讨论它的收敛域. 很显然,幂级数④在 $x=0$ 处收敛,除此之外的收敛点是怎样的呢?

定理 1 如果幂级数④在点 $\bar{x}(\neq 0)$ 收敛,则对于满足$|x|<|\bar{x}|$ 的一切x,幂级数 ④ 收敛且绝对收敛;如果幂级数 ④ 在点 $\bar{x}(\neq 0)$ 发散,则对满足$|x|>|\bar{x}|$ 的一切x,幂级数 ④ 都发散.

证 由于级数 $\sum_{n=0}^{\infty}a_n\bar{x}^n$ 收敛,根据级数收敛的必要条件,有$\lim_{n\to\infty}a_n\bar{x}^n=0$,于是数列$\{a_n\bar{x}^n\}$

有界，即存在常数 $M>0$，使得

$$|a_n\bar{x}^n|\leqslant M,\ n=0,\ 1,\ 2,\ \cdots.$$

对于满足 $|x|<|\bar{x}|$ 的 x，记 $r=\left|\dfrac{x}{\bar{x}}\right|$，显然有 $r<1$，且有

$$|a_nx^n|=\left|a_n\bar{x}^n\cdot\frac{x^n}{\bar{x}^n}\right|=|a_n\bar{x}^n|\cdot\left|\frac{x^n}{\bar{x}^n}\right|\leqslant Mr^n.$$

由几何级数 $\sum\limits_{n=0}^{\infty}Mr^n$ 收敛及比较判别法可知，$\sum\limits_{n=0}^{\infty}a_nx^n$ 绝对收敛.

如果幂级数 $\sum\limits_{n=0}^{\infty}a_nx^n$ 在点 $\bar{x}(\neq0)$ 发散，假设存在 x_1（满足 $|x_1|>|\bar{x}|$），级数 $\sum\limits_{n=0}^{\infty}a_nx^n$ 在点 x_1 收敛，则根据定理中已证明的结论，知级数 $\sum\limits_{n=0}^{\infty}a_nx^n$ 在点 $\bar{x}$ 绝对收敛. 这与它在点 $\bar{x}$ 发散矛盾. 所以对满足 $|x|>|\bar{x}|$ 的一切 x，级数 $\sum\limits_{n=0}^{\infty}a_nx^n$ 都发散.

定理 1 告诉我们，如果幂级数④在点 x_1 收敛，在点 x_2 发散，则必有 $|x_1|<|x_2|$. 这样一定存在某个常数 $R>0$，且 $|x_1|\leqslant R\leqslant|x_2|$，使当 $|x|<R$ 时，幂级数④收敛；当 $|x|>R$ 时，幂级数④发散. 称这样的非负常数 R 为幂级数④的**收敛半径**，称 $(-R,\ R)$ 为幂级数④的**收敛区间**. 此时幂级数④的收敛域除了包含收敛区间还可能包含收敛区间的端点 $x=\pm R$，在端点处幂级数④的收敛性，需要单独判别.

特别地，当幂级数④仅在点 $x=0$ 收敛时，其收敛半径 $R=0$，收敛域仅有一点 $x=0$；当幂级数④的收敛域是无穷区间 $(-\infty,\ +\infty)$ 时，其收敛半径为无穷大，记 $R=+\infty$.

那么，怎么确定收敛半径 R 呢?

定理 2 对于幂级数 $\sum\limits_{n=0}^{\infty}a_nx^n(a_n\neq0)$，如果

$$\lim_{n\to\infty}\left|\frac{a_{n+1}}{a_n}\right|=\rho,$$

则幂级数的收敛半径 R 满足：

(1) 当 $0<\rho<+\infty$ 时，$R=\dfrac{1}{\rho}$；

(2) 当 $\rho=0$ 时，$R=+\infty$；

(3) 当 $\rho=+\infty$ 时，$R=0$.

证 对于幂级数 $\sum\limits_{n=0}^{\infty}a_nx^n$，有

$$\lim_{n\to\infty}\frac{|a_{n+1}x^{n+1}|}{|a_nx^n|}=\lim_{n\to\infty}\left|\frac{a_{n+1}}{a_n}\right||x|=\rho|x|.$$

(1) 当 $0<\rho<+\infty$ 时,根据比式判别法,当 $\rho|x|<1$(即 $|x|<\frac{1}{\rho}$) 时,$\sum_{n=0}^{\infty}a_nx^n$ 绝对收敛. 当 $\rho|x|>1$(即 $|x|>\frac{1}{\rho}$) 时,级数 $\sum_{n=0}^{\infty}|a_nx^n|$ 发散,此时有 $\lim_{n\to\infty}|a_nx^n|\neq 0$,从而 $\sum_{n=0}^{\infty}a_nx^n$ 发散. 于是 $\sum_{n=0}^{\infty}a_nx^n$ 的收敛半径 $R=\frac{1}{\rho}$.

(2) 当 $\rho=0$ 时,则对任何 $x\in(-\infty,+\infty)$,都有 $\rho|x|=0<1$,即对任何 $x\in(-\infty,+\infty)$,级数 $\sum_{n=0}^{\infty}|a_nx^n|$ 收敛,从而 $\sum_{n=0}^{\infty}a_nx^n$ 绝对收敛,于是 $R=+\infty$.

(3) 请读者自行完成.

思考 是否可以用根式极限 $\lim_{n\to\infty}\sqrt[n]{|a_n|}=\rho$ 得出类似于定理中 R 与 ρ 的关系?

例 2 求幂级数 $\sum_{n=1}^{\infty}\frac{x^n}{2^nn}$ 的收敛半径和收敛域.

解 因为

$$\rho=\lim_{n\to\infty}\frac{|a_{n+1}|}{|a_n|}=\lim_{n\to\infty}\frac{\frac{1}{2^{n+1}(n+1)}}{\frac{1}{2^nn}}=\lim_{n\to\infty}\frac{n}{2(n+1)}=\frac{1}{2},$$

所以 $\sum_{n=1}^{\infty}\frac{x^n}{2^nn}$ 的收敛半径为 $R=\frac{1}{\rho}=2$. 当 $x=2$ 时,原级数为发散级数 $\sum_{n=1}^{\infty}\frac{1}{n}$; 当 $x=-2$ 时,原级数为收敛级数 $\sum_{n=1}^{\infty}\frac{(-1)^n}{n}$. 于是 $\sum_{n=1}^{\infty}\frac{x^n}{2^nn}$ 的收敛域为 $[-2,2)$.

例 3 求幂级数 $\sum_{n=1}^{\infty}\frac{x^n}{n!}$ 的收敛半径和收敛域.

解 因为

$$\rho=\lim_{n\to\infty}\left|\frac{a_{n+1}}{a_n}\right|=\lim_{n\to\infty}\frac{n!}{(n+1)!}=\lim_{n\to\infty}\frac{1}{n+1}=0,$$

所以 $\sum_{n=1}^{\infty}\frac{x^n}{n!}$ 的收敛半径为 $R=+\infty$,收敛域为 $(-\infty,+\infty)$.

例 4 求幂级数 $\sum_{n=0}^{\infty}\frac{x^{2n+1}}{4^n}$ 的收敛半径和收敛域.

解 由于幂级数少了偶次幂的项,不能直接用定理2,但可以仿照定理2的方法,直接用根式判别法来求收敛半径. 因为

$$\lim_{n\to\infty}\sqrt[n]{\frac{|x^{2n+1}|}{4^n}}=\frac{|x|^2}{4},$$

所以,当 $\frac{|x|^2}{4}<1$(即 $|x|<2$)时原级数收敛,当 $\frac{|x|^2}{4}>1$(即 $|x|>2$)时原级数发散,在 $x=\pm 2$ 时,原级数为发散级数 $\sum_{n=0}^{\infty}2$,故 $\sum_{n=0}^{\infty}\frac{x^{2n+1}}{4^n}$ 的收敛半径为 $R=2$,收敛域为 $(-2, 2)$.

例 5 求幂级数 $\sum_{n=1}^{\infty}\frac{3^n}{n^2}(x-1)^n$ 的收敛区间.

解 令 $t=x-1$,代入原级数,得

$$\sum_{n=1}^{\infty}\frac{3^n}{n^2}t^n. \qquad ⑤$$

由于 $\rho=\lim_{n\to\infty}\frac{|a_{n+1}|}{|a_n|}=\lim_{n\to\infty}\frac{\frac{3^{n+1}}{(n+1)^2}}{\frac{3^n}{n^2}}=3$,所以幂级数⑤的收敛半径为 $\frac{1}{3}$. 当 $t=\frac{1}{3}$ 时,级数⑤为收敛级数 $\sum_{n=1}^{\infty}\frac{1}{n^2}$,当 $t=-\frac{1}{3}$ 时,级数⑤为收敛级数 $\sum_{n=1}^{\infty}\frac{(-1)^n}{n^2}$. 因此级数⑤的收敛域是 $\left[-\frac{1}{3}, \frac{1}{3}\right]$,由 $-\frac{1}{3}\leqslant x-1\leqslant\frac{1}{3}$,知原级数的收敛域是 $\left[\frac{2}{3}, \frac{4}{3}\right]$.

三、幂级数的运算

首先给出两个幂级数加、减、乘的运算性质.

定理3 设幂级数 $\sum_{n=0}^{\infty}a_nx^n$ 和 $\sum_{n=0}^{\infty}b_nx^n$ 收敛半径分别为 R_a 和 R_b,令 $R=\min\{R_a, R_b\}$,则当 $|x|<R$ 时,有加、减、乘的运算性质:

(1) $\sum_{n=0}^{\infty}a_nx^n\pm\sum_{n=0}^{\infty}b_nx^n=\sum_{n=0}^{\infty}(a_n\pm b_n)x^n$;

(2) $\left(\sum_{n=0}^{\infty}a_nx^n\right)\left(\sum_{n=0}^{\infty}b_nx^n\right)=\sum_{n=0}^{\infty}c_nx^n$,其中 $c_n=\sum_{k=0}^{n}a_kb_{n-k}$.

再用两个定理给出幂级数的**分析性质**.

定理 4 设幂级数 $\sum_{n=0}^{\infty} a_n x^n$ 的收敛区间为$(-R, R)$,则其和函数$S(x)$在$(-R, R)$内连续,如果幂级数在点$x=R$(或$-R$)收敛,则和函数$S(x)$在点$x=R$(或$-R$)左连续(或右连续).

定理4可用数学符号表示为

$$S(x_0)=\lim_{x\to x_0} S(x)=\lim_{x\to x_0}\left(\sum_{n=0}^{\infty} a_n x^n\right)=\sum_{n=0}^{\infty} a_n x_0^n=\sum_{n=0}^{\infty}\left(\lim_{x\to x_0} a_n x^n\right),\ x_0\in(-R, R). \tag{⑥}$$

即幂级数在其收敛区间内,极限运算“$\lim\limits_{x\to x_0}$”与求和运算“$\sum\limits_{n=0}^{\infty}$”可以交换,或称“可以逐项求极限”.

思考 若幂级数在收敛区间的端点收敛,相应的单侧极限是否类似于⑥的运算?

定理 5 设幂级数 $\sum_{n=0}^{\infty} a_n x^n$ 的收敛半径为R,和函数为$S(x)$,则对于任意$x(|x|<R)$,都有

(1) $$\int_0^x S(t)\,dt=\int_0^x\left(\sum_{n=0}^{\infty} a_n t^n\right)dt=\sum_{n=0}^{\infty}\int_0^x a_n t^n\,dt=\sum_{n=0}^{\infty}\frac{a_n}{n+1}x^{n+1}, \tag{⑦}$$

即幂函数在其收敛区间$(-R, R)$内可以逐项求积分,且幂级数⑦的收敛半径仍为R.

(2) $$S'(x)=\left(\sum_{n=0}^{\infty} a_n x^n\right)'=\sum_{n=0}^{\infty}(a_n x^n)'=\sum_{n=1}^{\infty} a_n n x^{n-1}. \tag{⑧}$$

即幂级数在其收敛区间$(-R, R)$内可以逐项求导,且幂级数⑧的收敛半径仍为R.

推论 幂级数 $\sum_{n=0}^{\infty} a_n x^n$ 的和函数$S(x)$在收敛区间$(-R, R)$内具有任意阶导数,且

$$S^{(k)}(x)=\sum_{n=0}^{\infty}(a_n x^n)^{(k)},\ k=1, 2, 3, \cdots.$$

注 可以证明,如果逐项求极限、逐项求导、逐项积分后所得的幂级数在点$x=R$(或$x=-R$)收敛,则等式⑥⑦⑧在点$x=R$(或$x=-R$)仍然成立.

例 6 求幂级数 $\sum_{n=1}^{\infty}\frac{1}{n}x^n$ 的和函数,并求 $\sum_{n=1}^{\infty}\frac{1}{2^n n}$ 的和.

解 由于 $\rho=\lim\limits_{n\to\infty}\dfrac{\frac{1}{n+1}}{\frac{1}{n}}=1$,所以 $\sum_{n=1}^{\infty}\frac{1}{n}x^n$ 的收敛半径为$R=1$,当$x=1$时,原级数为发散级数 $\sum_{n=1}^{\infty}\frac{1}{n}$;当$x=-1$时,原级数为收敛级数 $\sum_{n=1}^{\infty}\frac{(-1)^n}{n}$. 故 $\sum_{n=1}^{\infty}\frac{1}{n}x^n$ 的收敛域为$[-1, 1)$. 记

$S(x)=\sum_{n=1}^{\infty}\frac{1}{n}x^n$，$x\in[-1,1)$，则

$$S'(x)=\sum_{n=1}^{\infty}\left(\frac{x^n}{n}\right)'=\sum_{n=1}^{\infty}x^{n-1}=\sum_{n=0}^{\infty}x^n=\frac{1}{1-x},\ |x|<1,$$

因此，幂级数 $\sum_{n=1}^{\infty}\frac{1}{n}x^n$ 的和函数为

$$S(x)=\sum_{n=1}^{\infty}\frac{x^n}{n}=\int_0^x\frac{1}{1-t}\mathrm{d}t+S(0)=-\ln(1-x),\ -1\leqslant x<1,$$

令 $x=\frac{1}{2}$，代入上式得 $\sum_{n=1}^{\infty}\frac{1}{2^n n}$ 的和为 $\ln 2$.

例 7 求幂级数 $\sum_{n=0}^{\infty}\frac{x^{2n}}{2n+1}$ 的和函数.

解 因为 $\lim_{n\to\infty}\frac{\frac{|x^{2n+1}|}{2n+3}}{\frac{|x^{2n}|}{2n+1}}=x^2$，所以 $\sum_{n=0}^{\infty}\frac{x^{2n}}{2n+1}$ 的收敛半径为 $R=1$. 当 $x=\pm1$ 时，原级数为发散级数 $\sum_{n=0}^{\infty}\frac{1}{2n+1}$，故幂级数的收敛域为 $(-1,1)$，当 $x\in(-1,1)$ 且 $x\neq0$ 时，有

$$\begin{aligned}S(x)&=\sum_{n=0}^{\infty}\frac{x^{2n}}{2n+1}=\frac{1}{x}\sum_{n=0}^{\infty}\frac{x^{2n+1}}{2n+1}=\frac{1}{x}\sum_{n=0}^{\infty}\int_0^x t^{2n}\mathrm{d}t=\frac{1}{x}\int_0^x\left(\sum_{n=0}^{\infty}t^{2n}\right)\mathrm{d}t\\&=\frac{1}{x}\int_0^x\frac{1}{1-t^2}\mathrm{d}t=\frac{1}{2x}\left(\int_0^x\frac{1}{1+t}\mathrm{d}t+\int_0^x\frac{1}{1-t}\mathrm{d}t\right)=\frac{1}{2x}\ln\frac{1+x}{1-x},\end{aligned}$$

因此，幂级数 $\sum_{n=0}^{\infty}\frac{x^{2n}}{2n+1}$ 的和函数为

$$S(x)=\begin{cases}\frac{1}{2x}\ln\frac{1+x}{1-x}, & -1<x<0\text{ 或 }0<x<1,\\ 1, & x=0.\end{cases}$$

思考 例 7 中的和函数 $S(x)$ 在点 $x=0$ 处连续吗？

例 8 求级数 $\sum_{n=0}^{\infty}\frac{n(n+1)}{2^n}$ 的和.

解 设 $S(x)=\sum_{n=1}^{\infty}n(n+1)x^n$，则 $S\left(\frac{1}{2}\right)=\sum_{n=0}^{\infty}\frac{n(n+1)}{2^n}$.

本节学习要点

易知 $\sum_{n=1}^{\infty} n(n+1)x^n$ 的收敛半径为 1,收敛域为 $(-1,1)$. 于是

$$S(x)=\sum_{n=1}^{\infty} n(n+1)x^n = x\Big(\sum_{n=1}^{\infty} x^{n+1}\Big)'' = x\left(\frac{x^2}{1-x}\right)''$$

$$=\frac{2x}{(1-x)^3},\ x\in(-1,1).$$

由此可得

$$\sum_{n=0}^{\infty}\frac{n(n+1)}{2^n}=S\left(\frac{1}{2}\right)=8.$$

习题 8.4

1. 求下列幂级数的收敛半径和收敛域:

(1) $\sum_{n=1}^{\infty} nx^n$;

(2) $\sum_{n=1}^{\infty}\frac{x^n}{2\cdot 4\cdot\cdots\cdot(2n)}$;

(3) $\sum_{n=1}^{\infty}\frac{2^n}{n^2+1}x^n$;

(4) $\sum_{n=1}^{\infty}\frac{(x+2)^n}{n\cdot 2^n}$;

(5) $\sum_{n=1}^{\infty}(-1)^n\frac{x^{2n+1}}{2n+1}$;

(6) $\sum_{n=1}^{\infty}(-1)^n\frac{x^n}{n^p}$,其中常数 $p>0$;

(7) $\sum_{n=0}^{\infty}\frac{x^{3n}}{2^n}$;

(8) $\sum_{n=1}^{\infty}\frac{x^{4n+1}}{\left(4+\frac{1}{4n}\right)^n}$.

2. 求幂级数 $\sum_{n=1}^{\infty}\frac{(-1)^{n-1}}{2n-1}x^{2n}$ 的收敛域及和函数,并求 $\sum_{n=1}^{\infty}\frac{(-1)^{n-1}}{2n-1}$ 的和.

3. 求幂级数 $\sum_{n=1}^{\infty}\frac{4n^2+4n+3}{2n+1}x^{2n}$ 的收敛域及和函数.

4. 求级数 $\sum_{n=1}^{\infty}\left(\frac{1}{n}x^n-\frac{1}{n+1}x^{n+1}\right)$ 的收敛域及和函数.

5. 设幂级数 $\sum_{n=1}^{\infty}a_nx^n$ 的收敛半径为 4,求幂级数 $\sum_{n=1}^{\infty}\frac{a_n}{n+1}(x-1)^{n-1}$ 的收敛区间.

6. 求下列数项级数的和:

(1) $\sum_{n=2}^{\infty}\frac{1}{(n^2-1)3^n}$;

(2) $\sum_{n=1}^{\infty}\frac{(-1)^{n-1}}{n^2}$;

(3) $\sum_{n=1}^{\infty}\frac{n^2}{2^n}$.

7. 求极限 $\lim\limits_{n\to\infty}\left(\frac{1}{a}+\frac{2}{a^2}+\cdots+\frac{n}{a^n}\right)$,其中常数 $a>1$.

8.5 函数的幂级数展开式

由前面的讨论知,一个幂级数在其收敛域上可以表示某个函数(即和函数),同时满足一定条件的函数可以表示成一个多项式及一个余项的和(即泰勒公式).由于幂级数形式简单且有很好的性质,能否在一定条件下将泰勒公式中的多项式变成幂级数呢?

一、泰勒级数

定义1 如果函数$f(x)$在点x_0的某邻域$U(x_0)$内可用一个收敛的幂级数来表示,即

$$f(x)=\sum_{n=0}^{\infty}a_n(x-x_0)^n,\ x\in U(x_0),$$

则称幂级数$\sum\limits_{n=0}^{\infty}a_n(x-x_0)^n$为函数$f(x)$在点$x=x_0$处的**幂级数展开式**,也称函数$f(x)$在点$x_0$可展开为幂级数$\sum\limits_{n=0}^{\infty}a_n(x-x_0)^n$.

如果函数$f(x)$在点x_0可以展开为幂级数$\sum\limits_{n=0}^{\infty}a_n(x-x_0)^n$,即$f(x)=\sum\limits_{n=0}^{\infty}a_n(x-x_0)^n$,怎么求出这个幂级数呢?

定理1 如果$f(x)$在点x_0可展开为幂级数$\sum\limits_{n=0}^{\infty}a_n(x-x_0)^n$,则

$$a_n=\frac{f^{(n)}(x_0)}{n!},\ n=0,\ 1,\ 2,\ \cdots, \qquad ①$$

这里约定$f^{(0)}(x)=f(x)$, $0!=1$.

证 因为对任意$x\in U(x_0)$,有

$$f(x)=a_0+a_1(x-x_0)+a_2(x-x_0)^2+a_3(x-x_0)^3+\cdots+a_n(x-x_0)^n+\cdots,$$

由于幂级数在收敛区间内可逐项求导,用8.4节定理5逐次求导,得

$$f'(x)=a_1+2a_2(x-x_0)+3a_3(x-x_0)^2+\cdots+na_n(x-x_0)^{n-1}+\cdots,$$

$$f''(x)=2a_2+3\cdot 2a_3(x-x_0)+\cdots+n(n-1)a_n(x-x_0)^{n-2}+\cdots,$$

$$\cdots\cdots$$

$$f^{(n)}(x)=n!a_n+(n+1)n(n-1)\cdots 2a_{n+1}(x-x_0)+\cdots,$$

用 $x=x_0$ 分别代入上面各式,可得

$$a_0=f(x_0),\ a_1=f'(x_0),\ a_2=\frac{f''(x_0)}{2!},\ \cdots,\ a_n=\frac{f^{(n)}(x_0)}{n!},\ \cdots.$$

注 定理 1 还说明,如果 $f(x)$ 能展开成幂级数,其**展开式是唯一的**.

定义 2 如果函数 $f(x)$ 在点 x_0 处有任意阶导数,则称级数

$$\sum_{n=0}^{\infty}\frac{f^{(n)}(x_0)}{n!}(x-x_0)^n \tag{②}$$

为函数 $f(x)$ 在点 x_0 处的**泰勒级数**. 当 $x_0=0$ 时,称级数②为**麦克劳林(Maclaurin)级数**.

现在的问题是级数②是否在点 x_0 的某邻域内收敛,如果收敛,是否收敛到 $f(x)$?

由 4.3 节可知,当函数 $f(x)$ 在点 x_0 的某邻域 $U(x_0)$ 内有直到 $n+1$ 阶导数时,有泰勒公式

$$f(x)=f(x_0)+f'(x_0)(x-x_0)+\frac{f''(x_0)}{2!}(x-x_0)^2+\cdots+\frac{f^{(n)}(x_0)}{n!}(x-x_0)^n+R_n(x),$$

其中 $R_n(x)$ 为拉格朗日型余项,可以表示为

$$R_n(x)=\frac{f^{(n+1)}(\xi)}{(n+1)!}(x-x_0)^{n+1},\ \xi \text{ 介于 } x \text{ 与 } x_0 \text{ 之间}.$$

这样,函数 $f(x)$ 与多项式

$$p_n(x)=f(x_0)+f'(x_0)(x-x_0)+\frac{f''(x_0)}{2!}(x-x_0)^2+\cdots+\frac{f^{(n)}(x_0)}{n!}(x-x_0)^n$$

的差 $f(x)-p_n(x)$ 就是 $R_n(x)$.

定理 2 设 $f(x)$ 在点 x_0 的某邻域 $U(x_0)$ 内有任意阶导数,则 $f(x)$ 在点 x_0 处的泰勒级数②在 $U(x_0)$ 内收敛于 $f(x)$ 的**充分必要条件**是对一切 $x\in U(x_0)$,有

$$\lim_{n\to\infty}R_n(x)=0.$$

* **证** **必要性** 如果 $f(x)$ 的泰勒级数②在 $U(x_0)$ 内收敛于 $f(x)$,则

$$f(x)=\sum_{n=0}^{\infty}\frac{f^{(n)}(x_0)}{n!}(x-x_0)^n,\ x\in U(x_0),$$

记 $S_n(x)$ 为泰勒级数②的前 n 项部分和,则当 $x\in U(x_0)$ 时,

$$R_n(x)=f(x)-S_n(x),\text{且}\lim_{n\to\infty}S_n(x)=f(x).$$

从而

$$\lim_{n\to\infty} R_n(x) = \lim_{n\to\infty}[f(x) - S_n(x)] = 0,\ x \in U(x_0).$$

充分性 设对一切 $x \in U(x_0)$ 有 $\lim_{n\to\infty} R_n(x) = 0$，由

$$f(x) = S_n(x) + R_n(x) \text{ 或 } S_n(x) = f(x) - R_n(x),$$

得

$$\lim_{n\to\infty} S_n(x) = \lim_{n\to\infty}[f(x) - R_n(x)] = f(x),$$

即 $f(x)$ 的泰勒级数②在点 x_0 的某邻域 $U(x_0)$ 内收敛于 $f(x)$.

定理2指出，当函数 $f(x)$ 的泰勒公式中的余项 $R_n(x)$ 趋于 $0(n\to\infty)$ 时，$f(x)$ 可以展开成幂级数，并且根据定理1这种展开式是唯一的. 下面来讨论如何将一个函数展开成幂级数.

二、初等函数的幂级数展开式

设 $f(x)$ 在点 x_0 的某邻域内有任意阶导数，求 $f(x)$ 在点 x_0 处的幂级数展开式的步骤如下：

1. 求出 $f(x)$ 在点 x_0 处的各阶导数

$$f(x_0), f'(x_0), f''(x_0), \cdots, f^{(n)}(x_0), \cdots.$$

2. 写出 $f(x)$ 在点 x_0 处的泰勒级数

$$\sum_{n=0}^{\infty}\frac{f^{(n)}(x_0)}{n!}(x-x_0) = f(x_0) + f'(x_0)(x-x_0) + \cdots + \frac{f^{(n)}(x_0)}{n!}(x-x_0)^n + \cdots,$$

并求出它的收敛半径 R.

3. 写出 $f(x)$ 的拉格朗日型余项

$$R_n(x) = \frac{f^{(n+1)}(\xi)}{(n+1)!}(x-x_0)^{n+1},\ \xi \text{ 介于 } x \text{ 与 } x_0 \text{ 之间}.$$

考察极限

$$\lim_{n\to\infty} R_n(x) = \lim_{n\to\infty}\frac{f^{(n+1)}(\xi)}{(n+1)!}(x-x_0)^{n+1},$$

如果当 $|x-x_0| < R$ 时，有 $\lim_{n\to\infty} R_n(x) = 0$，则函数 $f(x)$ 在点 x_0 处的幂级数展开式为

$$f(x) = \sum_{n=0}^{\infty}\frac{f^{(n)}(x_0)}{n!}(x-x_0)^n,\ x \in (x_0 - R,\ x_0 + R). \tag{③}$$

上述求函数 $f(x)$ 幂级数展开式的方法称为**直接法**.

例 1 求函数 $f(x)=e^x$ 在点 $x=0$ 处的幂级数展开式.

解 因为 $f^{(n)}(x)=e^x$, $f^{(n)}(0)=1\quad(n=0,1,2,\cdots)$,所以 e^x 的麦克劳林级数为

$$1+x+\frac{x^2}{2!}+\cdots+\frac{x^n}{n!}+\cdots,$$

其收敛半径为 $R=+\infty$. 对任意 $x\in(-\infty,+\infty)$,函数 e^x 的拉格朗日型余项有估计式

$$|R_n(x)|=\left|\frac{e^{\xi}}{(n+1)!}x^{n+1}\right|\leqslant\frac{e^{|x|}}{(n+1)!}|x|^{n+1},\ \xi\text{ 在 }0\text{ 与 }x\text{ 之间},$$

其中 $e^{|x|}$ 是与 n 无关的实数, $\frac{|x|^{n+1}}{(n+1)!}$ 是收敛级数 $\sum\limits_{n=0}^{\infty}\frac{|x|^n}{n!}$ 的一般项,故对一切 $x\in(-\infty,+\infty)$,有

$$\lim_{n\to\infty}\frac{|x|^{n+1}}{(n+1)!}=0.$$

从而 $\lim\limits_{n\to\infty}R_n(x)=0$, $x\in(-\infty,+\infty)$. 于是得 $f(x)=e^x$ 在点 $x=0$ 处的幂级数展开式

$$e^x=\sum_{n=0}^{\infty}\frac{x^n}{n!}=1+x+\frac{x^2}{2!}+\cdots+\frac{x^n}{n!}+\cdots,\ x\in(-\infty,+\infty).$$

例 2 求函数 $f(x)=\sin x$ 在点 $x=0$ 处的幂级数展开式.

解 由于 $f^{(n)}(x)=\sin\left(x+\frac{n\pi}{2}\right)$, $n=1,2,\cdots$,故

$$f^{(2k)}(0)=0,\ f^{(2k+1)}(0)=(-1)^k,\ k=0,1,2,\cdots,$$

所以 $\sin x$ 的麦克劳林级数为

$$x-\frac{x^3}{3!}+\frac{x^5}{5!}+\cdots+(-1)^k\frac{x^{2k+1}}{(2k+1)!}+\cdots.$$

其收敛半径为 $R=+\infty$,对任意 $x\in(-\infty,+\infty)$,函数 $\sin x$ 的拉格朗日型余项有估计式

$$|R_n(x)|=\left|\frac{\sin\left[\xi+(n+1)\frac{\pi}{2}\right]}{(n+1)!}x^{n+1}\right|\leqslant\frac{|x|^{n+1}}{(n+1)!},\ \xi\text{ 在 }0\text{ 与 }x\text{ 之间},$$

因此 $\lim\limits_{n\to\infty}R_n(x)=0$, $x\in(-\infty,+\infty)$. 于是得 $f(x)=\sin x$ 在点 $x=0$ 处的幂级数展开式

$$\sin x=x-\frac{x^3}{3!}+\frac{x^5}{5!}+\cdots+(-1)^k\frac{x^{2k+1}}{(2k+1)!}+\cdots\quad x\in(-\infty,+\infty).$$

例3 函数$(1+x)^{\alpha}$,其中α为任意实常数,在点$x=0$处的幂级数展开式为

$$(1+x)^{\alpha}=1+\frac{\alpha}{1!}x+\frac{\alpha(\alpha-1)}{2!}x^2+\cdots+\frac{\alpha(\alpha-1)\cdots(\alpha-n+1)}{n!}x^n+\cdots$$
$$=1+\sum_{n=1}^{\infty}\frac{\alpha(\alpha-1)\cdots(\alpha-n+1)}{n!}x^n,\ x\in(-1,1).\quad ④$$

公式④称为**二项展开式**. 在区间端点处展开式是否成立要看α的值而定.

当α是正整数时,级数成为x的α次多项式,就是代数学中的二项式公式.

当$\alpha=\frac{1}{2}$和$\alpha=-\frac{1}{2}$时,相应的二项展开式为

$$\sqrt{1+x}=1+\frac{1}{2}x-\frac{1}{2\cdot 4}x^2+\frac{1\cdot 3}{2\cdot 4\cdot 6}x^3+\cdots+(-1)^{n+1}\frac{(2n-3)!!}{(2n)!!}x^n+\cdots,\ x\in[-1,1];$$

$$\frac{1}{\sqrt{1+x}}=1-\frac{1}{2}x+\frac{1\cdot 3}{2\cdot 4}x^2-\frac{1\cdot 3\cdot 5}{2\cdot 4\cdot 6}x^3+\cdots+(-1)^n\frac{(2n-1)!!}{(2n)!!}x^n+\cdots,\ x\in(-1,1].$$

用直接法求函数在某点处的幂级数展开式,除了计算量比较大之外,最困难的是要确定余项$R_n(x)$是否趋于零. 利用幂级数展开式的唯一性以及幂级数运算性质,可以利用一些已知函数的幂级数展开式得到所求函数的幂级数展开式,这种求函数的幂级数展开式的方法称为**间接法**.

例4 求函数$\cos x$在点$x=0$处的幂级数展开式.

解 根据例2,$\sin x=\sum_{n=0}^{\infty}\frac{(-1)^n}{(2n+1)!}x^{2n+1}$, $x\in(-\infty,+\infty)$,对上式逐项求导,得$\cos x$在点$x=0$处的幂级数展开式

$$\cos x=\sum_{n=0}^{\infty}\frac{(-1)^n}{(2n)!}x^{2n}=1-\frac{x^2}{2!}+\frac{x^4}{4!}+\cdots+(-1)^n\frac{x^{2n}}{(2n)!}+\cdots,\ x\in(-\infty,+\infty).$$

例5 求函数$\frac{1}{1+x^2}$在点$x=0$处的幂级数展开式.

解 因为$\frac{1}{1-x}=\sum_{n=0}^{\infty}x^n$, $x\in(-1,1)$,以$-x^2$代x,得$\frac{1}{1+x^2}$在点$x=0$处的幂级数展开式

$$\frac{1}{1+x^2}=\sum_{n=0}^{\infty}(-1)^n x^{2n},\ x\in(-1,1).$$

例6 求函数$\ln(1+x)$在点$x=0$处的幂级数展开式.

解 对几何级数

$$\frac{1}{1+x}=1-x+x^2+\cdots+(-1)^n x^n+\cdots,\ x\in(-1,1)$$

从0到x逐项积分,得$\ln(1+x)$在点$x=0$处的幂级数展开式

$$\ln(1+x)=x-\frac{x^2}{2}+\frac{x^3}{3}-\frac{x^4}{4}+\cdots+(-1)^{n-1}\frac{x^n}{n}+\cdots,\ x\in(-1,1].$$

以下几个基本初等函数在点$x=0$处的幂级数展开式是进行间接展开、幂级数运算、级数求和以及近似计算的基础,务请记住并熟练掌握.

(1) $\frac{1}{1+x}=1-x+x^2+\cdots+(-1)^n x^n+\cdots,\ x\in(-1,1).$

(2) $e^x=\sum_{n=0}^{\infty}\frac{x^n}{n!}=1+x+\frac{x^2}{2!}+\cdots+\frac{x^n}{n!}+\cdots,\ x\in(-\infty,+\infty).$

(3) $\sin x=x-\frac{x^3}{3!}+\frac{x^5}{5!}+\cdots+(-1)^k\frac{x^{2k+1}}{(2k+1)!}+\cdots,\ x\in(-\infty,+\infty).$

(4) $\cos x=1-\frac{x^2}{2!}+\frac{x^4}{4!}+\cdots+(-1)^n\frac{x^{2n}}{(2n)!}+\cdots,\ x\in(-\infty,+\infty).$

(5) $\ln(1+x)=x-\frac{x^2}{2}+\frac{x^3}{3}-\frac{x^4}{4}+\cdots+(-1)^{n-1}\frac{x^n}{n}+\cdots,\ x\in(-1,1].$

(6) $(1+x)^\alpha=1+\frac{\alpha}{1!}x+\frac{\alpha(\alpha-1)}{2!}x^2+\cdots+\frac{\alpha(\alpha-1)\cdots(\alpha-n+1)}{n!}x^n+\cdots,\ x\in(-1,1).$

例7 求函数$\arctan x$在点$x=0$处的幂级数展开式.

解 因为$(\arctan x)'=\frac{1}{1+x^2}=\sum_{n=0}^{\infty}(-1)^n x^{2n},\ x\in(-1,1)$,将上式从0到$x$逐项积分后得$\arctan x$在点$x=0$处的幂级数展开式

$$\arctan x=\int_0^x\frac{1}{1+t^2}dt+\arctan 0=x-\frac{x^3}{3}+\frac{x^5}{5}+\cdots+(-1)^n\frac{x^{2n+1}}{2n+1}+\cdots,\ x\in(-1,1),$$

上式右边的幂级数在$x=\pm1$处收敛,所以所求的幂级数展开式在$x=\pm1$处也成立,即

$$\arctan x=x-\frac{x^3}{3}+\frac{x^5}{5}+\cdots+(-1)^n\frac{x^{2n+1}}{2n+1}+\cdots,\ x\in[-1,1].$$

特别取$x=1$,可得

$$\frac{\pi}{4}=1-\frac{1}{3}+\frac{1}{5}-\frac{1}{7}+\cdots.$$

例8 求函数 $\ln\frac{1+x}{1-x}$ 在点 $x=0$ 处的幂级数展开式.

解 因为 $\ln\frac{1+x}{1-x}=\ln(1+x)-\ln(1-x)$,由

$$\ln(1+x)=x-\frac{x^2}{2}+\frac{x^3}{3}-\frac{x^4}{4}+\cdots+(-1)^{n-1}\frac{x^n}{n}+\cdots,\ x\in(-1,1],$$

以 $-x$ 代 x,得

$$\ln(1-x)=-x-\frac{x^2}{2}-\frac{x^3}{3}-\frac{x^4}{4}-\cdots-\frac{x^n}{n}+\cdots,\ x\in[-1,1),$$

在共同收敛域内将上述两式相减,得

$$\ln\frac{1+x}{1-x}=2\left(x+\frac{x^3}{3}+\frac{x^5}{5}+\cdots+\frac{x^{2k-1}}{2k-1}+\cdots\right),\ x\in(-1,1).$$

例9 求函数 $\frac{1}{x^2+3x+2}$ 在点 $x=4$ 处的幂级数展开式.

解 利用展开式 $\frac{1}{1+x}=1-x+x^2+\cdots+(-1)^nx^n+\cdots,\ x\in(-1,1)$,得

$$\begin{aligned}\frac{1}{x^2+3x+2}&=\frac{1}{x+1}-\frac{1}{x+2}=\frac{1}{5+(x-4)}-\frac{1}{6+(x-4)}\\&=\frac{1}{5}\cdot\frac{1}{1+\frac{(x-4)}{5}}-\frac{1}{6}\cdot\frac{1}{1+\frac{(x-4)}{6}}\\&=\frac{1}{5}\cdot\sum_{n=0}^{\infty}(-1)^n\frac{(x-4)^n}{5^n}-\frac{1}{6}\cdot\sum_{n=0}^{\infty}(-1)^n\frac{(x-4)^n}{6^n}\\&=\sum_{n=0}^{\infty}(-1)^n\left(\frac{1}{5^{n+1}}-\frac{1}{6^{n+1}}\right)(x-4)^n,\ -1<x<9.\end{aligned}$$

例10 已知 $\cos 2x-\frac{1}{(1+x)^2}=\sum_{n=0}^{\infty}a_nx^n,\ -1<x<1$,求 a_n.

解 因为 $\cos 2x=\sum_{n=0}^{\infty}\frac{(-1)^n}{(2n)!}(2x)^{2n}=\sum_{n=0}^{\infty}\frac{(-1)^n4^n}{(2n)!}x^{2n},\ x\in(-\infty,+\infty)$

$$\begin{aligned}-\frac{1}{(1+x)^2}&=\left(\frac{1}{1+x}\right)'=\left[\sum_{n=0}^{\infty}(-1)^nx^n\right]'=\sum_{n=1}^{\infty}(-1)^nnx^{n-1}\\&=\sum_{n=0}^{\infty}(-1)^{n+1}(n+1)x^n,\ x\in(-1,1)\end{aligned}$$

所以

$$\cos 2x-\frac{1}{(1+x)^2}=\sum_{n=0}^{\infty}\frac{(-1)^n4^n}{(2n)!}x^{2n}+\sum_{n=0}^{\infty}(-1)^{n+1}(n+1)x^n=\sum_{n=0}^{\infty}a_nx^n,$$

从而得到

$$a_n=\begin{cases}-(2k+1)+\dfrac{(-1)^k4^k}{(2k)!}, & n=2k,\\ 2k+2, & n=2k+1,\end{cases}\quad k=0,1,2,\cdots.$$

*三、近似计算

对数函数、指数函数、三角函数和反三角函数的函数值除几个特殊值外,基本都是无理数,这些无理数的近似值以前是很难计算的,当有了函数的幂级数展开式后,问题就解决了.

例 11 计算 e 的近似值(精确到 0.0001).

解 由 e^x 在点 $x=0$ 处的幂级数展开式中令 $x=1$,得

$$e=1+1+\frac{1}{2!}+\frac{1}{3!}+\cdots+\frac{1}{n!}+\cdots.$$

如果取前 $n+1$ 项作为 e 的近似值,其误差为

$$|R_n(1)|=\frac{e^{\xi}}{(n+1)!}\times 1^{n+1}<\frac{3}{(n+1)!},\ \xi\text{ 在 }0\text{ 与 }1\text{ 之间}.$$

经过简单计算可以知道当 $n=7$ 时,有

$$|R_7(1)|<\frac{3}{8!}=\frac{3}{40320}=0.000074<0.0001,$$

因此,可取级数前 8 项的和作为 e 的近似值:

$$e\approx 1+1+\frac{1}{2}+\frac{1}{6}+\frac{1}{24}+\frac{1}{120}+\frac{1}{720}+\frac{1}{5040}\approx 2.7183.$$

注 在近似计算中会产生两种误差,一是**截断误差**(由 $|R_n|$ 给出),是截断级数取有限项引起的;二是**舍入误差**,是计算中“四舍五入”引起的.因此为了使两种误差之和小于规定的误差值(如例 11 小于 0.0001),在计算时每一项都应多保留一位小数,相加后再四舍五入.

例 12 计算定积分 $\frac{2}{\sqrt{\pi}}\int_0^{\frac{1}{2}} e^{-x^2}dx$ 的近似值,精确到 0.0001.

解 在定积分和二重积分的相关内容中,已知 e^{-x^2} 的原函数不是初等函数,无法用牛顿-莱布尼茨公式直接求出,故用近似计算求其近似值.

在 $e^x = \sum_{n=0}^{\infty} \frac{x^n}{n!}$ 中用 $-x^2$ 代 x,得

$$e^{-x^2} = 1 - x^2 + \frac{x^4}{2!} - \frac{x^6}{3!} + \cdots,\ x \in (-\infty, +\infty).$$

对上式逐项积分,得到

$$\begin{aligned}\frac{2}{\sqrt{\pi}}\int_0^{\frac{1}{2}} e^{-x^2}dx &= \frac{2}{\sqrt{\pi}}\int_0^{\frac{1}{2}}\left(1 - x^2 + \frac{x^4}{2!} - \frac{x^6}{3!} + \cdots\right)dx \\ &= \frac{1}{\sqrt{\pi}}\left(1 - \frac{1}{2^2 \cdot 3} + \frac{1}{2^4 \cdot 5 \cdot 2!} - \frac{1}{2^6 \cdot 7 \cdot 3!} + \cdots\right),\end{aligned}$$

括号内是交错级数,该交错级数满足莱布尼茨判别法的条件,因此其余项

$$|R_n| < \frac{1}{\sqrt{\pi}} \cdot \frac{1}{2^{2n} \cdot (2n+1) \cdot n!}.$$

经简单计算知,当 $n = 4$ 时,有

$$|R_4| < \frac{1}{\sqrt{\pi}} \cdot \frac{1}{2^8 \cdot 9 \cdot 4!} = \frac{1}{\sqrt{\pi}} \times \frac{1}{55296} < 10^{-4},$$

因此取级数前 4 项,可得近似值

本节学习要点

$$\begin{aligned}\frac{2}{\sqrt{\pi}}\int_0^{\frac{1}{2}} e^{-x^2}dx &\approx \frac{1}{\sqrt{\pi}}\left(1 - \frac{1}{2^2 \cdot 3} + \frac{1}{2^4 \cdot 5 \cdot 2!} - \frac{1}{2^6 \cdot 7 \cdot 3!}\right) \\ &\approx 0.56419 \times (1 - 0.08333 + 0.00625 - 0.00037) \\ &\approx 0.5205.\end{aligned}$$

积分 $\Phi(a) = \frac{2}{\sqrt{\pi}}\int_0^a e^{-x^2}dx$ 称为概率积分. 查阅概率积分 $\Phi(a)$ 的积分表可以得到其值. 例 12 给出了概率积分表的制作方法.

习题 8.5

1. 用间接法求下列函数在点 $x=0$ 处的幂级数展开式：

(1) $f(x)=e^{2x}$；　　(2) $f(x)=\ln(3+x)$.

2. 求下列函数在指定点处的幂级数展开式：

(1) $f(x)=\dfrac{1}{x},\ x=3$；　　(2) $f(x)=\sqrt{x^3},\ x=1$；

(3) $f(x)=\sin x,\ x=\dfrac{\pi}{4}$；　　(4) $f(x)=\dfrac{x}{x^2-x-2},\ x=3$；

(5) $f(x)=\dfrac{x-1}{4-x},\ x=1$.

3. 求函数 $f(x)=xe^{-x}$ 在点 $x=2$ 处的幂级数展开式，并求 $f^{(n)}(2)$.

4. 求函数 $(2+x)^5$ 在点 $x=0$ 处的幂级数展开式.

5. 求下列函数在点 $x=0$ 处的幂级数展开式：

(1) $\dfrac{1}{x^2+4x+3}$；　　(2) $\dfrac{1}{(2+x)^2}$；

(3) $\sin^2 x$；　　(4) $\ln(1-2x-3x^2)$.

6. 用直接法求 $\tan x$ 在点 $x=0$ 处的幂级数展开式的前 3 项，并由此求 $\lim\limits_{x\to 0}\dfrac{\tan x-\arctan x}{x^3}$.

7. 利用函数的幂级数展开式，求下列近似值(精确到 0.0001)：

(1) $\sin 9°$；　　(2) $\displaystyle\int_0^1 \frac{\sin t}{t}\mathrm{d}t$.

总 练 习 题

1. 判断下列级数的收敛性：

(1) $\displaystyle\sum_{n=1}^{\infty}\left(a^{\frac{1}{n}}-a^{\frac{1}{n+1}}\right)$，其中常数 $a>0$；　　(2) $\displaystyle\sum_{n=1}^{\infty}\frac{(-1)^{n-1}}{\int_0^n\sqrt{1+x^2}\,\mathrm{d}x}$.

2. 设 $\dfrac{1}{1-x-x^2}=\displaystyle\sum_{n=0}^{\infty}a_n x^n$，证明：$a_0=a_1=1,\ a_{n+2}=a_{n+1}+a_n,\ n=0,1,2,\cdots$.

3. 设 $f(x)=\displaystyle\sum_{n=1}^{\infty}\frac{x^n}{n^2},\ x\in[-1,1]$，证明：$f(x)+f(1-x)+\ln x\ln(1-x)=\displaystyle\sum_{n=1}^{\infty}\frac{1}{n^2}$.

4. 设级数 $\displaystyle\sum_{n=1}^{\infty}u_n^2$ 收敛，证明 $\displaystyle\sum_{n=1}^{\infty}\frac{u_n}{n}$ 绝对收敛.

5. 设 $\sum_{n=1}^{\infty} u_n$ 为一般项级数，判断下列说法是否成立. 如果成立，请给出证明；如果不成立，请举反例：

(1) 如果 $\sum_{n=1}^{\infty} u_n$ 收敛，则 $\sum_{n=1}^{\infty} (u_{2n-1} - u_{2n})$ 收敛；

(2) 如果 $\sum_{n=1}^{\infty} (u_{2n-1} + u_{2n})$ 收敛，则 $\sum_{n=1}^{\infty} u_n$ 收敛.

6. 证明：当常数 $a \neq -1$ 时，级数 $\sum_{n=1}^{\infty} \frac{a^n}{(1+a)(1+a^2)\cdots(1+a^n)}$ 绝对收敛.

7. 设函数 $f(x)$ 可导，且 $0 < f'(x) < \frac{1}{2}$，数列 $\{x_n\}$ 满足 $x_{n+1} = f(x_n)$，$n = 1, 2, \cdots$. 证明：$\sum_{n=1}^{\infty} (x_{n+1} - x_n)$ 绝对收敛.

8. 求幂级数 $\sum_{n=1}^{\infty} \frac{(n-1)^2}{n+1} x^n$ 的收敛域及和函数.

9. 求数项级数 $\sum_{n=0}^{\infty} (-1)^n \frac{n+1}{(2n+1)!}$ 的和.

10. 求下列函数在点 $x = 0$ 处的幂级数展开式：

(1) $\arctan \frac{1+x}{1-x}$；　　(2) $\ln(x + \sqrt{1+x^2})$.

11. 写出函数 $f(x) = \int_0^x \frac{\mathrm{d}t}{\sqrt{1+t^2}}$ 在点 $x=0$ 处的幂级数展开式的前 3 项，并由此估计 $f(0.25)$ 的值.

第9章　常微分方程与常差分方程

微积分研究的对象是函数关系.但在实际问题中,一般很难直接得到所研究变量之间的函数关系,往往需要通过变量与它们的导数或微分之间建立起联系,从而得到一个关于未知函数的导数或微分的方程,即微分方程.

微分方程的形成和发展是与力学、天文学、物理学,以及其他科学技术的发展密切相关的,物理中许多涉及变力的运动学、动力学等问题,都可以用微分方程求解.而今微分方程在化学、生物学、医学、工程学、经济学和管理科学等学科中也有大量应用,比如,化学反应速度、人口的增长、琴弦的振动、疾病的传播等都可以归结为微分方程问题(这样的微分方程也称为对应数学问题的数学模型).

离散与连续是现实世界中的物质运动相对统一的两个方面.随着科学技术的迅速发展,差分方程已成为控制学、经济学以及生物学等学科的一个重要而且有用的数学模型,另一方面在微分方程离散化的研究中也出现了许多差分方程.

微分方程有完整的理论体系.本章主要介绍常微分方程(含有一元未知函数微分的方程)的一些基本概念、几种常用的微分方程的求解方法,以及线性微分方程解的理论;并介绍差分方程的一些基本概念及一阶、二阶常系数线性差分方程的常用求解方法.

9.1　微分方程的基本概念

一、微分方程模型引入

本节通过一些具体的例子引入微分方程及其相关概念,这些例子来源于几何、物理、人口以及经济学中的实际问题,也说明常微分方程有着强大的理论背景和广泛的应用前景.

例1　已知平面上一条曲线通过点(1, 0),且在该曲线上任一点处的切线斜率等于该点横坐标的两倍,求该曲线的方程.

解　设所求的曲线方程为 $y=y(x)$,根据题意及导数的几何意义,可知曲线上的点(x, y)应满足等式

$$\frac{\mathrm{d}y}{\mathrm{d}x}=2x \text{ 或 } \mathrm{d}y=2x\mathrm{d}x \qquad ①$$

于是 $y=\int 2x\mathrm{d}x$,所以 $y=x^2+C$,其中 C 为任意常数.

由于曲线过点(1, 0),将 $x=1$、$y=0$ 代入 $y=x^2+C$,得 $C=-1$,故所求曲线方程为

$$y=x^2-1.$$

例 2 某商品的需求量 Q(单位:kg)对价格 P(单位:元)的弹性为$-P\ln 3$,若该商品的最大需求量为1200,求需求量 Q 与价格 P 的函数所满足的微分方程.

解 由题意可得当 $P=0$ 时,$Q=1200$. 由第3章得知:需求对价格的弹性是指价格变动引起的市场需求量的变化程度,是衡量由于价格变动所引起数量变动的敏感度指标. 具体指某一种产品销量发生变化的百分比与其价格变化百分比之间的比率,即需求弹性的计算公式为:$\dfrac{\Delta Q/Q}{\Delta P/P}\approx\dfrac{P}{Q}\cdot\dfrac{\mathrm{d}Q}{\mathrm{d}P}$,故得所求的微分方程为

$$\frac{P}{Q}\frac{\mathrm{d}Q}{\mathrm{d}P}=-P\ln 3,\ Q(0)=1200.$$

例 3 设质量为 m 的物体只受重力的作用,从静止开始自由下落,求该物体在时刻 t 的位移函数 $x=x(t)$ 所满足的微分方程.

解 如果用位移函数 $x=x(t)$ 来描述物体的自由落体运动,则物体的速度 $v(t)$ 满足

$$v(t)=x'(t),\text{即 } v(t)=\frac{\mathrm{d}x}{\mathrm{d}t},$$

于是物体的加速度 $a(t)$ 满足

$$a(t)=v'(t)=x''(t),\text{即 } a(t)=\frac{\mathrm{d}v}{\mathrm{d}t}=\frac{\mathrm{d}^2x}{\mathrm{d}t^2}.$$

若取向上方向为正方向,依题意忽略空气阻力,那么根据牛顿第二定律得所求的微分方程

$$m\frac{\mathrm{d}^2x}{\mathrm{d}t^2}=-mg. \qquad ②$$

思考 如果考虑空气的阻力,所得微分方程模型也会复杂不少. 请读者通过查阅文献找到空气阻力与速度的关系,并建立相关模型.

例 4 通常用 $P(t)$ 表示 t 时刻某种群(population)的总数,如果只考虑出生和死亡导致的种群数量的变化,不考虑迁移、因疾病死亡等因素的影响,引入两个函数 $b(t)$ 和 $d(t)$:$b(t)$ 表示在

t时刻起的一个单位时间内出生种群数与$P(t)$之比;$d(t)$表示t时刻起的一个单位时间内死亡种群数与$P(t)$的比.求某种群在时刻t的数量$P(t)$所满足的微分方程(称为"种群增长模型").

解 在Δt时刻间隔内,种群的出生数和死亡数分别可近似表示为$b(t)P(t)\Delta t$和$d(t)P(t)\Delta t$.于是在长度为Δt的区间$[t, t+\Delta t]$内,种群的改变量近似表示为

$$\Delta P \approx b(t)P(t)\Delta t - d(t)P(t)\Delta t.$$

即

$$\frac{\Delta P}{\Delta t} \approx [b(t) - d(t)]P(t).$$

当$\Delta t \to 0$时,可得

$$\frac{\mathrm{d}P}{\mathrm{d}t} = [b(t) - d(t)]P(t) \tag{③}$$

方程③即为经典的 malthus 增长模型.

在自然界存在一种事物的发展规律:在其发展初期,数量和规模增长会越来越快,到一定时期,由于环境、资源或文化等因素,该种群增长速度会越来越慢,最终种群的规模增长也会越来越慢,不再增长甚至减少.这里假设其增长率$b(t)-d(t)$为总数P的线性递减函数,即,

$$b(t) - d(t) = b - b_1P,$$

其中b与b_1为常数,则模型③化为

$$\frac{\mathrm{d}P}{\mathrm{d}t} = P(b - b_1P) = bP\left(1 - \frac{P}{b/b_1}\right)$$

令$b = r$, $b/b_1 = K$,则模型化为

$$\frac{\mathrm{d}P}{\mathrm{d}t} = rP\left(1 - \frac{P}{K}\right)$$

即经典的 logistic 模型,其中r为内禀增长率,K为环境容纳量.这个模型是荷兰生物学家 Verhulst 提出的.

思考 以上面两个经典模型为基础,请读者通过查阅资料了解上海市人口的变化趋势后,建立合适的数学模型.

二、微分方程基本概念

上一节中的几个例子都是求带有未知函数导数或者微分的方程,这就引出了微分方程的

定义.

定义1　含有未知函数的导数或微分的方程称为**微分方程**,当未知函数是一元函数时,称为**常微分方程**;当未知函数是多元函数时(这时出现在方程中的是未知函数的各阶偏导数),称为**偏微分方程**.

本书只讨论常微分方程,在不致混淆的情况下,也把常微分方程称为**微分方程**.

在微分方程中出现的未知函数导数的最高阶数称为该**微分方程的阶**,例如,上一小节例1、例2、例4中出现的方程为一阶微分方程,例3中出现的方程为二阶微分方程.

一般地,n 阶微分方程的形式为

$$F[x,\ y(x),\ y'(x),\ \cdots,\ y^{(n)}(x)] = 0. \quad ④$$

其中 x 是自变量,$y(x)$ 是未知函数,且 $y^{(n)}(x) \neq 0$. 如果能从方程④中解出最高阶导数,则可得微分方程

$$y^{(n)}(x) = f[x,\ y(x),\ y'(x),\ \cdots,\ y^{(n-1)}(x)]. \quad ⑤$$

其中 f 是 n 元连续函数.

下面讨论的微分方程一般都是方程⑤的形式.

如果一个函数代入微分方程④或⑤后,使方程④或⑤成为了恒等式,则称这个函数为**方程④或⑤的解**. 如,$y = e^x$ 为一阶微分方程 $y' - y = 0$ 的解.

例5　验证 $y = C_1x + C_2e^{-x}$ 为二阶微分方程 $(1+x)y'' + xy' - y = 0$ 的解,其中 C_1、C_2 为任意常数.

证　因为 $\begin{cases} y = C_1x + C_2e^{-x}, \\ y' = C_1 - C_2e^{-x}, \\ y'' = C_2e^{-x} \end{cases}$ 将 y、y'、y'' 代入到原方程的左端得

$$C_2(1+x)e^{-x} + x(C_1 - C_2e^{-x}) - (C_1x + C_2e^{-x}) = 0.$$

所以结论得证.

若微分方程的解中含有独立的任意常数的个数等于微分方程的阶数,则这个解称为**微分方程的通解**. 不含有任意常数的解称为**微分方程的特解**.

例5中的解 $y = C_1x + C_2e^{-x}$ 为二阶微分方程 $(1+x)y'' + xy' - y = 0$ 的通解. 而 $y = 2x + e^{-x}$ 为二阶微分方程 $(1+x)y'' + xy' - y = 0$ 满足 $y(0) = 1,\ y'(0) = 1$ 的特解.

称确定微分方程通解中任意常数的条件为**初始条件**或**定解条件**.

一阶微分方程的通解中含有一个任意常数,需要通过一个初始条件确定该通解中任意常数

的值，从而得到微分方程的一个特解. 类似地，求二阶微分方程的特解需要两个初始条件，求 n 阶微分方程的特解则需要 n 个初始条件.

求微分方程满足初始条件的特解称为**微分方程的初值问题**.

一般地，一阶微分方程的初值问题可以表示为

$$\begin{cases} y' = f(x, y), \\ y\big|_{x=x_0} = y_0. \end{cases}$$

二阶微分方程的初值问题常表示为

$$\begin{cases} y'' = f(x, y, y'), \\ y\big|_{x=x_0} = y_0,\ y'\big|_{x=x_0} = y_1. \end{cases}$$

微分方程特解的图形是一条曲线，称为微分方程的**积分曲线**. 通解的图形是**一族积分曲线**. 而特解的图形则是在一族积分曲线中依据初始条件而确定的一条**特定曲线**. 如例 5 中方程 $y=x^2+C$ 表示的曲线是由曲线 $y=x^2$ 平移得到的一族积分曲线. 方程 $y=x^2-1$ 表示的曲线为方程 ① 满足初始条件 $y\big|_{x=1}=0$ 的一条特定曲线.

本节学习要点

习题 9.1

1. 指出下列微分方程的阶：

(1) $xy' - 2y = x$;　　(2) $\left(\dfrac{\mathrm{d}y}{\mathrm{d}x}\right)^2 - y = 0$;

(3) $y'' + y = 3\sin 2x$;　　(4) $x^2yy'' + (xy' - y)^2 = 0$.

2. 验证下列函数是否为所给微分方程的通解(其中 C、C_1、C_2 为任意常数)：

(1) $xy' - 2y = x,\ y = Cx^2 - x$;　　(2) $x^2yy'' + (xy' - y)^2 = 0,\ y^2 = x + Cx^2$;

(3) $y'' + y = 3\sin 2x,\ y = \cos x(C_1 - 2\sin x) + C_2\sin x$.

3. 求函数族 $y = \mathrm{e}^{Cx+2x^2}$(C 为任意常数)满足的一阶微分方程.

4. 已知 $\displaystyle\int_0^x \frac{2t}{1+t^2}y(t)\,\mathrm{d}t = y(x) - x - \frac{x^3}{3}$，求 $y(x)$ 满足的微分方程.

5. 将一高温物体放入某介质中冷却，已知热量总是从温度高的物体向温度低的物体传播，物体的温度变化与该物体、介质温度的差成正比，设在冷却过程中该介质保持常温. 试推导物体冷却过程所满足的微分方程.

6. 设一罐子中有 2000 L 浓盐水，其中有 1000 g 盐溶解其中. 假设现在以 40 L/min 的速度向罐中注入浓度为 20 g/L 的盐水，同时混合的盐水以 45 L/min 的速度流出. 推导该罐子中盐水所含盐的质量所满足的微分方程和初始条件.

7. 牛顿第二定律 $F=ma$ 说明物体的加速度 a(单位:$\mathrm{m/s^2}$)与所受的外力 F(单位:N)成正比,与质量 m(单位:kg)成反比. 设在 $t=0$ 时刻有一辆速度为 v_0、质量为 m 的公交车熄火后开始沿直线滑行靠站,t 时刻后公交车滑行了 $s(t)$,公交车在滑行期间受到的阻力与速度成正比,求 $s(t)$ 所满足的微分方程和初始条件.

9.2 一阶微分方程

一阶微分方程的一般形式为

$$y'(x)=f(x,\ y).$$

对于大部分常微分方程而言,通常用初等积分法求解. 本节将介绍一些经典的可用初等积分法求解的一阶微分方程.

一、可分离变量的微分方程

若一阶微分方程 $y'(x)=f(x,\ y)$ 可以表示为

$$\frac{\mathrm{d}y}{\mathrm{d}x}=f(x)g(y), \tag{①}$$

则称方程①为**可分离变量的微分方程**,其中 $f(x)$、$g(y)$ 分别是 x、y 的连续函数. 当 $g(y)\neq 0$,方程 ① 可改写为

$$\frac{\mathrm{d}y}{g(y)}=f(x)\,\mathrm{d}x, \tag{②}$$

方程②的特点是:自变量及其微分与因变量及其微分分离在等号的两边.

对方程②两边积分得

$$\int\frac{\mathrm{d}y}{g(y)}=\int f(x)\,\mathrm{d}x, \tag{③}$$

设 $G(y)$、$F(x)$ 分别是 $\dfrac{1}{g(y)}$、$f(x)$ 的一个原函数,则 $G(y)=F(x)+C$ 为方程 ② 的通解,也是方程 ① 的通解. 因为通解是一个隐函数给出的,故称其为方程 ① 的**隐式通解**.

如果存在 $y_0\in\mathbf{R}$,使得 $g(y_0)=0$,则 $y=y_0$ 也是方程 ① 的解.

上述这种通过分离变量求解微分方程的方法称为**分离变量法**.

例1 求微分方程 $2y\mathrm{d}x-x\mathrm{d}y=0$ 的通解.

解 对原方程分离变量得

$$2\frac{\mathrm{d}x}{x}=\frac{\mathrm{d}y}{y},$$

对上式两边积分得

$$2\ln|x|=\ln|y|+C_1 \text{ 或 } \ln|y|=\ln x^2-C_1,$$

从而 $|y|=x^2\mathrm{e}^{-C_1}$,即 $y=\pm\mathrm{e}^{-C_1}x^2$. 令 $C=\pm\mathrm{e}^{-C_1}(\neq 0)$,则原方程的通解为 $y=Cx^2$.

注意到 $y=0$ 也是原方程的解,若允许 $C=0$,则 $y=0$ 这个特解包含在通解 $y=Cx^2$ 中. 因此原方程的通解可写为

$$y=Cx^2,\text{其中 } C \text{ 为任意常数}.$$

例 2 求微分方程 $\frac{\mathrm{d}y}{\mathrm{d}x}=2x\sqrt{1-y^2}$ 满足初始条件 $y(0)=\frac{\sqrt{2}}{2}$ 的特解.

解 当 $y\neq\pm 1$ 时,对原方程分离变量得

$$\frac{\mathrm{d}y}{\sqrt{1-y^2}}=2x\mathrm{d}x,$$

对上式两边积分得

$$\arcsin y=x^2+C,\text{其中 } C \text{ 为任意常数}.$$

再把 $y(0)=\frac{\sqrt{2}}{2}$ 代入上面等式,得到 $C=\frac{\pi}{4}$.

于是所求特解为

$$\arcsin y=x^2+\frac{\pi}{4} \text{ 或 } y=\sin\left(x^2+\frac{\pi}{4}\right).$$

思考 例 2 中, $y(x)=\pm 1$ 是所求微分方程的解吗?

例 3 假设某产品的销售量 $x(t)$ 是时间 t 的可导函数,已知产品的销售量对时间的增长速率 $\frac{\mathrm{d}x}{\mathrm{d}t}$ 与 $x(t)\cdot[N-x(t)]$ 成正比,其中 N 为市场饱和度,正比例常数为 $k(>0)$,且当 $t=0$ 时, $x=\frac{N}{4}$. 求销售量 $x(t)$.

解 由题意可知

$$\frac{\mathrm{d}x}{\mathrm{d}t}=kx(N-x),$$

分离变量得 $\frac{\mathrm{d}x}{x(N-x)}=k\mathrm{d}t$,两边积分得

$$\frac{x}{N-x}=C\mathrm{e}^{Nkt},\text{其中 } C \text{ 为任意常数.}$$

从而

$$x(t)=\frac{NC\mathrm{e}^{Nkt}}{C\mathrm{e}^{Nkt}+1}=\frac{N}{1+B\mathrm{e}^{-Nkt}},\text{其中 } B=\frac{1}{C}.$$

由 $x(0)=\frac{N}{4}$,得 $B=3$,故所求的销售量为

$$x(t)=\frac{N}{1+3\mathrm{e}^{-Nkt}}.$$

例 4 设质量为 m 的物体在某种介质中受重力 G 的作用而自由下落,下落过程中还受到了该介质的阻力 R 的作用(此处忽略该介质的浮力). 已知阻力 R 与下落速度 $v(t)$ 成正比,比例系数为 k,即 $R=kv(t)$. 求该物体下落速度 $v(t)$ 和位移 $x(t)$ 的函数关系.

解 依题意,物体下落过程中所受的合力为

$$F=G-R=G-kv,$$

取向下方向为 x 轴的正向,取物体下落的起始位置为原点,设 t 时刻物体的位移为 $x(t)$,速度为 $v(t)$,则 $x\big|_{t=0}=0$, $v\big|_{t=0}=0$.

由牛顿第二定律得

$$m\frac{\mathrm{d}v}{\mathrm{d}t}=G-kv, \tag{④}$$

注意到 $\frac{\mathrm{d}x}{\mathrm{d}t}=v$,由④式得 $\frac{\mathrm{d}v}{\mathrm{d}x}\frac{\mathrm{d}x}{\mathrm{d}t}=\frac{G-kv}{m}$,故 $v\frac{\mathrm{d}v}{\mathrm{d}x}=\frac{G-kv}{m}$.

分离变量得

$$\frac{v\mathrm{d}v}{G-kv}=\frac{1}{m}\mathrm{d}x,$$

两边积分得

$$-\frac{v}{k}-\frac{G}{k^2}\ln(G-kv)=\frac{x}{m}+C.$$

由初始条件 $v|_{x=0}=0$ 得 $C=-\frac{G}{k^2}\ln G$. 因此该物体下落速度 $v(t)$ 和位移 $x(t)$ 的函数关系式为

$$-\frac{v}{k}-\frac{G}{k^2}\ln\frac{G-kv}{G}=\frac{x}{m}.$$

例 5 设某商品的需求量 Q(单位:kg)对价格 P(单位:元)的弹性为 $-P\ln 3$,已知该商品的最大需求量为 1200,求:

(1) 当价格为 1 元时,市场对该商品的需求量;

(2) 当 $P\to+\infty$ 时,需求量的变化趋势.

解 由 9.1 节例 2 知需求量 Q 与价格 P 的函数满足的微分方程为

$$\frac{P}{Q}\frac{\mathrm{d}Q}{\mathrm{d}P}=-P\ln 3,\text{且 } Q(0)=1200.$$

分离变量得 $\frac{\mathrm{d}Q}{Q}=-\ln 3\mathrm{d}P$,两边积分得微分方程的通解

$$Q=C\mathrm{e}^{-P\ln 3},\text{其中 } C \text{ 为任意常数}.$$

由 $Q|_{P=0}=1200$ 得,$C=1200$,于是满足初始条件的特解是

$$Q=1200\times 3^{-P}.$$

所以(1) 当 $P=1$(元) 时,$Q=1200\times 3^{-1}=400$(kg);

(2) 当 $P\to+\infty$ 时,$Q\to 0$,即随着价格的无限增大,需求量将趋于零.

例 6 求 Logistic 增长模型中 $P(t)$ 所满足的增长关系.

解 由 9.1 节例 4 知 Logistic 增长模型为

$$\frac{\mathrm{d}P}{\mathrm{d}t}=rP\left(1-\frac{P}{K}\right)\text{或}\frac{\mathrm{d}P}{\mathrm{d}t}=\frac{r}{K}P(K-P),$$

分离变量得

$$\frac{\mathrm{d}P}{P(K-P)}=\frac{r}{K}\mathrm{d}t,$$

两边积分得

$$\ln\frac{P}{K-P}=rt+C_1\text{ 或}\frac{P}{K-P}=\mathrm{e}^{rt}\mathrm{e}^{C_1},\text{其中 } C_1 \text{ 为任意常数}.$$

整理得到所求的增长关系为

$$P(t)=\frac{K}{1+Ce^{-rt}},\text{其中 } C(=e^{-C_1})\text{ 为任意常数.}$$

二、齐次方程

形如

$$\frac{dy}{dx}=f\left(\frac{y}{x}\right) \quad ⑤$$

的一阶微分方程称为**齐次微分方程**,简称**齐次方程**.

把方程⑤中$\frac{y}{x}$看作一个新的变量,令 $u=\frac{y}{x}$ 或 $y=xu$,则

$$\frac{dy}{dx}=u+x\frac{du}{dx}, \quad ⑥$$

将方程⑥代入方程⑤得

$$u+x\frac{du}{dx}=f(u), \quad ⑦$$

于是方程⑦为可分离变量的微分方程,分离变量得

$$\frac{du}{f(u)-u}=\frac{dx}{x},\text{其中 } u\neq f(u), \quad ⑧$$

对方程⑧两边积分,将 $u=\frac{y}{x}$ 代入即可得方程 ⑤ 的通解.

注 1　如果存在 $u_0\in\mathbf{R}$,使得 $u_0=f(u_0)$,于是 $u=u_0$ 也是方程 ⑦ 的解,从而 $y=u_0x$ 也是方程 ⑤ 的解.

注 2　如果对任意的 $u\in\mathbf{R}$,使得 $u=f(u)$,则方程 ⑤ 化为$\frac{dy}{dx}=f\left(\frac{y}{x}\right)=\frac{y}{x}$,利用分离变量法可直接求得方程 ⑤ 的解.

例 7　求微分方程 $\frac{dy}{dx}=x\sin\frac{y}{x}+\frac{y}{x}$ 的通解.

解　令 $u=\frac{y}{x}$,则原方程化为 $u+x\frac{du}{dx}=x\sin u+u$,即$\frac{du}{dx}=\sin u$.

分离变量得

$$\csc u\mathrm{d}u=\mathrm{d}x,$$

两边积分得

$$\ln|\csc u-\cot u|=x+C,其中 C 为任意常数.$$

即原方程的通解为

$$\ln\left|\csc\frac{y}{x}-\cot\frac{y}{x}\right|=x+C,其中 C 为任意常数.$$

例 8 求微分方程 $y^2\mathrm{d}x+(2x^2-xy)\mathrm{d}y=0$ 的通解.

解 原方程可化为

$$\frac{\mathrm{d}y}{\mathrm{d}x}=\frac{\left(\frac{y}{x}\right)^2}{\frac{y}{x}-2}, \tag{9}$$

令 $u=\frac{y}{x}$,方程⑨可化为 $u+x\frac{\mathrm{d}u}{\mathrm{d}x}=\frac{u^2}{u-2}$,即 $x\frac{\mathrm{d}u}{\mathrm{d}x}=\frac{2u}{u-2}$.

分离变量得

$$\left(\frac{1}{2}-\frac{1}{u}\right)\mathrm{d}u=\frac{\mathrm{d}x}{x},$$

两边积分得

$$\ln|ux|=\frac{u}{2}+C.$$

将 $u=\frac{y}{x}$ 代入得原方程的通解

$$\ln|y|=\frac{y}{2x}+C,其中 C 为任意常数.$$

例 9 求微分方程 $xyy'=x^2+y^2$ 满足初始条件 $y(1)=1$ 的特解.

解 将原方程化为

$$\frac{\mathrm{d}y}{\mathrm{d}x}=\frac{x}{y}+\frac{y}{x},$$

令 $u=\frac{y}{x}$ 代入,得

$$u+x\frac{\mathrm{d}u}{\mathrm{d}x}=u+\frac{1}{u},$$

分离变量并两端积分得

$$\frac{u^2}{2}=\ln|x|+C,\text{即}\frac{y^2}{2x^2}=\ln|x|+C,\text{其中 } C \text{ 为任意常数.}$$

将 $y(1)=1$ 代入上式得 $C=\frac{1}{2}$,故原方程满足初始条件的特解为

$$y^2=2x^2\ln|x|+x^2.$$

*三、可化为齐次方程的微分方程

对于形如

$$\frac{\mathrm{d}y}{\mathrm{d}x}=f\left(\frac{a_1x+b_1y+c_1}{a_2x+b_2y+c_2}\right),\text{其中 } a_i、b_i、c_i(i=1、2) \text{ 都为常数} \qquad ⑩$$

的微分方程可通过适当的变量代换化为齐次方程.

当 $c_1=c_2=0$ 时,方程 ⑩ 就是齐次方程;当 c_1 与 c_2 不同时为0时,分两种情形讨论:

(1) 当 $a_1b_2=a_2b_1\neq 0$ 时,令 $\frac{a_1}{a_2}=\frac{b_1}{b_2}=k$,即方程 ⑩ 可化为

$$\frac{\mathrm{d}y}{\mathrm{d}x}=f\left(\frac{k(a_2x+b_2y)+c_1)}{a_2x+b_2y+c_2}\right).$$

令 $a_2x+b_2y=z$,代入得 $\frac{\mathrm{d}z}{\mathrm{d}x}=a_2+b_2f\left(\frac{kz+c_1}{z+c_2}\right)$,于是方程 ⑩ 化为了可分离变量的微分方程.

(2) 当 $a_1b_2\neq a_2b_1$ 时,取线性变换 $x=X+a$, $y=Y+b$,其中 a、b 为待定常数. 由于 $\mathrm{d}x=\mathrm{d}X$, $\mathrm{d}y=\mathrm{d}Y$,这样方程 ⑩ 可化为

$$\frac{\mathrm{d}Y}{\mathrm{d}X}=f\left(\frac{a_1X+b_1Y+a_1a+b_1b+c_1}{a_2X+b_2Y+a_2a+b_2b+c_2}\right),$$

如果待定系数 a、b 由线性方程组 $\begin{cases}a_1a+b_1b+c_1=0,\\a_2a+b_2b+c_2=0\end{cases}$ 确定,于是方程 ⑩ 就化为齐次方程

$$\frac{\mathrm{d}Y}{\mathrm{d}X}=f\left(\frac{a_1X+b_1Y}{a_2X+b_2Y}\right)=f\left(\frac{a_1+b_1\frac{Y}{X}}{a_2+b_2\frac{Y}{X}}\right).$$

例 10 求微分方程 $\frac{dy}{dx}=\frac{x+y-3}{x-y+1}$ 的通解.

解 根据上述情形(2),先求解代数方程 $\begin{cases}a+b-3=0,\\ a-b+1=0,\end{cases}$ 得 $a=1,\ b=2$.

令 $x=X+1,\ y=Y+2$,代入原方程得

$$\frac{dY}{dX}=\frac{X+Y}{X-Y}=\frac{1+\frac{Y}{X}}{1-\frac{Y}{X}},$$

令 $u=\frac{Y}{X},\ u+X\frac{du}{dX}=\frac{1+u}{1-u}$,分离变量得 $\frac{(1-u)du}{1+u^2}=\frac{dX}{X}$,两边积分得

$$\arctan u-\frac{1}{2}\ln(1+u^2)=\ln|X|+C.$$

因此,原方程的通解为

$$\arctan\frac{y-2}{x-1}-\frac{1}{2}\ln\left|(x-1)+\frac{(y-2)^2}{(x-1)}\right|=C,\text{其中 } C \text{ 为任意常数}.$$

四、一阶线性微分方程

1. 一阶线性微分方程

形如

$$\frac{dy}{dx}+p(x)y=q(x) \tag{⑪}$$

的方程称为**一阶线性微分方程**,即微分方程关于未知函数 $y(x)$ 以及导数 $y'(x)$ 都是线性的. 其中 $p(x)$、$q(x)$ 是某区间 I 上的连续函数.

当 $q(x)\equiv 0$ 时,方程⑪化为

$$\frac{dy}{dx}+p(x)y=0 \tag{⑫}$$

称方程⑫为**与方程⑪对应的齐次方程**.

当 $q(x)\neq 0$ 时,称方程⑬为**一阶非齐次线性微分方程**,称 $q(x)$ 为方程⑪的**非齐次项**.

(1) 讨论方程⑫的解. 显然,$y=0$ 是其解,其他的解可用分离变量法得到. 将方程⑫通过分离变量得 $\frac{dy}{y}=-p(x)dx$,于是得到方程⑫的通解

$$\ln|y|=-\int p(x)\mathrm{d}x+C_1\text{，其中 }C_1\text{ 为任意常数，} \tag{13}$$

也可写成

$$y=Ce^{-\int p(x)\mathrm{d}x}\text{，其中 }C=\pm e^{C_1}\text{ 为任意常数.} \tag{14}$$

注　求 $\int p(x)\mathrm{d}x$ 时，只需取 $p(x)$ 的一个原函数，不需加积分常数.

（2）讨论一阶非齐次线性微分方程⑪的解. 先把与方程⑪对应的齐次方程⑫的通解⑭中的常数 C 变易成待定函数 $u(x)$，得非齐次线性微分方程⑪的解

$$y(x)=u(x)e^{-\int p(x)\mathrm{d}x}. \tag{15}$$

把⑮式代入方程⑪中，得

$$\frac{\mathrm{d}u(x)}{\mathrm{d}x}e^{-\int p(x)\mathrm{d}x}-u(x)p(x)e^{-\int p(x)\mathrm{d}x}+u(x)p(x)e^{-\int p(x)\mathrm{d}x}=q(x),$$

整理后有

$$\frac{\mathrm{d}u}{\mathrm{d}x}e^{-\int p(x)\mathrm{d}x}=q(x)\text{ 或 }\frac{\mathrm{d}u}{\mathrm{d}x}=q(x)e^{\int p(x)\mathrm{d}x},$$

两边积分得

$$u(x)=\int q(x)e^{\int p(x)\mathrm{d}x}\mathrm{d}x+C\text{，其中 }C\text{ 为任意常数.}$$

将上式代入⑮式，就得到方程⑪的通解

$$y=e^{-\int p(x)\mathrm{d}x}\left(\int q(x)e^{\int p(x)\mathrm{d}x}\mathrm{d}x+C\right). \tag{16}$$

也可写成

$$y=Ce^{-\int p(x)\mathrm{d}x}+e^{-\int p(x)\mathrm{d}x}\int q(x)e^{\int p(x)\mathrm{d}x}\mathrm{d}x. \tag{17}$$

上述求非齐次线性微分方程通解的方式称为**常数变易法**. 通常称⑰式为非齐次线性微分方程⑪的**常数变易公式**.

注意到常数变易公式⑰由两项组成，其中一项是与方程⑪对应的齐次方程⑫的通解，而另一项则是方程⑪的特解（对应于 $C=0$ 的特解）. 这说明一阶非齐次线性微分方程的通解等于与它对应的齐次方程的通解与它的一个特解之和.

例 11 求微分方程 $\frac{dy}{dx}+y\cos x=e^{-\sin x}\ln x$ 的通解.

解 所求方程是一阶非齐次线性微分方程,与它对应的齐次方程的通解为 $y=Ce^{-\sin x}$. 利用常数变易法把通解中的常数 C 换成待定函数 $u(x)$ 得原方程的解,即

$$y=u(x)e^{-\sin x},$$

将上式代入原方程得

$$u(x)e^{-\sin x}-u(x)e^{-\sin x}\cos x+u(x)e^{-\sin x}\cos x=e^{-\sin x}\ln x,$$

整理后有

$$u'(x)=\ln x.$$

两边积分得

$$u(x)=x\ln x-x+C.$$

于是原方程的通解为

$$y(x)=e^{-\sin x}(x\ln x-x+C),\text{其中 } C \text{ 为任意常数.}$$

例 11 也可直接利用常数变易公式⑰得到相同的结果,请读者自行完成.

例 12 求微分方程 $(y+x^2e^{-x})dx=xdy$ 的通解.

解 将原方程化为

$$\frac{dy}{dx}-\frac{1}{x}y=xe^{-x}.$$

这是一阶非齐次线性微分方程,利用常数变易公式⑯,得原方程的通解为

$$y=e^{\int\frac{1}{x}dx}\left(\int xe^{-x}e^{-\int\frac{1}{x}dx}+C\right)=e^{\ln|x|}\left(\int xe^{-x}e^{-\ln|x|}\,dx+C\right),$$

于是,当 $x>0$ 时,原方程的通解为 $y(x)=x(C-e^{-x})$,其中 C 为任意常数;当 $x<0$ 时,原方程的通解为 $y(x)=-x(e^{-x}+C)$,其中 C 为任意常数.

*2. 伯努利(Bernoulli)方程

形如

$$\frac{dy}{dx}+P(x)y=Q(x)y^n,\text{其中常数 } n\neq 0 \text{ 且 } n\neq 1 \qquad ⑱$$

的微分方程,称为伯努利方程.

注意,当 $n=0$ 或 $n=1$ 时方程⑱为一阶线性微分方程,$n\neq 0$ 且 $n\neq 1$ 时不是线性微分方程,

但可以通过适当的变量代换化为线性微分方程.

设方程⑱中,$P(x)$、$Q(x)$为定义区间上的连续函数,用 y^n 除方程⑱的两端得

$$y^{-n}\frac{\mathrm{d}y}{\mathrm{d}x}+P(x)y^{-n+1}=Q(x), \tag{19}$$

令 $z=y^{-n+1}$, $\frac{\mathrm{d}z}{\mathrm{d}x}=(1-n)y^{-n}\frac{\mathrm{d}y}{\mathrm{d}x}$,则方程 ⑲ 可化为

$$\frac{1}{1-n}\frac{\mathrm{d}z}{\mathrm{d}x}+P(x)z=Q(x),$$

或者

$$\frac{\mathrm{d}z}{\mathrm{d}x}+(1-n)P(x)z=(1-n)Q(x).$$

这是一个非齐次线性微分方程,求解并代回原来的变量 y,就可得伯努利方程⑱的通解.

例 13　求微分方程 $xy'-(3x+6)y=-9xe^{-x}y^{\frac{4}{3}}$ 的通解.

解　将方程两端除以 x 得

$$y'-\frac{3x+6}{x}y=-9e^{-x}y^{\frac{4}{3}},$$

令 $z=y^{1-\frac{4}{3}}=y^{-\frac{1}{3}}$,则上式可化为

$$z'+\frac{x+2}{x}z=3e^{-x},$$

这是一阶非齐次线性微分方程,其通解为

$$z=e^{-\int\frac{x+2}{x}\mathrm{d}x}\left(\int 3e^{-x}e^{\int\frac{x+2}{x}\mathrm{d}x}\mathrm{d}x+C\right)=\frac{e^{-x}(x^3+C)}{x^2},$$

将 $z=y^{-\frac{1}{3}}$ 代入,得所求方程的通解

$$y=\frac{x^6e^{3x}}{(x^3+C)^3},\text{其中 } C \text{ 为任意常数.}$$

例 14　求 Logistic 增长模型中 $P(t)$ 所满足的增长关系.

解　由 9.1 节例 4 知 Logistic 增长模型为

$$\frac{\mathrm{d}P}{\mathrm{d}t}=rP\left(1-\frac{P}{K}\right)\text{，即}\frac{\mathrm{d}P}{\mathrm{d}t}-rP=-\frac{rP^2}{K},$$

令 $z=P^{1-2}=P^{-1}$，则上式可化为

$$\frac{\mathrm{d}z}{\mathrm{d}t}+rz=\frac{r}{K},$$

这个非齐次线性微分方程的通解为

$$z=\mathrm{e}^{-\int r\mathrm{d}t}\left(\int\frac{r}{K}\mathrm{e}^{\int r\mathrm{d}t}\mathrm{d}t+C_1\right)=\mathrm{e}^{-rt}\left(\frac{\mathrm{e}^{rt}}{K}+C_1\right)=\frac{1}{K}+C_1\mathrm{e}^{-rt},$$

将 $z=P^{-1}$ 代入，得所求方程的通解

$$P(t)=\frac{K}{1+C\mathrm{e}^{-rt}}\text{，其中 }C=C_1K\text{ 为任意常数.}$$

本节学习要点

思考 比较例 6 和例 14，说明两种解法的异同和优缺点.

习题 9.2

1. 求一阶微分方程 $y'=4x+3$ 的通解，并求满足下列条件的特解：

(1) 积分曲线经过点 $(-3,7)$；

(2) 满足 $\int_0^1 y(x)\mathrm{d}x=2$；

(3) 与直线 $y=-x+2$ 相切.

2. 求下列可分离变量的微分方程的通解：

(1) $\dfrac{\mathrm{d}y}{\mathrm{d}x}+\dfrac{x}{y}=0$；

(2) $(1-y^2)\mathrm{d}x+(4x-1)\mathrm{d}y=0$；

(3) $xy\mathrm{d}x+(x^2+1)\mathrm{d}y=0$；

(4) $\dfrac{\mathrm{d}y}{\mathrm{d}x}=y^3\cos x$；

(5) $\dfrac{\mathrm{d}y}{\mathrm{d}x}=\dfrac{2x+1}{x-1}$；

(6) $\dfrac{\mathrm{d}y}{\mathrm{d}x}=\dfrac{\sin y}{1+x}$.

3. 设某一阶微分方程的积分曲线满足：曲线上任一点 $P(x,y)$ 处的切线斜率为 $2x$，求该微分方程，并求该积分曲线族中经过点 $(1,2)$ 的曲线.

4. 已知函数 $y=y(x)$ 满足微分方程 $x^2+y^2y'=1-y'$，且 $y(2)=0$，求 $y(x)$.

5. 求下列齐次方程的通解：

(1) $xyy'=x^2+y^2$；

(2) $\dfrac{\mathrm{d}y}{\mathrm{d}x}=\left(\dfrac{y}{x}\right)^2+\dfrac{y}{x}$；

(3) $\frac{dy}{dx}=\frac{xy}{x^2+y^2}$; (4) $(1+e^{\frac{x}{y}})dx+e^{\frac{x}{y}}\left(1-\frac{x}{y}\right)dy=0$.

6. 求下列齐次方程满足初始条件的特解：

(1) $xy'+y(\ln x-\ln y)=0$, $y(1)=e^3$; (2) $(y^2-3xy)dx+x^2dy=0$, $y(2)=2$.

7. 通过适当的变量代换求下列微分方程的通解：

(1) $\frac{dy}{dx}=\left(\frac{1}{x+y}\right)^2$;

(2) $(x-2\sin y+3)dx+(2x-4\sin y-3)\cos y dy=0$.

8. 设 $y=f(x)$ 是 $\left(0,\ \frac{3}{2}\right)$ 内的可导函数，且 $f(1)=0$. 在曲线 $y=f(x)$ 上任取一点 P，过点 P 的切线与 y 轴交于点 $(0,\ Y_P)$，过点 P 的法线与 x 轴交于 $(X_P,\ 0)$. 如果 $X_P=Y_P$，求 $y=f(x)$ 满足的微分方程及初值条件，并求 $f(x)$.

9. 求下列线性微分方程的通解：

(1) $\frac{dy}{dx}-y=e^x$;

(2) $(x+1)\frac{dy}{dx}-ay=e^x(x+1)^{a+1}$，其中 a 为常数；

(3) $\frac{dy}{dx}=\frac{3}{x}y+4x^2+1$; (4) $y'+y\tan x=\cos^2 x$;

(5) $\sin x\frac{dy}{dx}+y\cos x=\tan x$，其中 $0<x<\frac{\pi}{2}$.

10. 求微分方程 $x\ln x dy+(y-\ln x)dx=0$ 满足初始条件 $y(e)=1$ 的特解.

11. 用合适的方法求下列微分方程的通解：

(1) $\frac{dx}{x^2-xy+y^2}=\frac{dy}{2y^2-xy}$; (2) $(x+xy^2)dx-(x^2y+y)dy=0$;

(3) $\frac{dy}{dx}=\frac{y}{2x-y^2}$; (4) $\frac{dy}{dx}=\frac{x+4y+2}{3x+2y-4}$;

(5) $\frac{dy}{dx}=\frac{y(-k+lx)}{x(a-by)}$，其中 a、b、k、l 为常数.

12. 求下列微分方程满足初始条件的特解：

(1) $y'=\frac{y}{x}+\cot\frac{y}{x}$, $y(1)=\pi$; (2) $y'+xy=e^{-\frac{x^2}{2}}$, $y(0)=0$.

*13. 求下列伯努利方程的通解：

(1) $\frac{dy}{dx}=\frac{y}{2x}+\frac{x^2}{2y}$; (2) $\frac{dy}{dx}+\frac{y}{x}=ax(\ln x)y^2$，其中 a 为常数；

(3) $(y\ln x-2)y\mathrm{d}x=x\mathrm{d}y$.

*14. 求微分方程 $y'-y=xy^2$ 满足初始条件 $y(0)=2$ 的特解.

*9.3 可降阶的二阶微分方程

对于高阶微分方程的求解问题,通常的方法是用降阶法:通过代换将其化为较低阶的微分方程来求解. 本节介绍三类可降阶的二阶常微分方程,即通过适当的变量代换将二阶微分方程化为一阶微分方程,求解对应一阶微分方程后,再将变量回代,从而得到原二阶微分方程的解.

一、$y''=f(x)$ 型

这是一类最简单的可求解的二阶微分方程,只需要逐次求积分即可.

对原方程两端积分得

$$y'=\int f(x)\mathrm{d}x+C_1,$$

再次积分即得通解

$$y=\int\left[\int f(x)\mathrm{d}x+C_1\right]\mathrm{d}x+C_2, \text{其中 } C_1\text{、}C_2 \text{ 为任意常数.}$$

注 这类方程的解法可以推广到求 n 阶微分方程 $y^{(n)}=f(x)$ 的通解:只需要连续积分 n 次,就可得到 n 阶微分方程 $y^{(n)}=f(x)$ 的含有 n 个独立任意常数的通解.

例 1 求微分方程 $y'''=\mathrm{e}^{2x}-\cos x$ 的通解.

解 对所给方程连续积分三次,得

$$y''=\int(\mathrm{e}^{2x}-\cos x)\mathrm{d}x+C=\frac{1}{2}\mathrm{e}^{2x}-\sin x+C,$$

$$y'=\frac{1}{4}\mathrm{e}^{2x}+\cos x+Cx+C_2,$$

$$y=\frac{1}{8}\mathrm{e}^{2x}+\sin x+C_1x^2+C_2x+C_3,$$

所求通解为 $y=\frac{1}{8}\mathrm{e}^{2x}+\sin x+C_1x^2+C_2x+C_3$, 其中 C_1、C_2、C_3 为任意常数, $C_1=\frac{1}{2}C$.

二、$y''=f(x,\ y')$型

这类方程的特点是不显含未知函数 y. 因此把 y'看作新的未知函数，引进新的未知函数 $p(x)=y'$，则 $y''=p'$，这类方程就化为以 p 为未知函数的一阶微分方程

$$p'=f(x,\ p). \qquad ①$$

若方程①的通解为 $p=\varphi(x,\ C_1)$，代入得$\frac{\mathrm{d}y}{\mathrm{d}x}=\varphi(x,\ C_1)$，两边积分后可得这类方程的通解

$$y=\int\varphi(x,\ C_1)\,\mathrm{d}x+C_2,\text{其中 } C_1\text{、}C_2\text{ 为任意常数.}$$

例 2 求二阶微分方程 $(1+x^2)y''=2xy'$ 满足初始条件 $y|_{x=0}=1,\ y'|_{x=0}=3$ 的特解.

解 设 $y'=p$，则 $y''=p'$，并代入原方程得

$$(1+x^2)p'=2xp,$$

分离变量后再两边积分，得

$$\ln|p|=\ln(1+x^2)+\ln|C|,$$

也即

$$p=C_1(1+x^2).$$

用 $y'|_{x=0}=3$ 代入，得 $C_1=3$. 于是

$$y'=3(1+x^2).$$

再两边积分，得

$$y=x^3+3x+C_2.$$

用 $y|_{x=0}=1$ 代入，得 $C_2=1$. 因此所求的特解为

$$y=x^3+3x+1.$$

三、$y''=f(y,\ y')$型

这类方程的特点是不显含自变量 x. 因此先把 y 当作自变量，引进新的未知函数 $p(y)=y'$，则 $y''=\frac{\mathrm{d}y'}{\mathrm{d}x}=\frac{\mathrm{d}y'}{\mathrm{d}y}\frac{\mathrm{d}y}{\mathrm{d}x}=p\frac{\mathrm{d}p}{\mathrm{d}y}$，这类方程就化为以 y 为自变量、p 为未知函数的一阶微分方程

$$p\frac{\mathrm{d}p}{\mathrm{d}y}=f(y,\ p).\qquad ②$$

若方程②的通解为 $p=\varphi(y,\ C_1)$，即 $\frac{\mathrm{d}y}{\mathrm{d}x}=\varphi(y,\ C_1)$. 分离变量后再两边积分可得这类方程的通解

$$\int\frac{\mathrm{d}y}{\varphi(y,\ C_1)}=x+C_2\text{，其中 }C_1\text{、}C_2\text{ 为任意常数.}$$

例 3 求微分方程 $y''-\mathrm{e}^{2y}=0$ 满足初始条件 $y|_{x=0}=0,\ y'|_{x=0}=1$ 的特解.

解 令 $y'=p(y)$，则 $y''=p\frac{\mathrm{d}p}{\mathrm{d}y}$. 代入原方程并分离变量，得

$$p\mathrm{d}p=\mathrm{e}^{2y}\mathrm{d}y.$$

两边积分得

$$\frac{p^2}{2}=\frac{1}{2}\mathrm{e}^{2y}+C_1.$$

由初始条件 $y|_{x=0}=0,\ y'|_{x=0}=1$ 得 $C_1=0$. 即 $p^2=\mathrm{e}^{2y}$. 由 $p|_{y=0}=y'|_{x=0}=1>0$，得 $y'=\mathrm{e}^y$. 分离变量后再两边积分得

$$-\mathrm{e}^{-y}=x+C_2.$$

本节学习要点

由初始条件 $y|_{x=0}=0$ 得 $C_2=-1$. 故所求的特解为

$$\mathrm{e}^{-y}=1-x.$$

思考 比较第二类和第三类方程中所用的降阶法，说明求解这两类方程所作变量代换的异同.

习题 9.3

1. 求下列微分方程的通解：

(1) $y'''=(x+1)\ln x$； (2) $yy''-y'^2=0$；

(3) $y''=(y')^3+y'$.

2. 求下列微分方程满足初始条件的特解：

(1) $y''=\frac{\sin(2x)}{2}$, $y(0)=\frac{\pi}{2}$, $y'(0)=1$； (2) $(1-x^2)y''=y'$, $y(0)=\pi$, $y'(0)=1$；

(3) $x^2y''+xy'=1$, $y(1)=2$, $y'(2)=1$.

3. 求微分方程 $xy''+2y'=1$ 满足 $y(1)=2y'(1)$,且当 $x\to 0$ 时 y 有界的特解.

4. 设函数 $y(x)$ 满足微分方程 $yy''=2[(y')^2-y']$,且曲线 $y=y(x)$ 在点 $(0,1)$ 处的切线为 $y=2x+1$,求 $y(x)$.

5. 一汽车在公路上以 10m/s 的速度行驶,当驾驶员发现汽车前方 20m 处有一个小孩在玩耍时立即刹车,已知汽车刹车后得到的加速度为 $-4\,\mathrm{m/s^2}$,问汽车会不会撞到这个小孩?

9.4 二阶线性微分方程解的结构

形如

$$y''+p(x)y'+q(x)y=f(x),\text{其中 } p(x)\text{、}q(x)\text{、}f(x) \text{ 都是 } x \text{ 的连续函数} \qquad ①$$

的微分方程称为**二阶线性微分方程**,若 $f(x)\neq 0$,则称方程①为**二阶非齐次线性微分方程**. 若 $f(x)\equiv 0$ 即

$$y''+p(x)y'+q(x)y=0, \qquad ②$$

称方程②为**二阶齐次线性微分方程**,同时称方程②为**与方程①对应的齐次方程**.

下面列出二阶线性微分方程解的一些重要性质,利用求导运算法则很容易得到这些性质,有兴趣的读者可以自行证明.

定理1(解的叠加原理)　若函数 $y_1(x)$ 与 $y_2(x)$ 是方程②的两个解,则

$$y(x)=C_1y_1(x)+C_2y_2(x) \qquad ③$$

也是方程②的解,其中 C_1、C_2 为任意常数.

注　③式中形式上有两个任意常数,但它不一定是方程②的通解. 例如,若 $y_1(x)$ 是方程②的解,则 $y_2(x)=ky_1(x)$ 也是方程②的解(k 为常数),而

$$y(x)=C_1y_1(x)+C_2y_2(x)=C_1y_1(x)+C_2ky_1(x)=(C_1+C_2k)y_1(x)=Cy_1(x),$$

其中 $C=C_1+C_2k$ 为任意常数,因为 $y(x)$ 只有一个独立的任意常数,显然 $y(x)$ 不是方程②的通解.

究其原因是函数 $y_1(x)$ 与 $y_2(x)$ 是有关联的,为此引入函数线性相关与线性无关的概念.

定义1　设 $y_1(x)$、$y_2(x)$ 为定义在区间 I 上的两个函数,如果存在不全为零的两个常数

λ_1、λ_2,使得在区间 I 上恒有

$$\lambda_1 y_1(x) + \lambda_2 y_2(x) = 0,$$

则称这两个函数在区间 I 上**线性相关**,否则称为**线性无关**.

注 1 如果 $y_1(x)$、$y_2(x)$ 是两个定义在区间 I 上的函数,且 $y_1(x)$ 或者 $y_2(x)$ 恒等于 0,则 $y_1(x)$、$y_2(x)$ 在区间 I 上线性相关.

注 2 根据定义 1,在区间 I 上 $y_1(x)$、$y_2(x)$ 是否线性相关,只要看两个函数的比值是否为常数:如果是常数,则线性相关,否则线性无关.

例如, $\sin x$ 与 $\cos x$ 在区间 $(-\infty, +\infty)$ 上是线性无关的,因为 $\dfrac{\sin x}{\cos x} = \tan x \neq$ 常数. 而 y^2 与 ky^2 在区间 I 上是线性相关的(常数 $k \neq 0$),因为 $\dfrac{y^2}{ky^2} = \dfrac{1}{k} =$ 常数.

定理 2 如果 $y_1(x)$ 与 $y_2(x)$ 是齐次线性微分方程②的两个线性无关的特解,则 $y = C_1 y_1(x) + C_2 y_2(x)$ 是方程②的通解,其中 C_1、C_2 为任意常数.

二阶非齐次线性微分方程的通解与一阶非齐次线性微分方程的通解有着相同的结构,即非齐次线性微分方程的通解等于与它对应的齐次方程的通解与它的一个特解之和.

定理 3 如果 $y^*(x)$ 是二阶非齐次线性微分方程①的一个特解, $Y(x)$ 是与方程①对应的齐次方程②的通解,那么 $y = Y(x) + y^*(x)$ 为非齐次线性微分方程①的通解.

容易验证, $y = Y(x) + y^*(x)$ 满足方程①,而齐次线性微分方程的通解 $Y(x)$ 中含有两个独立的任意常数,从而 $y = Y(x) + y^*(x)$ 为方程①的通解.

定理 4 如果 $y_1^*(x)$、$y_2^*(x)$ 分别是非齐次线性微分方程

$$y'' + p(x)y' + q(x)y = f_1(x)、y'' + p(x)y' + q(x)y = f_2(x)$$

的特解,那么 $y^*(x) = k_1 y_1^*(x) + k_2 y_2^*(x)$ 是非齐次线性微分方程

$$y'' + p(x)y' + q(x)y = k_1 f_1(x) + k_2 f_2(x)$$

的特解,其中 k_1、k_2 为任意常数(也可以是复数).

这个性质通常称为**非齐次线性微分方程的叠加原理**.

定理 5 如果 $y_1(x) + \mathrm{i}y_2(x)$ 是方程

$$y'' + p(x)y' + q(x)y = f_1(x) + \mathrm{i}f_2(x)$$

的特解. 其中 $p(x)$、$q(x)$、$f_1(x)$、$f_2(x)$ 为实值函数, i 是纯虚数, 则 $y_1(x)$、$y_2(x)$ 分别是非齐次线性微分方程

$$y''+p(x)y'+q(x)y=f_1(x)、y''+p(x)y'+q(x)y=f_2(x)$$

的特解.

以上性质可以推广到到 n 阶线性微分方程的情形.

本节学习要点

习题 9.4

1. 已知二阶线性微分方程 $y''+p(x)y'+q(x)y=f(x)$ 有三个特解 $y_1(x)=x$、$y_2(x)=e^x$、$y_3(x)=e^{2x}$, 求该方程的通解, 并求该方程满足初始条件 $y(0)=1$, $y'(0)=3$ 的特解.

2. 已知 $y_1(x)=e^x$、$y_2(x)=u(x)e^x$ 是二阶线性微分方程 $(2x-1)y''-(2x+1)y'+2y=0$ 的两个特解, 设 $u(-1)=e$, $u(0)=-1$, 求 $u(x)$, 并求该方程的通解.

3. 设 $y_1(x)$、$y_2(x)$、$y_3(x)$ 是一阶线性微分方程 $y'+p(x)y=q(x)$ 的三个互不相同的特解. 证明: $\dfrac{y_3(x)-y_1(x)}{y_2(x)-y_1(x)}$ 是常数.

4. 已知 $y_1(x)=e^{3x}-xe^{2x}$、$y_2(x)=e^{-x}-xe^{2x}$、$y_3(x)=-xe^{2x}$ 是二阶常系数非齐次线性微分方程 $y''+py'+qy=f(x)$ 的三个特解, 求常数 p、q 及 $f(x)$.

9.5　二阶常系数线性微分方程

一、二阶常系数齐次线性微分方程

形如

$$y''+py'+qy=f(x), 其中\ p、q\ 为常数 \quad ①$$

的微分方程称为**二阶常系数线性微分方程**.

若 $f(x)\neq 0$, 则称方程 ① 为**二阶常系数非齐次线性微分方程**, 若 $f(x)=0$ 即

$$y''+py'+qy=0, \quad ②$$

称方程②为**二阶常系数齐次线性微分方程**.

根据 9.4 节定理 1, 只要求出方程②的两个线性无关的特解, 就可得到方程②的通解. 一个函数若要成为方程②的特解, 那么该函数及其一阶导数和二阶导数之间只能相差一个常数. 在初等函数中, 只有指数函数可以满足这个要求. 于是可设 $y=e^{rx}$(其中 r 为待定常数) 为方程 ② 的特解, 代入方程 ② 来确定常数 r 从而得到方程 ② 的特解

将 $y=e^{rx}$ 代入方程②得 $r^2e^{rx}+rpe^{rx}+qe^{rx}=0$,因为 $e^{rx}\neq 0$,故有

$$r^2+rp+q=0 \quad ③$$

即当 r 为一元二次方程③的根时,$y=e^{rx}$ 就是方程②的特解.通常称方程③为微分方程②的**特征方程**,称特征方程的根为**特征根**.

由初等代数知识,可根据判别式 $\Delta=p^2-4q$ 的符号来讨论特征根,从而得到方程②的通解.

(1) 当 $\Delta=p^2-4q>0$ 时,特征方程③有两个不相等的实根 r_1 和 r_2.

此时 e^{r_1x}、e^{r_2x} 为方程②的两个特解,且 $\dfrac{e^{r_1x}}{e^{r_2x}}=e^{(r_1-r_2)x}\neq$ 常数,即 e^{r_1x}、e^{r_2x} 为方程②的两个线性无关的特解,故方程②的通解为

$$y=C_1e^{r_1x}+C_2e^{r_2x},\text{其中 } C_1、C_2 \text{ 为任意常数.}$$

(2) 当 $\Delta=p^2-4q=0$ 时,特征方程③有两个相等的实根:$r_1=r_2=r=\dfrac{p}{2}$.

此时,只能得到一个特解 $y_1(x)=e^{rx}$.为得到方程②与 $y_1(x)$ 线性无关的特解 $y_2(x)$,可设 $\dfrac{y_2(x)}{y_1(x)}=C(x)\neq$ 常数,其中 $C(x)$ 为待定函数,将 $y_2(x)=C(x)y_1(x)$ 及其导数代入方程②,得

$$[r^2C(x)+2rC'(x)+C''(x)]e^{rx}+qC(x)e^{rx}+p[C'(x)+rC(x)]e^{rx}=0,$$

即

$$C''(x)+(2r+p)C'(x)+(r^2+pr+q)C(x)=0. \quad ④$$

注意到 r 是特征方程③的重根,$r=-\dfrac{p}{2}$,故④中左端的第二项和第三项均为 0,因此④化为 $C''(x)=0$,找一个 $C''(x)=0$ 的最简单的、非常数的解是 $C(x)=x$,于是可取

$$y_2(x)=xe^{rx}.$$

故方程②的通解为

$$y=C_1e^{rx}+C_2xe^{rx},\text{其中 } C_1、C_2 \text{ 为任意常数.}$$

(3) 当 $\Delta=p^2-4q<0$ 时,特征方程③有一对共轭复根 $r_{1,2}=\alpha\pm i\beta$,其中 $\beta\neq 0$.

此时方程②的两个线性无关的特解为 $y_1(x)=e^{(\alpha+i\beta)x}$, $y_2(x)=e^{(\alpha-i\beta)x}$.

在实际应用时往往需要实值函数形式的解,为此利用欧拉公式 $e^{i\theta}=\cos\theta+i\sin\theta$ 将上述复数解表示为

$$y_1(x)=e^{\alpha x}(\cos\beta x+i\sin\beta x),\ y_2(x)=e^{\alpha x}(\cos\beta x-i\sin\beta x).$$

再利用齐次线性微分方程解的叠加原理(9.4 节定理 1)可知

$$\frac{1}{2}[y_1(x)+y_2(x)]=e^{\alpha x}\cos\beta x \text{ 与 } \frac{1}{2i}[y_1(x)-y_2(x)]=e^{\alpha x}\sin\beta x$$

也是方程②的两个特解,而且 $e^{\alpha x}\cos\beta x$ 与 $e^{\alpha x}\sin\beta x$ 是线性无关的. 故方程②的通解为

$$y=C_1e^{\alpha x}\cos\beta x+C_2e^{\alpha x}\sin\beta x,\text{其中 } C_1、C_2 \text{ 为任意常数.}$$

综上所述,求二阶常系数齐次线性微分方程②的通解的步骤为:

1° 写出方程②的特征方程:$r^2+pr+q=0$;

2° 求特征方程的特征根 r_1、r_2;

3° 根据特征根 r_1、r_2 的不同情形,确定方程②的通解如下表所示.

特征方程 $r^2+pr+q=0$ 的根	方程 $y''+py'+qy=0$ 的通解
有两个不相等的实根 $r_1\neq r_2$	$y=C_1e^{r_1x}+C_2e^{r_2x}$
有两个相等的实根 $r_1=r_2=r$	$y=(C_1+C_2x)e^{rx}$
有一对共轭复根 $r_{1,2}=\alpha\pm i\beta$	$y=e^{\alpha x}(C_1\cos\beta x+C_2\sin\beta x)$

例 1 求微分方程 $y''-5y'+6y=0$ 的通解.

解 这是二阶常系数齐次线性微分方程. 该方程的特征方程为 $r^2-5r+6=0$,它有两个不相等的实根 $r_1=2$, $r_2=3$,故所求的通解为

$$y=C_1e^{2x}+C_2e^{3x},\text{其中 } C_1、C_2 \text{ 为任意常数.}$$

例 2 求微分方程 $y''+6y'+9y=0$ 满足初始条件 $y|_{x=0}=2$, $y'|_{x=0}=1$ 的特解.

解 这是二阶常系数齐次线性微分方程. 该方程的特征方程为 $r^2+6r+9=0$,它有两个相等的实根 $r_1=r_2=-3$. 故微分方程的通解为

$$y=(C_1+C_2x)e^{-3x},\text{其中 } C_1、C_2 \text{ 为任意常数.}$$

把初始条件 $y|_{x=0}=2$, $y'|_{x=0}=1$ 分别代入 y 及 y' 中,得到 $2=C_1$, $C_2-3C_1=1$,解得 $C_1=2$, $C_1=7$. 因此所求特解为

$$y=(2+7x)e^{-3x}.$$

例 3 求微分方程 $y''+2y'+4y=0$ 的通解.

解 这是二阶常系数齐次线性微分方程. 该方程的特征方程为 $r^2+2r+4=0$,它有一对共轭复根 $r_{1,2}=\dfrac{-2\pm2\sqrt{3}i}{2}=-1\pm\sqrt{3}i$,故所求的通解为

$$y = e^{-x}(C_1\cos\sqrt{3}x + C_2\sin\sqrt{3}x),其中 C_1、C_2 为任意常数.$$

* **例 4** 求微分方程 $y^{(4)} - 2y''' + 5y'' = 0$ 的通解.

解 这是四阶常系数齐次线性微分方程,该方程的通解结构与二阶微分方程的通解结构是类似的,故求解方法也类似.

该方程的特征方程为 $r^4 - 2r^3 + 5r^2 = 0$,它有四个特征根

$$r_1 = r_2 = 0,\ r_{3,4} = 1 \pm 2i,$$

其中两个是相等的实根,两个是共轭的复数根,因此该方程有四个线性无关的特解

$$y_1 = 1,\ y_2 = x,\ y_3 = e^x\cos 2x,\ y_4 = e^x\sin 2x,$$

从而所求的通解为

$$y = C_1 + C_2x + e^x(C_3\cos 2x + C_4\sin 2x),其中 C_1、C_2、C_3、C_4 为任意常数.$$

二、二阶常系数非齐次线性微分方程

根据 9.4 节讨论的关于二阶线性微分方程解的结构知,要求二阶常系数非齐次线性微分方程

$$y'' + py' + qy = f(x) \tag{5}$$

的通解,只要求出它的一个特解和与它对应的齐次方程

$$y'' + py' + qy = 0 \tag{6}$$

的通解即可. 上一小节已经解决了方程⑥的通解的求解,下面介绍当 $f(x)$ 为两种常见形式时,常系数非齐次线性微分方程⑤的特解 y^* 的求法.

1. **$f(x) = e^{\lambda x}P_m(x)$ 型**,其中 λ 为常数, $P_m(x)$ 为 x 的 m 次多项式.

已知 $f(x) = e^{\lambda x}P_m(x)$,则方程 ⑤ 为

$$y'' + py' + qy = e^{\lambda x}P_m(x). \tag{7}$$

若 y^* 是方程⑦的特解,根据方程⑦的特点:y''、py'、qy 的和等于 $e^{\lambda x}P_m(x)$,可以推断其特解 y^* 也应该是多项式函数与指数函数的乘积,即 $y^* = e^{\lambda x}Q(x)$,其中 $Q(x)$ 是待定的多项式. 由于

$$(y^*)' = [\lambda Q(x) + Q'(x)]e^{\lambda x},$$
$$(y^*)'' = [\lambda^2 Q(x) + 2\lambda Q'(x) + Q''(x)]e^{\lambda x},$$

代入方程⑦,约去 $e^{\lambda x}$ 整理得

$$Q''(x)+(2\lambda+p)Q'(x)+(\lambda^2+p\lambda+q)Q(x)=P_m(x). \qquad ⑧$$

由特征根的三种情形求 $y^{*}=e^{\lambda x}Q(x)$ 的讨论如下：

（1）如果 λ 不是特征方程 $r^2+pr+q=0$ 的根，即 $\lambda^2+p\lambda+q\neq 0$，则要使方程⑧成立的多项式 $Q(x)$ 应为 m 次多项式，即

$$Q(x)=a_0x^m+a_1x^{m-1}+\cdots+a_{m-1}x+a_m,$$其中 $a_0, a_1, \cdots, a_m$ 为待定系数.

将上式代入方程⑧的两端，比较两端 x 的同次幂系数，即可得到关于未知量 $a_0, a_1, \cdots, a_m$ 的 $m+1$ 个方程组，通过解方程组可确定待定系数 $a_i(i=0, 1, \cdots, m)$，这就确定了 $Q(x)$，从而得到方程⑦的一个特解

$$y^{*}=e^{\lambda x}Q_m(x).$$

（2）如果 λ 是特征方程 $r^2+pr+q=0$ 的单根，即 $\lambda^2+p\lambda+q=0$ 且 $2\lambda+p\neq 0$，则方程⑧为

$$Q''(x)+(2\lambda+p)Q'(x)=P_m(x).$$

故 $Q'(x)$ 是一个 m 次多项式，即 $Q(x)$ 为 $m+1$ 次多项式. 因此可设 $Q(x)=xQ_m(x)$，用与(1)相同的方法确定 $Q_m(x)$ 的系数，从而得到方程⑦的一个特解

$$y^{*}=xQ_m(x)e^{\lambda x}.$$

（3）如果 λ 为特征方程 $r^2+pr+q=0$ 的二重根，即 $\lambda^2+p\lambda+q=0$ 且 $2\lambda+p=0$，则方程⑧为

$$Q''(x)=P_m(x),$$

故 $Q(x)$ 是一个 $m+2$ 次多项式. 因此可设 $Q(x)=x^2Q_m(x)$，用与(1)相同的方法确定 $Q_m(x)$ 的系数，从而得到方程⑦的一个特解

$$y^{*}=x^2Q_m(x)e^{\lambda x}.$$

综上所述，方程⑦具有形如 $y^{*}=x^kQ_m(x)e^{\lambda x}$ 的特解，其中 $Q_m(x)$ 为 m 次多项式，而 k 的值与 λ 是特征根的重数一致：即当 λ 为二重特征根时，k 取 2；当 λ 为单根时，k 取 1；当 λ 不是特征根时，k 取 0.

思考　上述情形(2)和(3)中 $Q_m(x)$ 为什么可以分别取形如 $xQ_m(x)$、$x^2Q_m(x)$？取其他的多项式是否可行？

例5　求微分方程 $y''-2y'-3y=3x+1$ 的通解.

解　这是二阶常系数非齐次线性微分方程. 与该方程对应的齐次方程的特征方程为 $r^2-2r-3=0$，特征根为 $r_1=3$, $r_2=-1$. 故与该方程对应的齐次方程的通解为

$$Y=C_1\mathrm{e}^{3x}+C_2\mathrm{e}^{-x}，\text{其中 } C_1、C_2 \text{ 为任意常数}.$$

因为 $\lambda=0$ 不是特征方程的根，故设非齐次线性微分方程的特解为

$$y^*=x^0(ax+b)=ax+b，\text{其中 } a、b \text{ 为待定常数}，$$

将 $y^*=ax+b$ 代入该方程得

$$-3ax-3b-2a=3x+1,$$

比较 x 的同次幂系数，得

$$\begin{cases}-3a=3,\\-2a-3b=1,\end{cases}\text{解得 } a=-1,\ b=\frac{1}{3},$$

于是 $y^*=-x+\dfrac{1}{3}$. 从而所求的通解为

$$y=C_1\mathrm{e}^{3x}+C_2\mathrm{e}^{-x}-x+\frac{1}{3}，\text{其中 } C_1、C_2 \text{ 为任意常数}.$$

例 6 求微分方程 $y''-5y'+6y=x\mathrm{e}^{2x}+1$ 的通解.

解 这是二阶常系数非齐次线性微分方程. 与该方程对应的齐次方程的特征方程为 $r^2-5r+6=0$，特征根为 $r_1=2,\ r_2=3$，故与该方程对应的齐次方程的通解为

$$Y=C_1\mathrm{e}^{2x}+C_2\mathrm{e}^{3x}，\text{其中 } C_1、C_2 \text{ 为任意常数}.$$

将该方程分成两个方程

$$y''-5y'+6y=1, \tag{9}$$
$$y''-5y'+6y=x\mathrm{e}^{2x}. \tag{10}$$

通过观察方程⑨，容易得到它的一个特解 $y_1^*=\dfrac{1}{6}$. 因 $\lambda=2$ 是特征方程的单根，故设方程⑩的特解为 $y^*=x(ax+b)\mathrm{e}^{2x}$，其中 $a、b$ 为待定常数，代入方程⑩得 $-2ax-b+2a=x$，比较系数得 $a=-\dfrac{1}{2},\ b=-1$. 因此方程⑩的一个特解为

$$y_2^*=x\left(-\frac{1}{2}x-1\right)\mathrm{e}^{2x},$$

根据 9.4 节定理 2、定理 3 及定理 4，从而所求的通解为

$$y=C_1\mathrm{e}^{2x}+C_2\mathrm{e}^{3x}-\left(\frac{1}{2}x^2+x\right)\mathrm{e}^{2x}+\frac{1}{6}，\text{其中 } C_1、C_2 \text{ 为任意常数}.$$

2. **$f(x)=P_m(x)e^{\lambda x}\cos\omega x$ 或 $f(x)=P_m(x)e^{\lambda x}\sin\omega x$ 型**，其中 λ、ω 为实数，$P_m(x)$ 是 m 次多项式.

若 $f(x)=P_m(x)e^{\lambda x}\cos\omega x$ 或 $f(x)=P_m(x)e^{\lambda x}\sin\omega x$，则方程⑤为

$$y''+py'+qy=P_m(x)e^{\lambda x}\cos\omega x \tag{11}$$

或

$$y''+py'+qy=P_m(x)e^{\lambda x}\sin\omega x. \tag{12}$$

利用欧拉公式 $e^{(\lambda+i\omega)x}=e^{\lambda x}(\cos\omega x+i\sin\omega x)$ 及9.4节的定理5知，方程

$$y''+py'+qy=P_m(x)e^{(\lambda+i\omega)x} \tag{13}$$

的特解 y^* 的实部和虚部分别是方程⑪和⑫的特解. 而由求方程⑦的特解的方法可得方程⑬的特解 y^*，即 $y^*=x^kQ_m(x)e^{(\lambda+i\omega)x}$，其中 $Q_m(x)$ 是与 $P_m(x)$ 同次的**复系数多项式**. 由于特征方程 $r^2+pr+q=0$ 是实系数的，所以不存在复数的重根. 因此，当 $\lambda+i\omega$ 不是特征方程的根时，k 取0；当 $\lambda+i\omega$ 是特征方程的单根时，k 取1.

于是，为求方程⑪或方程⑫的特解，需先求出方程⑬的特解 y^*，于是 y^* 的实部就是方程⑪的特解，而 y^* 的虚部就是方程⑫的特解.

例7　求微分方程 $y''-2y'+2y=\cos 2x$ 的通解.

解　这是二阶常系数非齐次线性微分方程. 与该方程对应的齐次方程的特征方程为 $r^2-2r+2=0$，特征根为 $r_{1,2}=1\pm i$，因此与该方程对应的齐次方程的通解为

$$Y=e^x(C_1\cos x+C_2\sin x)，其中 C_1、C_2 为任意常数.$$

为求该方程的特解，需先求出微分方程

$$y''-2y'+2y=e^{2ix} \tag{14}$$

的特解，因为 $\lambda+i\omega=2i$ 不是特征根，故设方程⑭的特解为 $y^*=ae^{2ix}$，其中 a 为待定常数，将 y^* 代入方程⑭得 $a=-\dfrac{1}{2+4i}$，所以方程⑭的特解为

$$y^*=-\frac{1}{2+4i}e^{2ix}=\left(-\frac{1}{10}+\frac{1}{5}i\right)(\cos 2x+i\sin 2x),$$

y^* 的实部 $-\dfrac{\cos 2x}{10}-\dfrac{\sin 2x}{5}$ 即为该方程的特解. 因此所求的通解为

$$y=e^x(C_1\cos 2x+C_2\sin 2x)-\frac{\cos 2x}{10}-\frac{\sin 2x}{5}，其中 C_1、C_2 为任意常数.$$

例 8 求微分方程 $y''+9y=18\cos 3x-30\sin 3x$ 的通解.

解 这是二阶常系数非齐次线性微分方程. 与该方程对应的齐次方程的特征方程为 $\lambda^2+9=0$,特征根为 $\lambda_{1,2}=\pm 3\mathrm{i}$,故与该方程对应的齐次方程的通解为

$$Y=C_1\cos 3x+C_2\sin 3x,\text{其中 } C_1、C_2 \text{ 为任意常数}.$$

将该方程分为两个方程

$$y''+9y=18\cos 3x, \tag{15}$$

$$y''+9y=-30\sin 3x. \tag{16}$$

对于方程⑮,先求方程 $y''+9y=18\mathrm{e}^{3\mathrm{i}x}$ 的特解. 因为 $\pm 3\mathrm{i}$ 为特征方程的单根,故设方程 $y''+9y=18\mathrm{e}^{3\mathrm{i}x}$ 的特解为

$$y^*=ax\mathrm{e}^{3\mathrm{i}x},\text{其中 } a \text{ 为待定常数},$$

将 y^* 代入 $y''+9y=18\mathrm{e}^{3\mathrm{i}x}$ 中,得 $a=-3\mathrm{i}$. 再取特解 $y^*=-3\mathrm{i}x\mathrm{e}^{3\mathrm{i}x}$ 的实部,得方程 ⑮ 的特解

$$y_1^*=3x\sin 3x.$$

同理可得方程⑯的特解

$$y_2^*=5x\cos 3x.$$

因此所求的通解为

$$y=C_1\cos 3x+C_2\sin 3x+x(5\cos 3x+3\sin 3x)\ \text{其中 } C_1、C_2 \text{ 为任意常数}.$$

本节学习要点

习题 9.5

1. 求下列微分方程的通解:

(1) $y''+2y'+3y=0$;　　(2) $y''-4y'+13y=0$;

(3) $9y''-12y'+4y=0$;　　(4) $3y''-20y'+12y=0$.

2. 求下列微分方程满足初始条件的特解:

(1) $y''+6y'+5y=0,\ y(0)=0,\ y'(0)=3$;

(2) $y''-2y'+2y=0,\ y(0)=0,\ y'(0)=2$.

3. 设函数 $y=y(x)$ 是微分方程 $y''+y'-2y=0$ 的解,且 $y(x)$ 在点 $x=0$ 处取得极值 3,求 $y(x)$.

4. 求微分方程 $y''+2y'-3y=0$ 的一条积分曲线,使该曲线与直线 $y=4x$ 在原点处相切.

*5. 求下列微分方程的通解:

(1) $y^{(5)}-y^{(4)}=0$;　　(2) $y^{(4)}-2y'''+5y''=0$;

(3) $y''' - y'' + y' = 0$;　　(4) $y^{(5)} + y^{(4)} + 2y''' + 2y'' + y' + y = 0$.

6. 求下列微分方程的通解:

(1) $y'' - 2y' - 3y = 3x + 1$;　　(2) $y'' + 2y' - 3y = e^{-3x}$;

(3) $y'' - 6y' + 9y = xe^{3x}$;　　(4) $y'' - 4y' + 3y = e^{3x}(1 + x)$;

(5) $y'' - y' = e^{x} - \sin 2x$;　　(6) $y'' + 9y = 18\cos 3x - 30\sin 3x$.

7. 求下列微分方程满足初始条件的特解:

(1) $y'' - 4y' = 5$, $y(0) = 1$, $y'(0) = 0$;　　(2) $y'' + y = x\cos 2x$, $y(0) = 1$, $y'(0) = -1$.

8. 设函数$f(x)$同时满足微分方程$y'' + y' - 2y = 0$和$y'' + y = 2e^{x}$,求$f(x)$.

9. 设函数$\varphi(x)$连续且满足$\varphi(x) = e^{x} + \int_0^x t\varphi(t)\mathrm{d}t - x\int_0^x \varphi(t)\mathrm{d}t$,求$\varphi(x)$满足的微分方程及初始条件,并求$\varphi(x)$.

10. 设函数$y(x)$满足微分方程$y'' - 3y' + 2y = 2e^{x}$,曲线$y = y(x)$与曲线$y = x^2 - x + 1$在点$(0, 1)$处的切线重合,求$y(x)$.

9.6　差分方程及其应用

由于生命科学、物理学、化学等领域有不少现象需要用离散模型来描述,而随着计算机的发展,很多连续的数学模型也要通过离散化来求其数值解,这就推动了差分方程的发展. 本章主要介绍差分方程的基本概念、性质及其基本类型,以及常见差分方程的求解方法及其应用.

一、差分方程的概念与性质

定义1　设函数$y_x = f(x)$,且x与$x + 1$在$f(x)$的定义域内,则称$\Delta y_x = y_{x+1} - y_x$为$f(x)$在$x$的**差分**,其中$x \in \mathbf{R}$或$x \in \mathbf{N}$.

通常称$\Delta y_x = y_{x+1} - y_x$为$y_x$的**一阶差分**,一阶差分的差分称为**二阶差分**,即

$$\Delta^2 y_x = \Delta(\Delta y_x) = \Delta y_{x+1} - \Delta y_x = y_{x+2} - 2y_{x+1} + y_x.$$

类似地,可定义三阶差分,四阶差分,…,即

$$\Delta^3 y_x = \Delta(\Delta^2 y_x),\ \Delta^4 y_x = \Delta(\Delta^3 y_x),\ \cdots.$$

一般地,y_x的$n - 1$阶差分的差分称为y_x的n阶差分,记为$\Delta^n y_x$,即

$$\Delta^n y_x = \Delta^{n-1} y_{x+1} - \Delta^{n-1} y_x = \sum_{i=0}^{n} (-1)^i C_n^i y_{x+n-i},$$

二阶及二阶以上的差分统称为**高阶差分**.

例 1 已知指数函数 $y_x=2^x$. 求 Δy_x, $\Delta^2 y_x$.

解 $\Delta y_x=2^{x+1}-2^x=2^x(2-1)=y_x$, $\Delta^2 y_x=\Delta(\Delta y_x)=\Delta y_x=y_x$.

由此导出对于所有的正整数 n,都有 $\Delta^n 2^x=2^x$.

例 2 已知函数 $y_x=2^x-5\cdot 3^{-x}+x+4$,其定义域为非负整数. 求 Δy_x.

解 由定义得

$$\begin{aligned}\Delta y_x&=y_{x+1}-y_x=[2^{x+1}-5\cdot 3^{-(x+1)}+x+1+4]-(2^x+5\cdot 3^{-x}-x-4)\\&=2^x-5[3^{-(x+1)}-3^{-x}]+1=2^x+\frac{10}{3}\cdot 3^{-x}+1.\end{aligned}$$

由差分的定义易知,两个函数 y_x 与 z_x 的差分 Δy_x 与 Δz_x 有如下运算性质:

(1) $\Delta(Cy_x)=C\Delta y_x$,其中 C 为常数.

(2) $\Delta(y_x\pm z_x)=\Delta y_x\pm\Delta z_x$.

(3) $\Delta(y_x\cdot z_x)=z_x\Delta y_x+y_{x+1}\Delta z_x=y_x\Delta z_x+z_{x+1}\Delta y_x$.

(4) $\Delta\left(\dfrac{y_x}{z_x}\right)=\dfrac{z_x\Delta y_x-y_x\Delta z_x}{z_{x+1}z_x}$,其中 $z_x\neq 0$, $z_{x+1}\neq 0$.

(1)(2)(3)留给读者自证. 这里只给出性质(4)的证明.

证 由定义得

$$\begin{aligned}\Delta\left(\frac{y_x}{z_x}\right)&=\frac{y_{x+1}}{z_{x+1}}-\frac{y_x}{z_x}=\frac{y_{x+1}z_x-y_xz_{x+1}}{z_{x+1}z_x}\\&=\frac{(y_{x+1}-y_x)z_x-y_x(z_{x+1}-z_x)}{z_{x+1}z_x}\\&=\frac{z_x\Delta y_x-y_x\Delta z_x}{z_{x+1}z_x}.\end{aligned}$$

注 区分差分的运算性质与导数的运算性质的异同.

例 3 求 $y_x=xe^x$ 的差分.

解 利用差分的运算性质,有

$$\Delta y_x=e^x\Delta x+(x+1)\Delta e^x=e^x+(x+1)(e^{x+1}-e^x)=e^x(ex-x+e).$$

二、差分方程的基本概念

定义2 含有未知函数 y_x 差分的方程称为**差分方程**.

差分方程的一般形式为

$$F(x, y_x, \Delta y_x, \Delta^2 y_x, \cdots, \Delta^n y_x) = 0, \quad ①$$

或者

$$G(x, y_x, y_{x+1}, y_{x+2}, \cdots, y_{x+n}) = 0. \quad ②$$

差分方程中所含有未知函数差分的最高阶数,或者在差分方程②中出现的未知函数下标的最大差称为**差分方程的阶**. 例如 $y_{x+1} - 5y_x = 0$ 是一阶差分方程;$y_{x+2} - y_x + 3 = 0$ 是二阶差分方程.

差分方程的不同形式可以互相转化. 如差分方程 $y_{x+2} - y_x + 3 = 0$, 因为 $y_{x+2} - y_x + 3 = y_{x+2} - 2y_{x+1} + 2y_{x+1} - y_x + 3 = 0$,故该差分方程可转化为差分方程 $\Delta^2 y_x + 2\Delta y_x + 3 = 0$.

思考 $2\Delta y_x = 3x - 2y_x$ 是差分方程吗?

定义3 若存在函数 y_x 使差分方程①(或②)成为恒等式,称函数 y_x 为该**差分方程的解**.

若差分方程的解中含有任意常数,且所含独立的任意常数的个数与差分方程的阶数相同,则称这样的解为该**差分方程的通解**.

在实际应用中,往往需要根据具体条件确定通解中的任意常数,用来确定任意常数的条件称为**定解条件**. 由定解条件确定了通解中所有常数后得到的差分方程的解,称为该**差分方程的特解**.

定义4 若差分方程中所含未知函数及其未知函数的各阶差分均为一次,则称该差分方程为**线性差分方程**.

例4 指出下列差分方程是否为线性的,并确定差分方程的阶数.

(1) $y_{x+3} - 3y_x + y_{x-2} = 0$; (2) $y_{n+1} - y_n^2 = 3$.

解 (1) 由于 y_{x+3}、y_x、y_{x-2} 都是一次的,所以这是一个线性差分方程,因未知函数下标的最大差为5,所以该方程为五阶线性差分方程.

(2) 由于 y_n^2 不是一次的,所以 $y_{n+1} - y_n^2 = 3$ 是一阶非线性差分方程.

三、一阶常系数线性差分方程

为了方便讨论一阶常系数线性差分方程的解,假定函数的定义域为非负整数集,于是,自变量用 n 表示,即 $y_n=f(n)$.

形如

$$y_{n+1}+py_n=q(n),\text{其中 } p \text{ 为非零常数},q(n) \text{ 为 } n \text{ 的函数} \quad ③$$

的差分方程称为**一阶常系数线性差分方程**. 若 $q(n)=0$,则差分方程③化为

$$y_{n+1}+py_n=0,\text{其中 } p \text{ 为常数}. \quad ④$$

称方程④为**与方程③对应的齐次方程**. 若 $q(n)\neq 0$,称方程③为**一阶常系数非齐次线性差分方程**,$q(n)$ 称为方程③的**非齐次项**.

关于一阶常系数线性差分方程解的结构有如下定理.

定理 1 若 y_n^* 为一阶常系数非齐次线性差分方程③的特解,Y_n 为与方程③对应的齐次方程④的通解,则一阶常系数非齐次线性差分方程③的通解为

$$y_n=Y_n+y_n^*.$$

证 由 Y_n 是方程④的通解,得

$$Y_{n+1}+pY_n=0,$$

由 y_n^* 是方程③的特解,得

$$y_{n+1}^*+py_n^*=q(n),$$

将上面两式相加得

$$(y_{n+1}^*+Y_{n+1})+p(y_n^*+Y_n)=q(n).$$

由于 Y_n 是方程④的通解,因此 Y_n 中含有任意常数,故 $y_n=Y_n+y_n^*$ 是方程③的通解.

1. 一阶常系数齐次线性差分方程

对于一阶常系数齐次线性差分方程可用**迭代法**求解. 由方程④得

$$y_{n+1}=-py_n=(-p)^2y_{n-1}=\cdots=(-p)^ny_1,$$

由此容易验证,方程④的通解为 $y_n=C(-p)^n$,其中 C 为任意常数.

例 5 求差分方程 $y_{n+1}+4y_n=0$ 的通解.

解 这是一阶常系数齐次线性差分方程. 利用迭代法得所求的通解为 $y_n=C(-4)^n$,其中

C 为任意常数.

由迭代法和例5可知,使一阶常系数齐次线性差分方程④左端为0的函数只可能为 $y_n=\lambda^n$,其中 $\lambda\neq 0$, λ 为待定常数. 将 λ^n 代入方程④得

$$\lambda^n(\lambda+p)=0.$$

因此 $y_n=\lambda^n$ 是方程④的解的充要条件是

$$\lambda+p=0, \qquad ⑤$$

方程⑤称为差分方程④的**特征方程**,称特征方程的根为**特征根**,由于特征根为 $\lambda=-p$,于是方程④的通解为

$$y_n=C\lambda^n=C(-p)^n,\text{其中 } C \text{ 为任意常数.} \qquad ⑥$$

2. 一阶常系数非齐次线性差分方程

现在讨论一阶常系数非齐次线性差分方程③的通解,其中 p 为非零常数, $Q(n)\neq 0$. 由定理1及方程④的通解⑥,只需求出方程③的一个特解即可.

若 $Q(n)=d^np_m(n)$,其中 d 为常数,$p_m(n)$ 为 n 的 m 次实系数多项式. 则方程③有特解 $y_n^*=n^kd^nR_m(n)$,这里 $R_m(n)$ 为 n 的 m 次的待定多项式,k 取0(d 不是特征根即 $d\neq -p$)或1(d 是特征根即 $d=-p$). 下面只对 $Q(n)=d^np_m(n)$ 的几种特殊情形给出方程③的特解的形式.

1°　$Q(n)=a$(a 是非零常数),此时 $d^np_m(n)$ 中 $d=1$, $p_m(n)=a$.

当 $p=-1$ 时,$d(=1)$ 为特征根,则方程③的特解的形式为 $y_n^*=n^1\cdot b$,其中 b 为待定常数,代入方程③可得 $b=a$,故 $y_n^*=an$.

当 $p\neq -1$ 时,1不是特征根,则方程③的特解的形式为 $y_n^*=n^0\cdot b=b$,其中 b 为待定常数,代入方程③可得 $b=\dfrac{a}{1+p}$. 故 $y_n^*=\dfrac{a}{1+p}$.

于是当 $Q(n)=a$ 时,由⑥式及上面的讨论,故方程③的通解为

$$y_n=\begin{cases}C+an, & p=-1,\\ C(-p)^n+\dfrac{a}{1+p}, & p\neq -1,\end{cases}\text{其中 } C \text{ 为任意常数.} \qquad ⑦$$

例6　求差分方程 $y_{n+1}-3y_n=2$ 的通解.

解　这是一阶常系数非齐次线性差分方程. 因 $p=-3$, $Q(n)=a=2$,故设该方程的特解为 $y_n^*=\dfrac{a}{1+p}=\dfrac{2}{1-3}=-1$,从而所求的通解为

$$y_n=C3^n-1,\text{其中 } C \text{ 为任意常数.}$$

例 7 某人60岁时将养老金10万元存入基金会,月利率为0.5%,他每月末取1000元作为生活费,建立差分方程并计算他70岁时在基金会中的钱的总数.

解 设 n 个月后尚有 x_n 元,已知他每月取1000元,月利率为0.5%,根据题意,可建立如下的差分方程:

$$x_{n+1}=(1+0.5\%)x_n-1000 \text{ 或 } x_{n+1}-1.005x_n=-1000,$$

该差分方程为一阶常系数非齐次线性差分方程,于是,根据⑦,它的特解为

$$x_n^*=\frac{-1000}{1-1.005}.$$

其通解为 $x_n=C(1.005)^n+200000$,其中 C 为任意常数.

设他60岁时为初始时刻,即 $n=0$ 时,$x_0=100000$,代入通解中,有

$$x_0=C(1.005)^0+200000=100000,$$

可得 $C=-100000$,即

$$x_n=-100000(1.005)^n+200000.$$

也就是说当他70岁时,基金会中的钱还剩余

$$x_{120}=-100000(1.005)^{120}+200000\approx 18060.33(\text{元}).$$

思考 例7中出现的非齐次线性差分方程可直接利用迭代法求解吗?

2° $Q(n)=an^k$, k 为某正整数,此时 $d^n p_m(n)$ 中 $d=1$, $p_m(n)=an^k$.

当 $p=-1$ 时,1为特征根. 所以方程③的特解的形式为

$$y_n^*=n(a_0+a_1n+a_2n^2+\cdots+a_kn^k),\text{其中 } a_0,\ a_1,\ a_2,\ \cdots,\ a_k \text{ 为待定常数}.$$

当 $p\neq-1$ 时,1不是特征根. 所以方程③的特解的形式为

$$y_n^*=a_0+a_1n+a_2n^2+\cdots+a_kn^k,\text{其中 } a_0,\ a_1,\ a_2,\ \cdots,\ a_k \text{ 为待定常数}.$$

于是当 $Q(n)=an^k$ 时,方程③的通解为

$$y_n=\begin{cases}C+n(a_0+a_1n+a_2n^2+\cdots+a_kn^k), & p=-1,\\ C(-p)^n+a_0+a_1n+a_2n^2+\cdots+a_kn^k, & p\neq-1,\end{cases}\text{其中 } C \text{ 为任意常数}.$$

例 8 求差分方程 $y_{n+1}-3y_n=2n^2$ 的通解.

解 这是一阶常系数非齐次线性差分方程. 因 $p=-3$,故设该方程的特解为 $y_n^*=a_0+a_1n+a_2n^2$,其中 a_0、a_1、a_2 为待定常数,将特解 y_n^* 代入原方程,有

$$\begin{cases} -2a_2 = 2, \\ a_1 + 2a_2 - 3a_1 = 0, \\ -2a_0 + a_1 + a_2 = 0, \end{cases}$$ 解得 $a_0 = a_1 = a_2 = -1$,

所以所求的通解为

$$y_n = C3^n - n^2 - n - 1,\text{其中 } C \text{ 为任意常数.}$$

3° $Q(n)=ad^n$,其中 a、d 为常数.

此时方程③的特解形式为 $Q(n)=bn^kd^n$,其中 k 取 $1(d=-p)$ 或 $0(d\neq -p)$, b 为待定常数.

例 9 求差分方程 $y_{n+1}-y_n=3\cdot 2^n$ 的通解.

解 这是一阶常系数非齐次线性差分方程. 因 $p=-1$, $d=2$ 知 $d\neq -p$,故设该方程的特解形式为 $y_n^*=b\cdot 2^n$,将 y_n^* 代入该方程得 $b=3$,所以所求的通解为 $y_n=C+3\cdot 2^n$,其中 C 为任意常数.

四、二阶常系数线性差分方程

二阶常系数线性差分方程的一般形式为

$$y_{n+2}+py_{n+1}+qy_n=Q(n), \tag{8}$$

其中 p、q 为常数,且 $q\neq 0$, $Q(n)$ 为 n 的函数.

若 $Q(n)=0$,则差分方程⑧化为

$$y_{n+2}+py_{n+1}+qy_n=0. \tag{9}$$

称方程⑨为**与方程⑧对应的齐次方程**;若 $Q(n)\neq 0$,称方程⑧为**二阶常系数非齐次线性差分方程**,$Q(n)$ 称为方程⑧的**非齐次项**.

二阶常系数线性差分方程解的结构与二阶线性常微分方程解的结构是类似的.

定理 2 若 y_n^* 为二阶常系数线性差分方程⑧的特解,Y_n 为与方程⑧对应的齐次方程⑨的通解,则方程⑧的通解为

$$y_n=Y_n+y_n^*.$$

1. 二阶常系数齐次线性差分方程

为求二阶常系数齐次线性差分方程⑨的通解,需要求方程⑨的两个线性无关的特解. 与上一小节类似讨论,可知方程⑨的特解形式为 $y_n=\lambda^n$,其中 $\lambda(\neq 0)$ 为待定常数. 将 λ^n 代入方程⑨得

$$\lambda^n(\lambda^2+p\lambda+q)=0,$$

因此 $y_n=\lambda^n$ 是方程⑨的解的充要条件是

$$\lambda^2+p\lambda+q=0. \tag{⑩}$$

称方程⑩为差分方程⑨的**特征方程**.

与常微分方程类似,根据特征方程⑩的两个特征根 λ_1 和 λ_2 的三种不同情形,可以找到方程⑨的两个线性无关的特解:

(1) 当 $p^2-4q>0$ 时,特征方程⑩有两个不同的实根 λ_1、λ_2.

此时,差分方程⑨的通解为

$$Y_n=C_1\lambda_1^n+C_2\lambda_2^n,\text{其中 } C_1、C_2 \text{ 为任意常数.}$$

(2) 当 $p^2-4q=0$ 时,特征方程⑩有两个相等的实根 $\lambda_1=\lambda_2=-\frac{p}{2}$.

此时,差分方程⑨的通解为

$$Y_n=(C_1+C_2n)\left(-\frac{p}{2}\right)^n,\text{其中 } C_1、C_2 \text{ 为任意常数.}$$

(3) 当 $p^2-4q<0$ 时,特征方程⑩有一对共轭复根 $\lambda_{1,2}=\alpha\pm i\beta$.

此时,$\lambda_{1,2}=\sqrt{\alpha^2+\beta^2}\left(\frac{\alpha}{\sqrt{\alpha^2+\beta^2}}\pm\frac{i\beta}{\sqrt{\alpha^2+\beta^2}}\right)=re^{\pm i\varphi}=r(\cos\varphi\pm i\sin\varphi)$,其中 $r=\sqrt{\alpha^2+\beta^2}$,$\cos\varphi=\frac{\alpha}{\sqrt{\alpha^2+\beta^2}}$,$\sin\varphi=\frac{\beta}{\sqrt{\alpha^2+\beta^2}}$,$\varphi\in(0,\pi)$. 从而方程⑨有特解 $(\lambda_{1,2})^n=r^ne^{\pm i\beta n}=r^n[\cos(\varphi n)\pm i\sin(\varphi n)]$. 与常微分方程类似,根据解的叠加原理,可得差分方程⑨实数形式的通解为

$$Y_n=r^n[C_1\cos(\varphi n)+C_2\sin(\varphi n)],\text{其中 } C_1、C_2 \text{ 为任意常数.}$$

例 10 求差分方程 $y_{n+2}+4y_{n+1}+4y_n=0$ 的通解.

解 这是二阶常系数齐次线性差分方程. 该方程的特征方程为 $\lambda^2+4\lambda+4=0$,特征根为 $\lambda_{1,2}=-2$. 于是所求的通解为

$$y_n=(C_1+C_2n)(-2)^n,\text{其中 } C_1、C_2 \text{ 为任意常数.}$$

例 11 已知斐波那契(Fibonacci)数列的一般项 y_n 满足差分方程 $y_{n+2}=y_{n+1}+y_n$,求 y_n.

解 这是二阶常系数齐次线性差分方程. 该方程的特征方程为 $\lambda^2-\lambda-1=0$,特征根为 $\lambda_{1,2}=\frac{1\pm\sqrt{5}}{2}$. 于是所求的通解为

$$y_n = C_1\left(\frac{1+\sqrt{5}}{2}\right)^n + C_2\left(\frac{1-\sqrt{5}}{2}\right)^n,\text{其中 } C_1、C_2 \text{ 为任意常数.}$$

当 n 充分大时，$\left(\frac{1-\sqrt{5}}{2}\right)^n$ 接近 0，从而 $y_n \approx A\left(\frac{1+\sqrt{5}}{2}\right)^n$，其中 A 为常数.

例 12　求差分方程 $y_{n+2} - 2y_{n+1} + 2y_n = 0$ 的通解.

解　这是二阶常系数齐次线性差分方程. 该方程的特征方程为 $\lambda^2 - 2\lambda + 2 = 0$，特征根为

$$\lambda = 1 \pm \mathrm{i} = \sqrt{2}\left(\frac{1}{\sqrt{2}} \pm \frac{\mathrm{i}}{\sqrt{2}}\right) = \sqrt{2}\left(\cos\frac{\pi}{4} \pm \mathrm{i}\sin\frac{\pi}{4}\right).$$

于是所求的通解为 $y_n = (\sqrt{2})^n\left(C_1\cos\frac{\pi}{4}n + C_2\sin\frac{\pi}{4}n\right)$，其中 C_1、C_2 为任意常数.

2. 二阶常系数非齐次线性差分方程

现在讨论二阶常系数非齐次线性差分方程⑧的通解.

根据定理 2，方程⑨的通解加上方程⑧的特解就是方程⑧的通解，而上一小节已经解决了方程⑨通解的求法，故只需求出方程⑧的特解.

这里只对 $Q(n) = d^n p_m(n)$ 的情形给出方程 ⑧ 的特解的求法.

若 $Q(n) = d^n p_m(n)$，其中 d 为常数，$p_m(n)$ 为 n 的 m 次实系数多项式，则方程 ⑧ 有特解 $y_n^* = n^k d^n R_m(x)$，这里 $R_m(n)$ 为 n 的 m 次的待定多项式，当 d 不是特征根时取 $k = 0$，当 d 是特征单根时取 $k = 1$，当 d 是特征重根时取 $k = 2$.

例 13　求差分方程 $y_{n+2} - 5y_{n+1} + 6y_n = 2$ 满足定解条件 $y_0 = 1$，$y_1 = 2$ 的特解.

解　这是二阶常系数非齐次线性差分方程. 与该方程对应的齐次方程的特征方程为 $\lambda^2 - 5\lambda + 6 = 0$，特征根为 $\lambda_1 = 2$，$\lambda_2 = 3$. 则与该方程对应的齐次方程的通解为 $Y_n = C_1 2^n + C_2 3^n$，其中 C_1、C_2 为任意常数.

因 $Q(n) = 2$，且 $d = 1$ 不是特征根，故该方程的特解有形式 $y_n^* = a$，其中 a 为待定常数. 代入该方程可得 $a = 1$，因此该方程的通解为

$$y_n = C_1 3^n + C_2 2^n + 1,\text{其中 } C_1、C_2 \text{ 为任意常数.}$$

将定解条件 $y_0 = 1$，$y_1 = 2$ 代入上式，有

$$\begin{cases} 1 = C_1 + C_2 + 1, \\ 2 = 3C_1 + 2C_2 + 1, \end{cases}$$

解得 $C_1=1$, $C_2=-1$,故该方程满足定解条件的特解为

$$y_n=3^n-2^n+1.$$

例 14 求差分方程 $y_{n+2}-4y_{n+1}+4y_n=2^n$ 的通解.

解 这是二阶常系数非齐次线性差分方程. 与该方程对应的齐次方程的特征方程为 $\lambda^2-4\lambda+4=0$,特征根为 $\lambda_1=\lambda_2=2$. 注意到 $d=2$ 是特征方程的重根,因此,设该方程的特解有形式 $y_n^*=an^2\cdot 2^n$,其中 a 为待定常数. 将 y_n^* 代入该方程得

$$8a2^n=2^n,\text{即 } a=\frac{1}{8}.$$

于是所求的通解为

$$y_n=(C_1+C_2n)2^n+\frac{1}{8}n^2\cdot 2^n,\text{其中 } C_1、C_2 \text{ 为任意常数}.$$

五、差分方程的若干应用模型

1. 银行还款模型

例 15 某新婚夫妇购买一套住房,需要在年初向银行贷款 100 万元,月利率为 0.5%. 如采用等额本息还款法,每月还银行 10000 元,试建立差分方程并计算他们第一年末还欠银行的贷款金额. 如果要 10 年还清,每月需还的贷款金额?

解 假设第 k 个月末他们欠银行的贷款金额为 y_k,月利率为 0.5%. 记 $a=1+0.5\%$, b 为每月还款金额. 则第 $k+1$ 个月末欠银行的贷款金额为

$$y_{k+1}=a\cdot y_k-b,\ k=0,1,2,\cdots.$$

这是一阶常系数非齐次线性差分方程,可以利用数学软件(Mathematical, Matlab 等)快速得出答案,也可以通过迭代法得到

$$\begin{aligned}y_{k+1}&=a\cdot y_k-b=a(a\cdot y_{k-1}-b)-b=\cdots\\&=a^{k+1}y_0-b(1+a+a^2+\cdots+a^k)=a^{k+1}y_0-\frac{b(1-a^{k+1})}{1-a}.\end{aligned}$$

将 $a=1.005$, $b=10000$ 及 $y_0=1000000$ 代入得

$$y_{12}=1.005^{12}\cdot 1000000-\frac{10000(1-1.005^{12})}{1-1.005}=938322(\text{元}).$$

若每个月还款一万元,他们第一年末还欠银行的贷款金额为 938322 元.

要想十年还清，就是要求 $y_{120}=1.005^{12}\cdot 1000000-\dfrac{x(1-1.005^{120})}{1-1.005}=0$，解得 $x=11102.1$（元），因此如果要十年还清，每个月需还 11102.1 元.

2. 虫口模型

例 16　虫口模型是 1976 年数学生态学家罗伯特·梅(R. May)在英国的《自然》杂志上提出的，以模拟生态学中昆虫繁殖的动力学行为. 虫口即昆虫的数目，昆虫的特点是世代不交叠，即每年夏天这种昆虫成虫产卵后全部死亡，第二年春天每个虫卵孵化成一个虫子. 虫口模型是一个具有复杂动力学的最简单的模型，又称为 Logistic 映射.

首先设未知函数 y_n 是在第 n 年某种昆虫的数目，要建立的差分方程数学模型就是相邻两代，或者说相邻两年（第 n 年与第 $n+1$ 年）的虫口之间的相依关系. 最简单的情形是设每个成虫平均产卵 c 个，第 $n+1$ 年的虫口为 y_{n+1}. 显见相邻两年虫口之间的依赖关系是

$$y_{n+1}=cy_n,\ n=0,\ 1,\ 2,\ \cdots. \tag{11}$$

考虑到周围的环境能提供的食物和空间是有限的，虫子之间为了生存将互相竞争，此外传染病及各种外在的天敌又对该昆虫的生存存在威胁. 假设任何接触、竞争甚至打斗是发生在两只虫子之间的，据此可将模型⑪改进为

$$y_{n+1}=cy_n-by_n^2,\ n=1,\ 2,\ \cdots.$$

这里 b 是阻滞系数. 或将其写成标准形式

$$y_{n+1}=cy_n\left(1-\frac{y_n}{N}\right),\ n=1,\ 2,\ \cdots, \tag{12}$$

其中 $N=\dfrac{c}{b}$. 差分方程 ⑫ 为一阶非线性差分方程，本书对非线性差分方程的解不做介绍.

3. 国民收入模型

例 17　设第 n 年国民收入为 Y_n，消费为 C_n，投资为 I_n，政府行政开支为 G_n. 设政府每年行政开支为固定的，记为 $G_n=G_0$. 保罗·萨缪尔森(Samuelson)提出如下模型：

$$Y_n=C_n+I_n+G_0 \tag{13}$$

即国民收入为消费、投资和政府开支之和. 第 n 年的消费与上一年的国民收入成正比，设比例系数为边际消费倾向 b，即

$$C_n=bY_{n-1} \tag{14}$$

而第 n 年的投资与当年和上一年消费增长量成正比，设其比例系数为 a，即

$$I_n=a(C_n-C_{n-1})=ab(Y_{n-1}-Y_{n-2}) \tag{15}$$

结合⑬⑭和⑮式可得

$$Y_n = bY_{n-1} + ab(Y_{n-1} - Y_{n-2}) + G_0,$$

化简,得二阶常系数非齐次线性差分方程

$$Y_n - (1+a)bY_{n-1} + abY_{n-2} = G_0 \tag{16}$$

与⑯对应的齐次方程的特征方程为

$$\lambda^2 - (1+a)b\lambda + ab = 0, \tag{17}$$

对于判别式 $\Delta = (1+a)^2b^2 - 4ab$ 的三种情形,讨论如下:

(1) 当 $(1+a)^2b > 4a$ 时,方程⑰有两个不相等实根 $\lambda_{1,2} = \dfrac{(1+a)b \pm \sqrt{\Delta}}{2}$.

于是与⑯对应的齐次方程的通解为 $C_1\lambda_1^n + C_2\lambda_2^n$,其中 C_1、C_2 为任意常数. 另一方面,方程⑯的一个特解为 $y^* = \dfrac{G_0}{1-b}$. 即方程⑯的通解为

$$y_n = C_1\lambda_1^n + C_2\lambda_2^n + \frac{G_0}{1-b},\text{其中 } C_1、C_2 \text{ 为任意常数.}$$

(2) 当 $b(1+a)^2 = 4a$ 时,方程⑰有两个相等实根,即 $\lambda_1 = \lambda_2 = \lambda = \dfrac{(1+a)b}{2}$.

于是方程⑯的通解为

$$y_n = (C_1 + C_2 n)\left[\frac{(1+a)b}{2}\right]^n + \frac{G_0}{1-b},\text{其中 } C_1、C_2 \text{ 为任意常数.}$$

对如上两种情形,当 λ_1、$\lambda_2 > 1$ 时,$\lim\limits_{n\to\infty} y_n = +\infty$,即国民收入 $\{y_n\}$ 为发散的. 当 $0 < \lambda_1$、$\lambda_2 < 1$ 时,$\lim\limits_{n\to\infty} y_n = \dfrac{G_0}{1-b} = y^*$,即国民收入 $\{y_n\}$ 收敛于 y^*.

(3) 当 $b(1+a)^2 < 4a$ 时,方程⑰有一对共轭复根 $\lambda_{1,2} = \alpha \pm \mathrm{i}\beta$. 其中 $\alpha = \dfrac{(1+a)b}{2}$, $\beta = \dfrac{\sqrt{4ab - (1+a)^2b^2}}{2}$.

于是方程⑯的通解为

$$y_n = (\sqrt{\alpha^2+\beta^2})^n[C_1\sin(\theta n) + C_2\cos(\theta n)] + \frac{G_0}{1-b}. \text{其中 } \tan\theta = \frac{\beta}{\alpha},\ C_1、C_2 \text{ 为任意常数.}$$

并且,有如下结论:

(i) 当 $\sqrt{\alpha^2+\beta^2} < 1$ 时,$\lim\limits_{n\to\infty} y_n = \dfrac{G_0}{1-b}$,即 $\{y_n\}$ 收敛于 $\dfrac{G_0}{1-b}$.

(ii) 当 $\sqrt{\alpha^2+\beta^2}=1$ 时，$\{y_n\}$ 振荡不收敛.

(iii) 当 $\sqrt{\alpha^2+\beta^2}>1$ 时，$\lim\limits_{n\to\infty} y_n=\infty$ 即 $\{y_n\}$ 发散.

注　国民收入模型是多年前的首创，并得到诺贝尔奖获得者的肯定，但随着时间的发展，该模型也显示出诸多的不合理性. 如：方程组不完备，政府购买不能作为外变量，取其为常数也有其不合理性. 读者可以通过查阅文献，获得相关资料并建立合理的模型.

本节学习要点

习题 9.6

1. 设 $y_n=n^3$，求 Δy_n，$\Delta^2 y_n$，$\Delta^3 y_n$.

2. 设 $y_n=a^n$，其中常数 $a>0$ 且 $a\neq 1$，求 Δy_n.

3. 将差分方程 $\Delta^2 y_n+2\Delta y_n=0$ 写成不含差分算子的方程.

4. 设 $y_n=2n+1$，验证 y_n 是差分方程 $y_{n+1}-y_n=2$，$y_0=1$ 的解.

5. 求下列常系数齐次线性差分方程的通解：

(1) $y_{n+1}-y_n=0$；　　(2) $2y_{n+1}+3y_n=0$，$y_0=a$，其中 a 为常数；

(3) $y_{n+1}+a^2y_{n-1}=0$，其中常数 $a>0$；　　(4) $2y_{n+2}-3y_{n+1}-2y_n=0$；

(5) $y_{n+2}-6y_{n+1}+9y_n=0$.

6. 求下列常系数齐次线性差分方程满足定解条件的特解：

(1) $y_{n+2}-7y_{n+1}+12y_n=0$，$y_0=1$，$y_1=2$；

(2) $y_{n+2}-4y_{n+1}+16y_n=0$，$y_0=0$，$y_1=1$.

7. 求下列常系数非齐次线性差分方程的通解：

(1) $y_{n+1}-y_n=n+1$；　　(2) $4y_{n+1}+y_n=2^{n+2}+5n$；

(3) $y_{n+2}-2y_{n+1}+3y_n=5$；　　(4) $y_{n+2}+y_{n+1}-2y_n=12n+1$；

(5) $y_{n+2}-3y_{n+1}+2y_n=12\cdot 5^n$；　　(6) $y_{n+2}-6y_{n+1}+9y_n=3^n$.

8. 求下列常系数非齐次线性差分方程满足定解条件的特解：

(1) $y_{n+1}+3y_n=n^2+1$，$y_0=2$；　　(2) $y_{n+1}-3y_n=5\cdot 3^n$，$y_0=2$；

(3) $y_{n+2}-4y_{n+1}+4y_n=3+2n$，$y_0=y_1=1$；

(4) $y_{n+2}-3y_{n+1}+3y_n=n$，$y_0=5$，$y_1=0$.

9. 某家庭从现在开始从每月工资中拿出一部分资金存入银行，用于投资子女的教育，假设投资的月利率为0.5%，20年后不再存入资金并开始每月从投资账户中支取2000元，直到10年后子女大学毕业用完全部资金. 计算该家庭在20年内共需要筹措的资金总额，并计算该家庭每月在银行存入的金额.

总练习题

1. 求下列微分方程的通解:

(1) $2y''-3y'-y=2e^{x}$;

(2) $y''+y=\sin x$;

(3) $\frac{y}{x}dx+(y^{3}+\ln x)dy=0$;

(4) $y'''-5y''+8y'-4y=0$;

(5) $y^{(7)}-2y^{(5)}+y'''=0$;

(6) $y''-6y'+9y=(x+1)e^{2x}$;

(7) $(a^{2}-2xy-y^{2})dx-(x+y)^{2}dy=0$;

(8) $(y^{2}-6x)\frac{dy}{dx}+2y=0$;

(9) $y'+y\tan x=\sin 2x$;

(10) $y'+\frac{1-x}{x}y=\frac{e^{2x}}{x}$;

(11) $y'+\sin\frac{x+y}{2}=\sin\frac{x-y}{2}$;

(12) $x^{2}y''+xy'=1$;

(13) $y''-2y'+2y=xe^{x}\cos x$.

2. 求下列微分方程满足初始条件的特解:

(1) $\frac{dy}{dx}+\frac{y}{x}=\frac{x+1}{x}$, $y(2)=3$;

(2) $y''=3\sqrt{y}$, $y(0)=1$, $y'(0)=2$;

(3) $y'+y''=xy''$, $y(2)=y'(2)=1$;

(4) $xy'-y=\frac{x}{\ln x}$, $y(e)=e$.

3. 设二阶常系数线性微分方程 $y''+ay'+by=ce^{x}$ 有特解 $y=e^{2x}+(1+x)e^{x}$,求常数 a、b、c.

4. 设 $f(x)$ 满足 $f(x+y)=\frac{f(x)+f(y)}{1-f(x)f(y)}$,且 $f'(0)$ 存在. 证明:$f(x)$ 是可微函数且 $f(0)=0$. 求 $f(x)$ 满足的微分方程及初始条件,并求出 $f(x)$.

5. 设 $f(x)$ 满足 $f(x)=\cos x-\int_{0}^{x}(x-t)f(t)dt$,求 $f(x)$ 满足的二阶微分方程及初始条件,并求出 $f(x)$.

6. 设 $f(x)$、$g(x)$ 满足 $f'(x)=g(x)$, $g(x)=1+\int_{0}^{x}[1-f(t)]dt$,且 $f(0)=1$. 求 $f(x)$ 满足的二阶微分方程及初始条件,并求出 $f(x)$.

7. 设可微函数 $f(x)$ 满足 $f(x+y)=e^{x}f(y)+e^{y}f(x)$,且 $f'(0)=e$,求 $f(x)$ 满足的微分方程及初始条件,并求出 $f(x)$.

8. 设 $f(x)$ 在 $[0,+\infty)$ 上连续,且 $\lim\limits_{x\to+\infty}f(x)=0$. 证明:方程 $y'+y=f(x)$ 的解 $y=y(x)$ 都满足 $\lim\limits_{x\to+\infty}y(x)=0$.

9. 设 $S(x)=1+\frac{x^{3}}{3!}+\frac{x^{6}}{6!}+\cdots+\frac{x^{3n}}{(3n)!}+\cdots$,其中 $-\infty<x<+\infty$. 验证 $S(x)$ 满足微分方程 $y''+y'+y=e^{x}$, 并求出 $S(x)$.

习题答案与提示

习题 6.1

1. 点 P 在第Ⅴ卦限；

（1）$(-3, 1, -2)$；（2）$(-3, -1, -2)$；（3）$(-3, -1, 2)$.

2.（略）

3.（1）$z=-2$；（2）$x=3$；（3）$\frac{x-1}{0}=\frac{y-3}{1}=\frac{z+1}{0}$；

（4）$\{(x, y, z) \mid 0 \leqslant x \leqslant 2, 0 \leqslant y \leqslant 2, 0 \leqslant z \leqslant 2\}$.

4.（1）$x-11y+8z+7=0$；（2）$x-y+1=0$；（3）$10x+y=0$；

（4）$3x+z-7=0$；（5）$2x+y+4z=17$.

5.（1）圆柱面；（2）抛物柱面；（3）平行于 x 轴的平面；

（4）椭球面；（5）椭圆锥面；（6）单叶双曲面；

（7）椭圆抛物面；（8）双曲抛物面；（9）两平行平面；

（10）双叶双曲面.

6.（1）$h>0$ 时，为椭圆（椭圆抛物面与平面的交线），$h=0$ 时为点椭圆；

（2）抛物线（双曲抛物面与平面的交线）；

（3）双曲线（单叶双曲面与平面的交线）；

（4）两条直线（锥面与平面的交线）：$\frac{x}{5}=y=\frac{z}{3}$，$\frac{x}{5}=y=\frac{z}{-3}$.

7. $\frac{x-1}{2}=\frac{y+2}{-3}=\frac{z-4}{1}$.

习题 6.2

1.（1）$D=\{(x, y) \mid 0 \leqslant y \leqslant x^2\}$；（2）$D=\{(x, y) \mid 0 \leqslant x < y, x^2+y^2<1\}$；

（3）$D=\{(x, y, z) \mid r^2<x^2+y^2+z^2 \leqslant R^2\}$；（4）$D=\{(x, y, z) \mid x^2+y^2>0, |z| \leqslant \sqrt{x^2+y^2}\}$.

2.（1）$\ln 2$；（2）$-\frac{1}{4}$；（3）$\frac{1}{2}$；（4）0.

3.（1）连续；（2）连续；（3）不连续；（4）连续.

4. $f(x, y)=\frac{1}{4}(3x^2+y^2)$.

5. $\frac{(1+xy)^2}{x^4}$.

6.（略）

习题 6.3

1.（1）$\frac{\partial z}{\partial x}=y+\frac{1}{y}$，$\frac{\partial z}{\partial y}=x\left(1-\frac{1}{y^2}\right)$；（2）$\frac{\partial z}{\partial x}=\frac{|y|}{x^2+y^2}$，$\frac{\partial z}{\partial y}=\frac{-xy}{|y| \sqrt{x^2+y^2}}$；

(3) $\frac{\partial z}{\partial x}=(2x+y)e^{-\arctan\frac{y}{x}}$, $\frac{\partial z}{\partial y}=(2y-x)e^{-\arctan\frac{y}{x}}$;

(4) $\frac{\partial z}{\partial x}=x^{y-1}y^{x+1}+x^{y}y^{x}\ln y$, $\frac{\partial z}{\partial y}=x^{y+1}y^{x-1}+x^{y}y^{x}\ln x$;

(5) $\frac{\partial f}{\partial u}=\frac{1}{u+\ln v}$, $\frac{\partial f}{\partial v}=\frac{1}{v(u+\ln v)}$; (6) $\frac{\partial f}{\partial x}=-e^{x^2}$, $\frac{\partial f}{\partial y}=e^{y^2}$.

2. (1) $\left.\frac{\partial z}{\partial x}\right|_{(0,1)}=1$, $\left.\frac{\partial z}{\partial y}\right|_{(0,1)}=0$; (2) $\left.\frac{\partial z}{\partial x}\right|_{(1,0)}=2$, $\left.\frac{\partial z}{\partial y}\right|_{(1,0)}=1$.

3. (略)

4. 0.

5. (1) $\frac{\partial^2 f}{\partial x^2}=y(y-1)x^{y-2}$, $\frac{\partial^2 f}{\partial x\partial y}=\frac{\partial^2 f}{\partial y\partial x}=yx^{y-1}\ln x+x^{y-1}$, $\frac{\partial^2 f}{\partial y^2}=x^{y}\ln^2 x$;

(2) $\frac{\partial^2 f}{\partial x^2}=\frac{2xy}{(x^2+y^2)^2}$, $\frac{\partial^2 f}{\partial x\partial y}=\frac{\partial^2 f}{\partial y\partial x}=\frac{y^2-x^2}{(x^2+y^2)^2}$, $\frac{\partial^2 f}{\partial y^2}=-\frac{2xy}{(x^2+y^2)^2}$;

(3) $\frac{\partial^2 f}{\partial x^2}=x^{\ln y-2}(\ln y-1)\ln y$, $\frac{\partial^2 f}{\partial x\partial y}=\frac{\partial^2 f}{\partial y\partial x}=\frac{x^{\ln y-1}(\ln x\ln y+1)}{y}$, $\frac{\partial^2 f}{\partial y^2}=\frac{x^{\ln y}(\ln x-1)\ln x}{y^2}$.

6. (1) $\frac{\partial^3 z}{\partial x^2\partial y}=0$, $\frac{\partial^3 z}{\partial x\partial y^2}=-\frac{1}{y^2}$;

(2) $\frac{\partial^3 u}{\partial x^2\partial y}=\frac{16x^2y}{(x^2+y^2+z^2)^3}-\frac{48x^2y(x^2-y^2+z^2)}{(x^2+y^2+z^2)^4}+\frac{8y(x^2-y^2+z^2)}{(x^2+y^2+z^2)^3}$,

$\frac{\partial^3 u}{\partial x\partial y^2}=-\frac{16xy^2}{(x^2+y^2+z^2)^3}-\frac{48xy^2(x^2-y^2+z^2)}{(x^2+y^2+z^2)^4}+\frac{8x(x^2-y^2+z^2)}{(x^2+y^2+z^2)^3}$,

$\frac{\partial^3 u}{\partial x\partial y\partial z}=\frac{16xyz}{(x^2+y^2+z^2)^3}-\frac{48xyz(x^2-y^2+z^2)}{(x^2+y^2+z^2)^4}$.

7. $f_{xy}(0,0)=-1$, $f_{yx}(0,0)=1$.

8. (略)

9. (略)

习题 6.4

1. (1) $dz|_{(1,2)}=\frac{1}{3}(dx+2dy)$; (2) $dz|_{(\frac{\pi}{4},\frac{\pi}{4})}=(1+e^{\frac{\pi}{2}})dx+e^{\frac{\pi}{2}}dy$.

2. (1) $dz=[y\cos(xy)-\sin(x+y)]dx+[x\cos(xy)-\sin(x+y)]dy$;

(2) $dz=\frac{-ydx+xdy}{x^2+y^2}$;

(3) $du=\frac{xdx+ydy+zdz}{x^2+y^2+z^2}$;

(4) $du=x^{yz}\left[yz\frac{dx}{x}+z\ln xdy+y\ln xdz\right]$.

3. (略)

4. (略)

5. （略）

6. （1）2.975； （2）1.06.

习题 6.5

1. （1）$\frac{dz}{dt}=\frac{1}{1+\sqrt{1+t}+2\sqrt{t}+t}\left[\frac{1}{2\sqrt{1+t}}+\frac{1+\sqrt{t}}{\sqrt{t}}\right]$；

（2）$\frac{du}{dx}=-\frac{1}{x^2\sqrt{1-x^2}}$；

（3）$\frac{\partial z}{\partial r}=\frac{3}{2}r^2\sin(2\theta)(\cos\theta-\sin\theta)$，$\frac{\partial z}{\partial\theta}=r^3[\cos^3\theta+\sin^3\theta-\sin2\theta(\sin\theta+\cos\theta)]$；

（4）$\frac{\partial t}{\partial u}=[uv^2w^2\tan(uv^2w)+w]\sec(uv^2w)$，$\frac{\partial t}{\partial v}=2u^2vw^2\sec(uv^2w)\tan(uv^2w)$，

$\frac{\partial t}{\partial w}=[u^2v^2w\tan(uvw^2)+u]\sec(uvw^2)$.

2. （1）$\frac{\partial z}{\partial x}=yf_1'\left(xy,\frac{x}{y}\right)+\frac{1}{y}f_2'\left(xy,\frac{x}{y}\right)$，$\frac{\partial z}{\partial y}=xf_1'\left(xy,\frac{x}{y}\right)-\frac{x}{y^2}f_2'\left(xy,\frac{x}{y}\right)$；

（2）$\frac{\partial u}{\partial x}=2xf'(x^2+y^2-z^2)$，$\frac{\partial u}{\partial y}=2yf'(x^2+y^2-z^2)$，$\frac{\partial u}{\partial z}=-2zf'(x^2+y^2-z^2)$；

（3）$\frac{\partial u}{\partial x}=f_1'(x,xy,xyz)+yf_2'(x,xy,xyz)+yzf_3'(x,xy,xyz)$，$\frac{\partial u}{\partial y}=xf_2'(x,xy,xyz)+xzf_3'(x,xy,xyz)$，

$\frac{\partial u}{\partial z}=xyf_3'(x,xy,xyz)$；

（4）$\frac{\partial z}{\partial x}=yx^{y-1}f_1'(x^y,y^x)+y^x\ln yf_2'(x^y,y^x)$，$\frac{\partial z}{\partial y}=x^y\ln xf_1'(x^y,y^x)+xy^{x-1}f_2'(x^y,y^x)$.

3. $\frac{dz}{dx}=2e^{2x-(e^{2x}+\sin x)^2}+[e^{-(e^{2x}+\sin x)^2}-2e^{-4\sin^2x}]\cos x$.

4. （略）

5. （1）$\frac{\partial^2z}{\partial x^2}=2f_1'+y^2e^{xy}f_2'+4x^2f_{11}''+4xye^{xy}f_{12}''+y^2e^{2xy}f_{22}''$，$\frac{\partial^2z}{\partial x\partial y}=\frac{\partial^2z}{\partial y\partial x}=(1+xy)e^{xy}f_2'-4xyf_{11}''+$
$2(x^2-y^2)e^{xy}f_{12}''+xye^{2xy}f_{22}''$，$\frac{\partial^2z}{\partial y^2}=-2f_1'+x^2e^{xy}f_2'+4y^2f_{11}''-4xye^{xy}f_{12}''+x^2e^{2xy}f_{22}''$； （2）$\frac{\partial^2z}{\partial x^2}=-\sin xf_1'+$
$e^{x+y}f_3'+\cos^2xf_{11}''+2e^{x+y}\cos xf_{13}''+e^{2(x+y)}f_{33}''$，$\frac{\partial^2z}{\partial x\partial y}=\frac{\partial^2z}{\partial y\partial x}=e^{x+y}f_3'-\cos x\sin yf_{12}''+\cos xe^{x+y}f_{13}''-$
$\sin ye^{x+y}f_{32}''+e^{2(x+y)}f_{33}''$，$\frac{\partial^2z}{\partial y^2}=-\cos yf_2'+e^{x+y}f_3'+\sin^2yf_{22}''-2\sin ye^{x+y}f_{23}''+e^{2(x+y)}f_{33}''$.

6. $\left.\frac{dy}{dx}\right|_{x=0}=\left.\frac{\partial f}{\partial u}\right|_{(1,1)}$，$\left.\frac{d^2y}{dx^2}\right|_{x=0}=\left.\frac{\partial f}{\partial u}\right|_{(1,1)}-\left.\frac{\partial f}{\partial v}\right|_{(1,1)}+\left.\frac{\partial^2f}{\partial u^2}\right|_{(1,1)}$.

7. $\frac{\partial^2F}{\partial x^2}=\frac{y^2\cos(xy)}{x^2y^2+1}-\frac{2xy^3\sin(xy)}{(x^2y^2+1)^2}$，$\frac{\partial^2F}{\partial x\partial y}=\frac{\partial^2F}{\partial y\partial x}=-\frac{2x^2y^2\sin(xy)}{(x^2y^2+1)^2}+\frac{\sin(xy)}{x^2y^2+1}+\frac{xy\cos(xy)}{x^2y^2+1}$，

$\frac{\partial^2F}{\partial y^2}=\frac{x^2\cos(xy)}{x^2y^2+1}-\frac{2x^3y\sin(xy)}{(x^2y^2+1)^2}$.

8. (1) $\frac{dy}{dx}=\frac{-e^x-y^2}{2xy-\cos y}$; (2) $\frac{d^2y}{dx^2}=\frac{2(x^2+y^2)}{(x-y)^3}$;

(3) $\frac{\partial z}{\partial x}=\frac{yze^{xyz}}{1-xye^{xyz}}$, $\frac{\partial z}{\partial y}=\frac{xze^{xyz}}{1-xye^{xyz}}$;

(4) $\frac{\partial^2 z}{\partial x\partial y}=\frac{1}{e^z+1}-\frac{xye^z}{(e^z+1)^3}$.

9. z.

10. (略)

***11.** (1) 切平面方程 $2x+z=2$;法线方程 $\frac{x}{2}=\frac{y-1}{0}=\frac{z-2}{1}$;

(2) 切平面方程 $x-y+2z=\frac{\pi}{2}$;法线方程 $\frac{x-1}{1}=\frac{y-1}{-1}=\frac{z-\frac{\pi}{4}}{2}$.

***12.** $2x+2y-z=3$.

***13.** $\pm(1, 2, 2)$.

习题 6.6

1. (1) 极大值点 $(1, 1)$,极大值 1;

(2) 没有极值点;

(3) 极大值点 $(1, 0)$,极大值 $\frac{1}{\sqrt{e}}$;极小值点 $(-1, 0)$,极小值 $-\frac{1}{\sqrt{e}}$.

2. (1) 最大值点 $(1, 1)$, $(-1, 1)$,最大值 7;最小值点 $(0, 0)$,最小值 4.

(2) 最大值点 $(2, 0)$,最大值 8;最小值点 $\left(-\frac{1}{4}, 0\right)$,最小值 $-\frac{17}{8}$.

3. (1) 最大值点 $\left(\frac{\sqrt{2}}{2}, -\frac{\sqrt{2}}{2}\right)$, $\left(-\frac{\sqrt{2}}{2}, \frac{\sqrt{2}}{2}\right)$,最大值 $\sqrt{e}$;最小值点 $\left(\frac{\sqrt{2}}{2}, \frac{\sqrt{2}}{2}\right)$, $\left(-\frac{\sqrt{2}}{2}, -\frac{\sqrt{2}}{2}\right)$,最大值 $\frac{1}{\sqrt{e}}$;

(2) 最大值点 $(-1, 2)$, $(2, -1)$,最大值 9;最小值点 $(-1, -1)$,最小值 0.

4. 以 a 为斜边的等腰直角三角形面积最大,面积为 $\frac{a^2}{2}$,此时直角边长均为 $\frac{\sqrt{2}}{2}a$.

5. $x=6$, $y=4$, $z=2$ 时,$u=x^3y^2z$ 取的最大值 6912.

6. 边长为 $\frac{a}{\sqrt{6}}$ 的正方体,体积为 $\frac{a^3}{6\sqrt{6}}$.

7. 甲产品生产 120 件,乙产品生产 80 件时,利润取得最大值,最大值为 32000.

8. (1) 总成本 $C(x, y)=\frac{x^2}{4}+20x+\frac{y^2}{2}+6y+100000$;

(2) $x=24$, $y=26$ 时总成本最低,最小总成本为 101118(千元).

9. $x=\frac{19}{5}$, $y=\frac{11}{5}$(千件)时总利润最大,最大总利润为 $\frac{111}{5}$(万元).

总练习题

1. $p \geqslant \frac{1}{2}$ 时，$f(x, y)$ 在 $(0, 0)$ 处不连续；$p < \frac{1}{2}$ 时，$f(x, y)$ 在 $(0, 0)$ 处连续.

对任意 $p > 0$，$f(x, y)$ 在 $(0, 0)$ 处不可微.

2. （略）

3. $y\sec x + x\sec y$.

4. $\frac{\partial z}{\partial x} = \frac{-\sin z}{x\cos z + y\sin z + \cos(2z)}$，$\frac{\partial z}{\partial y} = \frac{\cos z}{x\cos z + y\sin z + \cos(2z)}$.

5. $dz|_{(0,1)} = -dx + 2dy$.

6. 切平面方程 $2x - y - z = 1$；法线方程 $\frac{x-1}{2} = -y = 1 - z$.

7. $f_x(1, 1, 1) = -2$，$f_y(1, 1, 1) = -1$.

8. A

9. 略.

10. 极小值点 $\left(1, -\frac{4}{3}\right)$，极小值 $-\frac{1}{\sqrt[3]{e}}$.

11. 极大值点 $(-3, 2)$，极大值 31；极小值点 $(1, 0)$，极小值 -5.

12. $f'_1(1, 1) + f''_{11}(1, 1) + f''_{12}(1, 1)$.

13. 面积和的最小值 $\frac{1}{4 + 3\sqrt{3} + \pi}$.

14. 最长距离 $\sqrt{2}$，最短距离 1.

15. (1) $S = \frac{p^2 - q^2}{2}$；

(2) $q = \frac{p}{\sqrt{2}}$ 时达到最大，此时矩形为边长为 $\frac{p}{2}$ 的正方形，面积为 $S = \frac{p^2}{4}$.

***16.** 最长距离 $6\sqrt{2}$，在点 $(-2, -2, 8)$ 上达到，最短距离 $\sqrt{6}$，在点 $(1, 1, 2)$ 上达到.

***17.** 极大值 -3，极小值 3.

***18.** 最大值 $\frac{1}{\sqrt{2}}$，最小值 $-\frac{1}{\sqrt{2}}$.

19. $x = 250$，$y = 50$ 时产量最大，此时产量为 16719.

习题 7.1

1. $\iint\limits_D \frac{1}{(1+x)(1+y^2)} dxdy$，其中 $D = \{(x, y) \mid 0 \leqslant x \leqslant 1, 0 \leqslant y \leqslant 1\}$.

2. (1) $0 \leqslant I \leqslant 2$；

(2) $36\pi \leqslant I \leqslant 100\pi$；

(3) $2 \leqslant I \leqslant 8$；

3. $I_1 < I_2$.

4. $I_1 \geqslant I_2 \geqslant I_3$.

习题 7.2

1. (1) $\int_0^1 dy \int_y^{2-y} f(x, y) dx = \int_0^1 dx \int_0^x f(x, y) dy + \int_1^2 dx \int_0^{2-x} f(x, y) dy$;

(2) $\int_{-1}^1 dx \int_{x^2}^1 f(x, y) dy = \int_0^1 dy \int_{-\sqrt{y}}^{\sqrt{y}} f(x, y) dx$;

(3) $\int_0^{2a} dy \int_{-\sqrt{2ay-y^2}}^{\sqrt{2ay-y^2}} f(x, y) dx = \int_{-a}^a dx \int_{a-\sqrt{a^2-x^2}}^{a+\sqrt{a^2-x^2}} f(x, y) dy$.

2. (1) $\int_{-3}^{-1} dx \int_{-x}^3 f(x, y) dy + \int_{-1}^2 dx \int_1^3 f(x, y) dy + \int_2^6 dx \int_{\frac{x}{2}}^3 f(x, y) dy$;

(2) $\int_0^1 dy \int_{e^y}^e f(x, y) dx$.

3. (1) 8; (2) $\frac{\pi^2}{16}$; (3) $\frac{p^5}{21}$;

(4) $\frac{\pi}{4} - \frac{2}{5}$; (5) $\frac{8}{15}$; (6) $\frac{64}{15}$.

4. (1) 3π; (2) $\left(\frac{\pi}{3} - \frac{4}{9}\right) R^3$.

5. (1) $2\sqrt{2}$; (2) $\left(\sqrt{3} - \frac{\pi}{3}\right) a^2$.

6. $\frac{32\pi}{3}$.

7. $(1 - e^{-a^2})\pi$.

8. 1.

9. $\frac{3\pi}{2}$.

10. $\frac{\pi}{4} - \frac{2}{3}$.

11. $\frac{45}{8}$.

12. $\frac{e - 2}{6e}$.

13. (1) $\frac{\pi}{4}$; (2) $\frac{2}{3}$.

14. $\frac{\pi}{4}$.

总练习题

1. (1) $\frac{2}{3}\pi R^3$; (2) $\frac{1}{6}$.

2. (1) $\frac{1}{3}$; (2) $\frac{2}{3}\sqrt{2} - \frac{2}{3} + \frac{\pi}{2}$.

3. $\dfrac{3\pi}{8}-\dfrac{1}{6}$.

4. $\dfrac{1}{4}(\pi-2)$.

5. 5π.

6. (1) $\dfrac{1}{2}$; (2) $\dfrac{3\pi^2}{64}$; (3) $\dfrac{416}{3}$; (4) $1-\dfrac{\pi}{2}$.

7. a.

8. $\int_0^1 dx\int_{\sqrt{1-x^2}}^1 f(x,y)dy+\int_1^2 dx\int_{x-1}^1 f(x,y)dy$.

9. π.

习题 8.1

1. (1) $S_5=1+\dfrac{3}{5}+\dfrac{2}{5}+\dfrac{5}{17}+\dfrac{3}{13}=\dfrac{558}{221}$; (2) $S_5=\dfrac{1}{5}-\dfrac{1}{25}+\dfrac{1}{125}-\dfrac{1}{625}+\dfrac{1}{3125}=\dfrac{521}{3125}$;

(3) $S_5=\dfrac{1}{2}+\dfrac{3}{8}+\dfrac{5}{16}+\dfrac{35}{128}+\dfrac{63}{256}=\dfrac{437}{256}$; (4) $S_5=1+\dfrac{1}{2}+\dfrac{2}{9}+\dfrac{3}{32}+\dfrac{24}{625}=\dfrac{333787}{180000}$.

2. (1) $u_n=(-1)^{n-1}\dfrac{n+1}{2n-1}$; (2) $u_n=\dfrac{(-a)^{n+1}}{2n+1}$; (3) $u_n=\dfrac{x^{\frac{n}{2}}}{(2n)!!}$.

3. (1) 级数发散; (2) 级数收敛,和为$\dfrac{1}{2}$; (3) 级数发散;

(4) 级数收敛,和为 $\dfrac{x^2}{5(5-x)}+\dfrac{4}{(x-2)x^2}$.

4. (1) 发散; (2) 不一定发散; (3) 不一定收敛.

5. (1) 发散; (2) 发散; (3) 收敛;

(4) 收敛; (5) 发散; (6) 发散.

6. $r=\ln\dfrac{8}{9}$.

7. (1) $\dfrac{7}{9}$; (2) $\dfrac{487}{99}$.

8. (略)

习题 8.2

1. (1) 收敛; (2) 发散; (3) 收敛; (4) $a>1$ 时收敛,$0<a\leqslant 1$ 时发散;

(5) $k>\dfrac{1}{2}$ 时收敛,$k\leqslant\dfrac{1}{2}$ 时发散; (6) 收敛; (7) 收敛.

2. (1) 收敛; (2) 收敛; (3) 发散; (4) 收敛;

(5) 收敛; (6) 收敛; (7) 收敛.

3. (1) 发散; (2) 收敛; (3) 收敛; (4) 收敛; (5) 收敛;

(6) $a>1$ 时,对任意 p 都发散;$a<1$ 时,对任意 p 都收敛;$a=1$ 且 $p>1$ 时,收敛;$a=1$ 且 $p\leqslant 1$ 时,发

散;

(7) 收敛; (8) 发散; (9) 收敛; (10) 收敛.

4. (略)

5. (略)

6. (1) 正确; (2) 错误; (3) 错误; (4) 错误; (5) 错误.

7. (略)

习题 8.3

1. (略)

2. (1) 绝对收敛; (2) 条件收敛; (3) 条件收敛; (4) 条件收敛;

(5) 发散; (6) 条件收敛; (7) 条件收敛; (8) 条件收敛;

(9) $|a|>1$ 时,对任意 p 都发散;$|a|<1$ 时,对任意 p 都绝对收敛;$a=\pm1$ 且 $p>1$ 时,绝对收敛;$a=1$ 且 $p<1$ 时,发散,$a=-1$ 且 $p<1$ 时,条件收敛; (10) 收敛.

3. (1) 错误; (2) 错误; (3) 正确.

习题 8.4

1. (1) 收敛半径 $R=1$,收敛域 $(-1,1)$; (2) 收敛半径 $R=+\infty$,收敛域 $(-\infty,\infty)$;

(3) 收敛半径 $R=\dfrac{1}{2}$,收敛域 $\left[-\dfrac{1}{2},\dfrac{1}{2}\right]$; (4) 收敛半径 $R=2$,收敛域 $[-4,0)$;

(5) 收敛半径 $R=1$,收敛域 $[-1,1]$;

(6) 对任意 p 收敛半径 $R=1$,收敛域 $(-1,1]$ $(p\leqslant1$ 时$)$;收敛域 $[-1,1]$ $(p>1$ 时$)$;

(7) 收敛半径 $R=\sqrt[3]{2}$,收敛域 $(-\sqrt[3]{2},\sqrt[3]{2})$; (8) 收敛半径 $R=\sqrt{2}$,收敛域 $(-\sqrt{2},\sqrt{2})$.

2. 收敛域 $[-1,1]$,和函数 $x\arctan x$, $\displaystyle\sum_{n=1}^{\infty}\frac{(-1)^{n-1}}{2n-1}=\frac{\pi}{4}$.

3. 收敛域 $(-1,1)$,和函数 $\begin{cases}\dfrac{(3-x^2)x^2}{(x^2-1)^2}+\dfrac{1}{x}\ln\left(\dfrac{1+x}{1-x}\right)-2, & x\neq0,\\ 0, & x=0.\end{cases}$

4. 收敛域 $[-1,1]$,和函数 x.

5. $(-3,5)$.

6. (1) $\dfrac{1}{12}\left(7-16\ln\dfrac{3}{2}\right)$; (2) $\dfrac{\pi^2}{12}$; (3) 6.

7. $\dfrac{a}{(a-1)^2}$.

习题 8.5

1. (1) $\displaystyle\sum_{n=0}^{\infty}\frac{2^n}{n!}x^n$,收敛域 $(-\infty,+\infty)$; (2) $\displaystyle\ln3+\sum_{n=1}^{\infty}(-1)^{n-1}\frac{x^n}{n\cdot3^n}$,收敛域 $(-3,3]$.

2. (1) $\displaystyle\sum_{n=0}^{\infty}(-1)^n\frac{(x-3)^n}{3^{n+1}}$,收敛域 $(0,6)$;

(2) $1+\frac{3}{2}\left[(x-1)+\frac{(x-1)^2}{4}+\sum_{n=2}^{\infty}(-1)^{n-1}\frac{(2n-3)!!}{(2n)!!}\frac{(x-1)^{n+1}}{n+1}\right]$，收敛域$[0, 2]$；

(3) $\frac{\sqrt{2}}{2}\sum_{n=1}^{\infty}\left[\frac{(-1)^{n-1}}{(2n-1)!}\left(x-\frac{\pi}{4}\right)^{2n-1}+\frac{(-1)^{n-1}}{(2n-2)!}\left(x-\frac{\pi}{4}\right)^{2n-2}\right]$，收敛域$(-\infty, +\infty)$；

(4) $\sum_{n=0}^{\infty}(-1)^n\left[\frac{1}{3\cdot 4^{n+1}}+\frac{2}{3}\right](x-3)^n$，收敛域$(2, 4)$；

(5) $\sum_{n=1}^{\infty}\frac{(x-1)^n}{3^n}$，收敛域$(-2, 4)$.

3. $e^{-2}\left[2+\sum_{n=1}^{\infty}(-1)^n\left(\frac{2}{n!}-\frac{1}{(n-1)!}\right)(x-2)^n\right]$，$f^{(n)}(2)=e^{-2}(-1)^n(2-n)$.

4. $32+80x+80x^2+40x^3+10x^4+x^5$，$x\in(-\infty, +\infty)$.

5. (1) $\frac{1}{2}\sum_{n=0}^{\infty}(-1)^n\left[1-\frac{1}{3^{n+1}}\right]x^n$，收敛域$(-1, 1)$；

(2) $\sum_{n=0}^{\infty}(-1)^n\frac{n+1}{2^{n+2}}x^n$，收敛域$(-2, 2)$；

(3) $\sum_{n=2}^{\infty}\frac{(-1)^n 2^{2n-3}}{(2n-2)!}x^{2n-2}$，收敛域$(-\infty, +\infty)$；

(4) $\sum_{n=1}^{\infty}\frac{(-1)^{n-1}}{n}[1+(-3)^n]x^n$，收敛域$\left[-\frac{1}{3}, \frac{1}{3}\right)$.

6. $x+\frac{x^3}{3}+\frac{2}{15}x^5+o(x^6)$；$\frac{2}{3}$.

7. (1) 0.1564；(2) 0.9461.

总练习题

1. (1) 绝对收敛；(2) 绝对收敛.

2. (略)

3. (略)

4. (略)

5. (1) 错误；(2) 错误.

6. (略)

7. (略)

8. 收敛域$(-1, 1)$，和函数$\begin{cases}\frac{(2-x)x}{(1-x)^2}-\frac{4x}{1-x}-4-4\frac{\ln(1-x)}{x}, & x\neq 0,\\ 0, & x=0.\end{cases}$

9. $\frac{1}{2}(\sin 1+\cos 1)$.

10. (1) $\frac{\pi}{4}+\sum_{n=0}^{\infty}\frac{(-1)^n}{(2n+1)}x^{2n+1}$，收敛域$[-1, 1]$；

(2) $x-\frac{x^3}{6}+\sum_{n=2}^{\infty}(-1)^n\frac{(2n-1)!!}{(2n)!!}\frac{x^{2n+1}}{2n+1}$，收敛域$[-1, 1]$.

11. $f(x)=x-\frac{x^3}{6}+\frac{3x^5}{40}+o(x^6)$, $f(0.25)\approx 0.247469$.

习题 9.1

1. (1) 一阶; (2) 一阶; (3) 二阶; (4) 二阶.

2. (略)

3. $xy'=y(\ln y+2x^2)$.

4. $\frac{2xy}{1+x^2}=y'-(1+x^2)$.

5. $y'=b(y-a)$, a 为介质温度, b 为传导系数.

6. $\begin{cases} y'=800-\frac{45y}{2000-5t}, \\ y(0)=2000. \end{cases}$

7. $\begin{cases} ms''=bs', \\ s(0)=0,\ s'(0)=v_0. \end{cases}$

习题 9.2

1. 通解为 $y(x)=2x^2+3x+C$,其中 C 为任意常数.

(1) $y(x)=2x^2+3x-2$; (2) $y(x)=2x^2+3x-\frac{1}{6}$; (3) $y(x)=2x^2+3x+4$.

2. (1) $y(x)=\sqrt{2a^2-x^2}$; (2) $y(x)=\frac{1-C\sqrt{|4x-1|}}{1+C\sqrt{|4x-1|}}$;

(3) $y(x)=\frac{C}{\sqrt{x^2+1}}$; (4) $y^2(C-2\sin x)=1$;

(5) $y=2x+3\ln|x-1|+C$; (6) $\tan\frac{y}{2}=C(1+x)$.

3. 方程为 $y'=2x$;满足条件的曲线为 $y=x^2+1$.

4. $y+\frac{y^3}{3}=x-\frac{x^3}{3}+\frac{2}{3}$.

5. (1) $y^2=2x^2(\ln|x|+C)$; (2) $y(x)=\frac{x}{C-\ln x}$;

(3) $x^2=2y^2(\ln|y|+C)$; (4) $x+ye^{\frac{x}{y}}=C$.

6. (1) $y=xe^{2x+1}$; (2) $y=\frac{2x^3}{x^2+4}$.

7. (1) 考虑 $u=x+y$,则 u 满足的方程为 $u'=1+u^{-2}$,解得原方程的解为 $x=\tan(C+y)-y$;

(2) 考虑 $u=x-2\sin y$,则 u 满足的方程为 $u'=\frac{4u+3}{2u-3}$,解得原方程的解为 $8\sin y+4x+9\ln(4x-8\sin y+3)=C$.

8. $\begin{cases} y'=\frac{y-x}{y+x} \\ y(1)=0 \end{cases}$ 解得 $\arctan\frac{y}{x}=-\frac{1}{2}\ln(x^2+y^2)$.

9. (1) $y(x) = Ce^x + e^x x$; (2) $y(x) = C(x+1)^a + e^x(x+1)^a$;

(3) $y(x) = Cx^3 + 4x^3\ln x - \frac{x}{2}$; (4) $y(x) = C\cos x + \frac{\sin 2x}{2}$;

(5) $y(x) = (C - \ln\cos x)\csc x$.

10. $y(x) = \frac{\ln^2 x + 1}{2\ln x}$.

11. (1) $x - y = C\sqrt{y(2x-y)^3}$; (2) $(1+y^2) = C(1+x^2)$;

(3) $x = y^2(C - \ln y)$; (4) $\frac{(x-2)^3(x+2y)^2}{(x-y-3)^5} = e^{Cx^3}$,

(5) $a\ln y + k\ln x = lx + by + C$.

12. (1) $y = x\arccos\left(-\frac{1}{x}\right)$; (2) $y = e^{-\frac{x^2}{2}}x$.

***13.** (1) $y^2 = Cx + \frac{x^3}{2}$; (2) $xy(C + ax(1 - \ln x)) = 1$;

(3) $y = \frac{4}{1 + 2\ln x + Cx^2}$.

***14.** $y = \frac{2}{2 - 2x - e^{-x}}$.

习题 9.3

1. (1) $y = C_3x^2 + C_2x + C_1 - \frac{13x^4}{288} + \frac{1}{24}x^4\ln x - \frac{11x^3}{36} + \frac{1}{6}x^3\ln x$;

(2) $y = C_2e^{C_1x}$; (3) $y = \arcsin(e^{x+C_1}) + C_2$.

2. (1) $y = \frac{\pi}{2} + \frac{5}{4}x - \frac{\sin 2x}{8}$; (2) $y = \arcsin x - \sqrt{1-x^2} + \pi + 1$;

(3) $y = 2 + (2 - \ln 2)\ln x + \frac{\ln^2 x}{2}$.

3. $y = \frac{1+x}{2}$.

4. $\tan\left(x + \frac{\pi}{4}\right)$.

5. 不会.

习题 9.4

1. 通解为 $y = C_1e^x + C_2e^{2x} + (1 - C_1 - C_2)x$,满足 $y(0) = 1$, $y'(0) = 3$ 的特解为 $y = 2e^{2x} - e^x$.

2. $u(x) = -e^{-x}(2x+1)$;方程通解为 $y = C_1e^x + C_2(2x+1)$.

3. (略)

4. $p = -2$, $q = -3$, $f(x) = e^{2x}(3x - 2)$.

习题 9.5

1. (1) $y = e^{-x}[C_1\sin(\sqrt{2}x) + C_2\cos(\sqrt{2}x)]$; (2) $y = e^{2x}(C_1\sin 3x + C_2\cos 3x)$;

(3) $y = e^{\frac{2x}{3}}(C_1 + C_2x)$; (4) $y = C_1e^{\frac{2x}{3}} + C_2e^{6x}$.

2. (1) $y = \frac{3}{4}(e^{-x} - e^{-5x})$; (2) $y = 2e^x\sin x$.

3. $y = e^{-2x} + 2e^x$.

4. $y = e^x - e^{-3x}$.

***5.** (1) $y = C_1x^3 + C_2x^2 + C_3x + C_4 + C_5e^x$; (2) $y = C_1 + C_2x + e^x(C_3\cos 2x + C_4\sin 2x)$;

(3) $y = C_1 + e^{\frac{x}{2}}\left(C_1\cos\frac{\sqrt{3}x}{2} + C_2\sin\frac{\sqrt{3}x}{2}\right)$; (4) $y = C_1e^{-x} + \cos x(C_2 + C_3x) + \sin x(C_4 + C_5x)$.

6. (1) $y = C_1e^{-x} + C_2e^{3x} + \frac{1}{3}(1 - 3x)$; (2) $y = C_1e^{-3x} + C_2e^x - \frac{1}{16}e^{-3x}(4x + 1)$;

(3) $y = \frac{1}{6}e^{3x}x^3 + e^{3x}(C_1 + C_2x)$; (4) $y = C_1e^x + C_2e^{3x} + \frac{1}{8}e^{3x}(2x^2 + 2x - 1)$;

(5) $y = e^x(x - 1) + \frac{1}{5}\sin 2x - \frac{1}{10}\cos 2x + C_1 + C_2e^x$;

(6) $y = 3x\sin 3x + (5x + 1)\cos 3x + C_1\sin 3x + C_2\cos 3x$.

7. (1) $y = \frac{1}{16}(-20x + 5e^{4x} + 11)$; (2) $y = \frac{4}{9}\sin 2x - \frac{1}{3}x\cos 2x - \frac{14}{9}\sin x + \cos x$.

8. $y = e^x$.

9. $\begin{cases} y'' + y = e^x \\ y(0) = 1,\ y'(0) = 1 \end{cases}$, $\varphi(x) = \frac{1}{2}(e^x + \sin x + \cos x)$.

10. $y = e^x(1 - 2x)$.

习题 9.6

1. $\Delta y_n = 3n^2 + 3n + 1$, $\Delta^2 y_n = 6(n + 1)$, $\Delta^3 y_n = 6$.

2. $\Delta y_n = (a - 1)a^n$.

3. $y_{n+2} - y_n = 0$.

4. (略)

5. (1) $y_n = C$; (2) $y_n = a\left(-\frac{3}{2}\right)^n$;

(3) $y_n = a^n\left(C_1\cos\frac{\pi n}{2} + C_2\sin\frac{\pi n}{2}\right)$; (4) $y_n = C_1\left(-\frac{1}{2}\right)^n + C_2 2^n$;

(5) $y_n = C_1 3^n + C_2 3^n n$.

6. (1) $y_n = 2\cdot 3^n - 4^n$; (2) $y_n = 4^n\left(C_1\cos\frac{\pi n}{3} + C_2\sin\frac{\pi n}{3}\right)$.

7. (1) $y_n = C + \frac{1}{2}n(n + 1)$; (2) $y_n = \frac{2^{n+2}}{9} + n - \frac{4}{5} + C\left(-\frac{1}{4}\right)^n$;

(3) $y_n = \frac{5}{2} + 3^{\frac{n}{2}}[C_1\cos(n\theta) + \sin(n\theta)]$,其中 $\theta = \arctan\sqrt{2}$;

(4) $y_n = 2n^2 - 3n + C_1 + C_2(-2)^n$; (5) $y_n = C_1 + C_2 2^n + 5^n$;

(6) $y_n=\frac{1}{18}n^2 3^n+(C_1+C_2 n)3^n$.

8. (1) $y_n=\frac{1}{32}[8n^2-4n+7+57(-3)^n]$； (2) $y_n=3^{n-1}(5n+6)$；

(3) $y_n=2n+7+2^n(2n-6)$； (4) $y_n=n+1+3^{\frac{n}{2}}\left(4\cos\frac{\pi n}{6}-\frac{16}{\sqrt{3}}\sin\frac{\pi n}{6}\right)$.

9. 20 年内共需筹措 180147 元；平均每月需存入 389.89 元.

总练习题

1. (1) $y=C_1 e^{\frac{1}{4}(3-\sqrt{17})x}+C_2 e^{\frac{1}{4}(3+\sqrt{17})x}-e^x$； (2) $y=-\frac{1}{2}x\cos x+C_1\cos x+C_2\sin x$；

(3) $y^4+4y\ln x=C$； (4) $y=C_1e^x+C_2e^{2x}+C_3e^{2x}x$；

(5) $y=C_1+C_2x+C_3x^2+e^{-x}(C_4+C_5x)+e^x(C_6+C_7x)$；

(6) $y=e^{3x}(C_1+C_2x)+e^{2x}(x+3)$； (7) $y=\sqrt[3]{3a^2x+x^3+C}-x$；

(8) $x=Cy^3+\frac{y^2}{2}$； (9) $y=C\cos x-2\cos^2 x$；

(10) $y=\frac{Ce^x+e^{2x}}{x}$； (11) $\ln\tan\frac{y}{4}+2\sin\frac{x}{2}=C$；

(12) $y=\frac{\ln^2 x}{2}+C_1\ln x+C_2$； (13) $y=\frac{1}{8}e^x[2x\cos x+(2x^2-1)\sin x]+e^x(C_1\cos x+C_2\sin x)$.

2. (1) $y=\frac{x}{2}+\frac{2}{x}+1$； (2) $y=\frac{1}{16}(x+2)^4$；

(3) $y=\frac{1}{2}(x^2-2x+2)$； (4) $y=x(1+\ln\ln x)$.

3. $a=-3,\ b=2,\ c=-1$.

4. $\begin{cases}y'=a(1+y^2),\\ y(0)=0,\end{cases}$ $f(x)=\tan(ax)$，其中常数 $a=f'(0)$.

5. $\begin{cases}y''+y=-\cos x,\\ y(0)=1,\ y'(0)=0,\end{cases}$ $f(x)=\cos x-\frac{1}{2}x\sin x$.

6. $\begin{cases}y''+y=1,\\ y(0)=y'(0)=1,\end{cases}$ $f(x)=1+\sin x$.

7. $\begin{cases}y'-y=e^{x+1},\\ y(0)=0,\end{cases}$ $f(x)=e^{x+1}x$.

8. (略)

9. $S(x)=\frac{1}{3}\left(e^x+2e^{-\frac{x}{2}}\cos\frac{\sqrt{3}x}{2}\right)$.